浙江省普通高校"十三五"新形态教材

基于 Proteus 的电路与 PCB 设计（第 2 版）

周灵彬　王荣华　周　玮　疏晓宇　编著

电子工业出版社
Publishing House of Electronics Industry
北京·BEIJING

内 容 简 介

本书基于 Proteus 8.12 版,着重讲解原理图与 PCB 设计,共 13 章,包括 Proteus 概述及应用设计快速入门,Proteus 电路原理图设计基础,Proteus 电路原理图进阶,Proteus 的多页电路设计,Proteus库及元器件、仿真模型制作基础,原理图中各种图、表输出,PCB 基本设置及模板设计,PCB 设计可视化设置及各类对象的编辑,封装库与封装制作,PCB 设计规则、布局、布线,PCB 检查、覆铜、3D 预览,输出 PCB 图形、生产文件,以及综合设计实例。Proteus 8.12 的装配变体、分区域布局、长度匹配、拼板等功能为 PCB 设计提供了更多的自由。

本书共配有 12 个实践任务和 2 个综合设计,以及配套微课方便学习,可作为高校电子线路 CAD、PCB 设计课程的教材或教学参考书、电子产品设计工程人员的设计参考书,也可作为 Proteus 培训教材、Proteus 爱好者的自学参考书。

图书在版编目(CIP)数据

基于 Proteus 的电路与 PCB 设计 / 周灵彬等编著. --2 版. --北京:电子工业出版社,2021.12
ISBN 978-7-121-38071-6

Ⅰ. ①基… Ⅱ. ①周… Ⅲ. ①印刷电路-计算机辅助设计-应用软件 Ⅳ. ①TN410.2

中国版本图书馆 CIP 数据核字(2021)第 261351 号

责任编辑:刘海艳
印　　刷:涿州市般润文化传播有限公司
装　　订:涿州市般润文化传播有限公司
出版发行:电子工业出版社
　　　　　北京市海淀区万寿路 173 信箱　　邮编　100036
开　　本:787×1092　1/16　印张:18.75　字数:480 千字
版　　次:2010 年 8 月第 1 版
　　　　　2021 年 12 月第 2 版
印　　次:2024 年 8 月第 5 次印刷
定　　价:69.00 元

凡所购买电子工业出版社图书有缺损问题,请向购买书店调换。若书店售缺,请与本社发行部联系,联系及邮购电话:(010)88254888,88258888。

质量投诉请发邮件至 zlts@phei.com.cn,盗版侵权举报请发邮件至 dbqq@phei.com.cn。

本书咨询联系方式:lhy@phei.com.cn。

前　　言

Proteus 是英国 Labcenter Electronics 公司研发的集电工电子设计与仿真、单片机和嵌入式应用系统设计与仿真、PCB 设计于一体的电子设计自动化（EDA）系统。它真正实现了从概念到产品的完整的工程设计过程，为电子产品从电路设计、仿真到 PCB 设计提供了一条龙服务，极大地提升了开发效率。在世界各地，许多高中和大学将 Proteus 作为电子、嵌入式设计和 PCB 布局的工具。这是我们选择 Proteus 作为电子类课程教学、电子产品开发平台的原因之一。

Proteus 将敏捷开发引入嵌入式工作流，除支持众多的 8051、ARM、PIC 等微控制器外，还支持 Arduino、Raspberry Pi 等。Proteus 是世界上第一个基于原理图的微控制器仿真工具，并迅速成为嵌入式系统教学的实际标准和领导者。这是我们选择 Proteus 作为电子类课程教学、电子产品开发平台的原因之二。

Proteus 操作便捷、功能强大，可为实现专业印刷电路板的快速设计、测试和布局提供保障。它有两项先进的原则技术：

（1）基于"形状"的自动布线，明显提高了布线效率和布通率。

（2）冲突减少运算法则，提供了多路径基于成本冲突减少运算法则的适于网络自然流的布线方案。实践证明该技术可满足从简单到复杂、从低密度到高密度和高速约束的需要，即便是复杂的高密度 PCB 设计，也可达到高布通率。

这两项选进的原则技术是我们选择 Proteus 作为电子类课程教学、电子产品开发平台的原因之三。

本书重点介绍电路原理图及其 PCB 设计。2010 年出版的第 1 版已与 Proteus 发展不符。希望第 2 版能为读者进行高效设计电路提供帮助。

Proteus 在全世界被认为是 EDA 的首选工具，拥有斯坦福大学（Stanford University）、剑桥大学（University of Cambridge）、清华大学、上海交通大学、香港理工大学、澳门大学等高校用户。

Proteus 被广泛应用于各个行业，作为专业 PCB 设计的低成本解决方案和研发的快速原型工具，拥有洛克希德·马丁、英国皇家海军、摩托罗拉（Motorola）公司、索尼（Sony）公司、飞利浦（Philip）公司、福特（Ford）公司、北京博晖创新光电技术股份有限公司等众多专业用户。

Proteus 出色的电路设计能力主要表现如下：

（1）符合人机工程学的用户界面，具有非模态选择、可视化助手及快捷菜单。

（2）丰富的元器件库：元器件模型数量约 50000 个，每个元器件有一个或多个 PCB 封装，这些封装通常符合 IPC-7351。支持在线搜索，可将超过 1500 万个元器件及其封装（通常是 3D STEP 模型）导入 Proteus，基本不需要用户自建元器件及其封装。

（3）个性化编辑环境：可生成高质量原理图、PCB 图，自定义原理图模板、PCB 模板。

（4）支持模糊搜索、快捷放置元器件、封装；通过电路剪辑（局部电路）实现设计重用。

（5）支持层次化、分组、分区域模块化电路设计。

（6）能输出给第三方网表格式：SPICE、Tango、BoardMaker 等。

（7）支持多种图形格式输出：Windows 位图、图元文件及 PDF、DXF 和 EPS 等格式的图形文件，可输出到绘图机、彩色打印机等打印设备。

（8）16 个铜箔层、2 个丝印层、4 个机械层、板界、禁止布线层、阻焊层和锡膏层。

（9）基于实时网表的原理图与 PCB 保持一致，元器件编号、引脚及门交换实时更新。

（10）强大的路径编辑功能，支持拓扑路径编辑、颈缩、长度匹配、动态泪滴和曲线。

（11）任意角度放置封装、焊盘栈，支持装配变体的 BOM、PCB。

（12）自动网络协调，通过蛇形线建立长度匹配以实现高速布线。

（13）完全用户控制层栈、过孔的合理钻孔深度。

（14）PCB 生产文件可输出到普通的打印机和绘图仪，文件格式可以是 Valor ODB++、Gerber X2 和传统的 Gerber/Excellon。

（15）3D 视图功能，兼容 Solidworks 的 IDF、STL 输出以及 3D DXF 和 3DS 输出。

（16）支持拼板。

本书共 13 章：第 1 章、第 6～12 章由周灵彬编写；第 2、3 章由周玮编写；第 4、5 章由疏晓宇编写；第 13 章由王荣华编写；周灵彬负责全书策划统稿。

本书可操作性强、实用性强，是作者多年教学、产品开发经验的总结，配有详细的操作演示视频，可作为高校电子线路 CAD、PCB 设计课程的教材或教学参考书、电子产品设计工程人员的设计参考书，也可作为 Proteus 培训教材、Proteus 爱好者的自学参考书。

由于作者水平有限，书中不足、不妥之处在所难免，望广大读者给予批评、指正。

编著者

目　录

第 1 章　Proteus 概述及应用设计快速入门

　　Proteus 是 1988 年由英国 Labcenter Electronics 公司研发的由概念到产品的 EDA 系统，可以完成电路原理图设计、仿真测试、PCB（Printed Circuit Board）设计，并可输出加工 PCB 的 Gerber 或 ODB++等格式的生产文件，拥有最先进的单片机和嵌入式应用系统的软/硬件协同仿真能力。

1.1　Proteus 概述

1.1.1　Proteus 结构体系及其 EDA 流程

　　Proteus 的基本结构体系如图 1-1 所示，应用主要集中在原理图设计模块和 PCB 设计模块，仿真功能包含在原理图设计模块中。

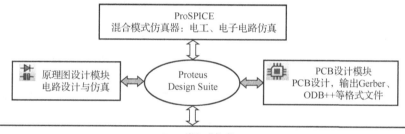

图 1-1　Proteus 的基本结构体系

　　Proteus 还有众多的虚拟仪器（示波器、逻辑分析仪等）、信号源，以及具有可捕捉信号轨迹以便进一步分析的高级图表仿真功能，为高效、高质地完成电子设计提供了检查、调试、分析的工具和手段。

　　Proteus EDA 流程大致如图 1-2 所示。若无需仿真，则可跳过仿真，由原理图设计直接进入 PCB 设计。本书重点叙述原理图设计（以下称电路设计）和 PCB 设计，对仿真只做必要的叙述。

1.1.2　Proteus 对计算机的要求

　　（1）主频至少 2GHz 的 CPU（2×10⁹Hz），首选英特尔处理器。

　　（2）原理图设计需要内存容量至少 2Gb（2×2³⁰bit），建议 4Gb。PCB 设计需要内存容量至少 4Gb，建议 16Gb。

　　（3）操作系统为 Windows 7 或更高版本。

　　（4）要求计算机支持硬件加速的 Open GL（Open Graphics Library，开放式图形库，是一种图形应用程序接口，用于渲染 2D、3D 矢量图形）或 Direct 2D（一种二维图形应用程

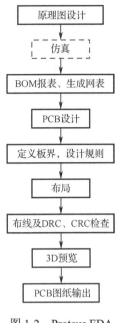

原理图设计

仿真

BOM报表、生成网表

PCB设计

定义板界，设计规则

布局

布线及DRC、CRC检查

3D预览

PCB图纸输出

图 1-2　Proteus EDA 流程

序接口），若不支持，则选用 Windows 的图形设备接口（Graphics Device Interface，GDI）进行图形显示，显示效果稍有差别。

1.1.3　软件大门——🏠主页

在计算机中安装好 Proteus 后，单击快捷图标 打开软件；或单击"开始"→Proteus 8 Professional→Proteus 8 Professional，打开如图 1-3 所示主页，其中集合了 Proteus 的帮助信息、升级、不同版本的更新说明及工程入口等。

主页左上角是 Getting Started（入门教程）、Help（帮助）。主页右上角是一体化设计的入口，可打开已有工程或 Proteus 自带的例程，也可按向导新建工程。若微控制器是 Arduino，则单击 New Flowchat 按钮，可对 Arduino 应用系统进行流程图式编程。主页右下角是各个版本更新内容的说明以及英国 Labcenter 公司的入门演示视频。

Proteus 汉化版可从 Proteus 中国总代理广州风标公司的论坛（www.proteusedu.com）中下载。

1.1.4　公有的工程命令、应用命令按钮

图 1-3 左上角的工具栏是 Proteus 所有应用模块公有的工具栏。不论 Proteus 窗口中哪个标签页处于激活状态，单击任意工具按钮都将打开相应的应用窗口。单击工程命令按钮 （从左到右依次为新建、打开、保存、关闭）中某一个，可对工程进行相应操作；单击应用命令按钮 中某一个，可相应进入主页、原理图设计、PCB 设计等应用模块。不同的应用模块窗口有不同的工具按钮。

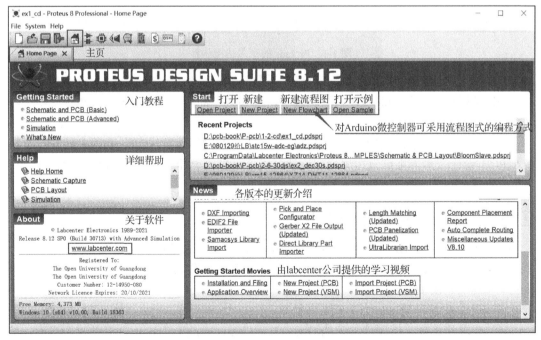

图 1-3　Proteus 8.12 主页

1.1.5　原理图设计窗口及其特性

1. 原理图设计窗口

单击主页的工具按钮 可创建或切换到原理图设计窗口，如图 1-4 所示。

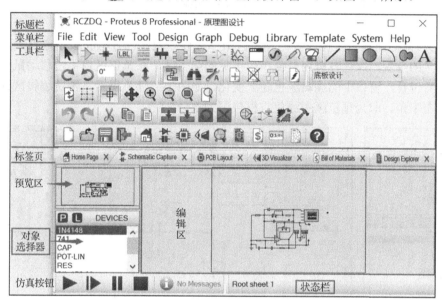

图 1-4　原理图设计窗口

（1）工具条及工具按钮

原理图设计窗口的工具条及工具按钮见表 1-1。

表 1-1　原理图设计窗口的工具条及工具按钮

工具按钮分类	工具条（除工程命令、应用命令外的工具按钮）
显示命令	
编辑命令	
设计工具	
主要模式	
小工具	
2D 图形	
转向、镜向	

（2）编辑区（又称"工作区"）

在编辑区中可进行电路设计、仿真、自建元器件模型等，见图 1-4，Schematic Capture（原理图设计）标签页右下方的蓝色方框为编辑区，电路设计要在此框内完成。

（3）对象选择器及预览区

对象选择器列出了各种操作模式下的具体对象。操作模式有元器件、终端、图表、激励源、虚拟仪器等。对象选择器上方的条形标签表明了当前操作模式下所列的对象类型，如图 1-5（a）所示，当前为元器件 ⇨ 模式，所以对象选择器上方的条形标签为 DEVICES（元器件）。该标签左边有两个按钮 P L。其中，P 按钮为从库中选取元器件按钮，L 按钮为库管理按钮。若单击 P 按钮，则可从库中选取元器件，所选元器件名称会一一列在此对象选择器中。预览区配合对象选择器预览元器件等对象，也可用于查看编辑区的局部或全局。

① 预览元器件等对象。单击对象选择器中的某个对象，对象预览区就会显示该对象的图形符号，如图 1-5（a）所示，预览区显示出运放 741 的图形符号。

② 当用鼠标在编辑区操作时，预览区中一般会出现蓝色方框和绿色方框。蓝色方框内是编辑区的全貌，绿色方框内是窗口中可见的编辑区。在预览区内单击移动鼠标，绿色方框会改变位置，窗口中的编辑区也随之变化，如图 1-5（b）所示。预览编辑区处于整个编辑区的左下角，即为预览区中绿色方框包围的部分。

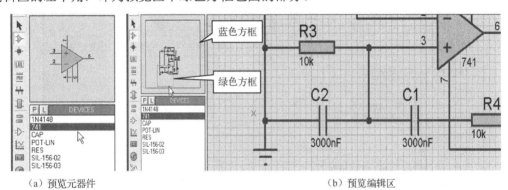

（a）预览元器件　　　　　　　　　　　　　　（b）预览编辑区

图 1-5　预览区

2. 原理图设计模块的特性

（1）个性化编辑环境：自定义线宽、填充类型、颜色、字体等，生成高质量原理图。

（2）快捷选取/放置元器件：模糊搜索元器件。

（3）自动捕捉、自动连线：鼠标驱动绘图过程，以元器件为导向自动走线。

（4）丰富的元器件库：元器件模型数量约 50000 个，其中仿真模型近 37000 个。

（5）可视化 PCB 封装工具：可对元器件进行 PCB 封装定义及预览。

（6）层次化设计：支持子电路和参数电路的层次设计。

（7）总线支持：支持模块电路端口、元器件引脚和页内终端总线化的设计。

（8）属性管理：支持自定义元器件文本属性、全局编辑属性和引入外部数据库属性。

（9）电气规则检查（ERC）、元器件报告清单（BOM）等。

（10）输出网表格式：Proteus 的 SDF、SPICE、SPICE-AGE、Tango、BoardMaker 等。

（11）支持多种图形格式输出：可通过剪贴板输出 Windows 位图、图元文件、HPGL、DXF 和 EPS 等格式的图形文件，可输出到绘图机、彩色打印机等打印设备。

1.1.6　PCB 设计窗口及其特性

1. PCB 设计窗口

单击工具按钮 ▦，创建或切换到如图 1-6 所示的 PCB 设计窗口，其布局与原理图设计窗口一样。

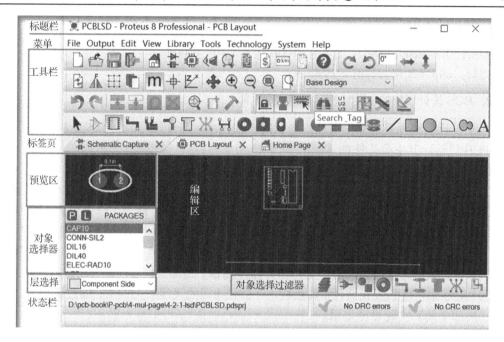

图 1-6　PCB 设计窗口

（1）工具条及工具按钮

PCB 设计窗口的工具条及工具按钮如表 1-2 所示。

表 1-2　PCB 设计窗口的工具条及工具按钮

工具按钮分类	工具条（除工程命令、应用命令外的工具按钮）
显示命令	
编辑命令	
设计工具	
主要对象模式	
焊盘	
2D 图形	
转向、镜向	

（2）编辑区

在编辑区中可进行手工布局、自动布局、手工布线、自动布线、3D 预览、PCB 设计图输出等。

（3）对象选择器

对象选择器列出了各种操作模式下的具体对象，操作模式有元器件、封装、导线、过孔、焊盘等，见图 1-6。对象选择器上方的条形标签 表明当前操作模式下的对象类型为封装模式 ，单击 P 按钮可查找封装元器件，单击 L 按钮可进行封装库管理。

（4）预览区

选中某元器件，在预览区中可显示出该元器件的封装。如果光标点在编辑区，则预览区显示编辑区的预览图。

（5）设计单位

英制：in（inch，英寸），1 英寸=1000 毫寸，1in=1000th。

公制：mm（毫米），1in = 25.4mm。

2．PCB 设计模块的主要特性

PCB 设计模块因采用基于自适应形状的布线技术、高性能网表，所以能高效、高质地完成 PCB 设计。其主要特性如下：

（1）符合人机工程学的用户界面，具有非模态选择、可视化助手及快捷菜单。

（2）有 16 个铜箔层、2 个丝印层、4 个机械层、板界、禁止布线层、阻焊层和锡膏层，32 位高精度数据库，线性分辨率为 10nm，角度分辨率为 0.1°，最大工作区可达 10m×10m。

（3）有丰富的标准元器件库和封装库，且提供了方便地导入第三方元器件库的方法。

（4）基于实时网表的原理图与 PCB 保持一致，元器件编号、引脚及门交换实时更新。

（5）有强大的路径编辑功能，支持拓扑路径编辑、颈缩、长度匹配、动态泪滴和曲线。

（6）可任意角度放置元器件、焊盘栈，有引导布局的飞线和力向量，通过原理图、PCB 剪辑（局部电路）实现设计重用。

（7）通过自动网络协调和蛇形线建立长度匹配高速布线，包括组件内部长度的说明。

（8）能理想地基于网表的自动和手动布局、布线，并实时进行规则及连线检查。

（9）能完全由用户控制层栈、过孔的合理钻孔深度。

（10）PCB 生产文件可输出到普通的打印机和绘图仪，文件格式可以是 Valor ODB++、Gerber X2 和传统的 Gerber/Excellon，还可将 PCB 图输出为 DXF、PDF、EPS、WMF 和 BMP 等格式的图形文件。

（11）3D 视图，兼容 Solidworks 的 IDF、STL 输出以及 3D DXF 和 3DS 输出。

（12）Gerber 查看器和拼板可以在制板前检查 Gerber 输出文件。

1.2　Proteus 设计快速入门——RC 桥式振荡器电路设计

本节以简单的 RC 桥式振荡器为例，快速入门 Proteus 原理图设计、仿真和 PCB 设计。板型采用系统默认的双面板。

1.2.1　RC 桥式振荡器电路及其元器件

RC 桥式振荡器原理图如图 1-7 所示，所用元器件见表 1-3。

注：二针和三针接插件充当电源接口，是 PCB 设计所需的，但不参与仿真。

1.2.2　RC 桥式振荡器的原理图设计

1．跟着向导新建工程

（1）建工程并配置原理图及 PCB 如图 1-8 所示：①在主页上单击右上部的 New Project 按钮；②输入工程名并指定保存路径；③从选中的模板创建原理图；④从选中的模板创建 PCB。

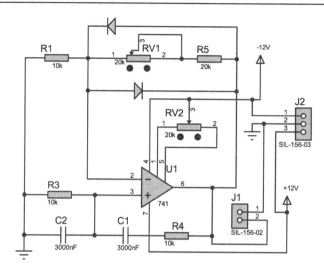

表 1-3　RC 桥式振荡器所用元器件

1N4148	二极管
RES	电阻
CAP	瓷片电容
741	741 运放
POT-HG	可调电阻
SIL-156-02	二针接插件
SIL-156-03	三针接插件

图 1-7　RC 桥式振荡器原理图

图 1-8　建工程并配置原理图及 PCB

（2）图 1-9 为板层对话框，保持默认设置，详细设置见 7.4.2 节。

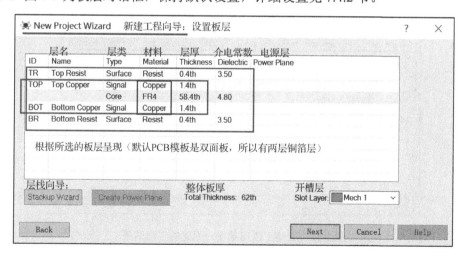

图 1-9　新建工程向导——板层设置对话框

（3）图 1-10 为钻孔对设置对话框，保持默认设置。

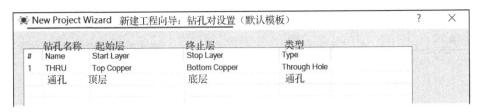

图 1-10　新建工程向导——钻孔对设置对话框

（4）根据以上 3 步，默认的双面 PCB 板层预览如图 1-11 所示。

（5）选择是否有微控制器，若无微控制器，则选第一项，如图 1-12 所示。

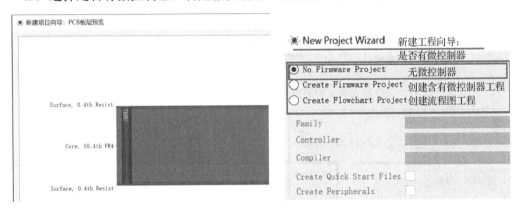

图 1-11　默认的双面 PCB 板层预览　　图 1-12　新建工程向导——选择无微控制器

由以上 5 步创建的工程结果如图 1-13 所示，有"√"的表示工程所含内容，当前工程 RCZDQ.pdsprj 只含有原理图和 PCB。单击 Finish 按钮，设计窗口将出现 Schematic Capture ✕ PCB Layout ✕ 标签页。

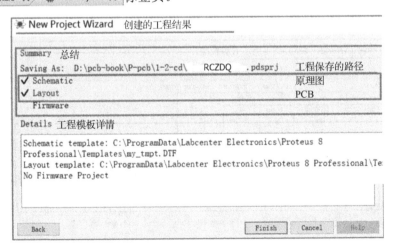

图 1-13　新建工程向导——创建的工程结果

2. 从库中选取元器件

单击工具按钮➡，进入元器件模式，如图 1-14 所示，按以下 4 步选取元器件。

（1）单击对象选择器中的 P 按钮，弹出 Pick Devices（选取元器件）对话框。

（2）输入关键字：一般是输入元器件名或部分元器件名，例如查找二极管 1N4148，只要输入 4148，则元器件名中含有 4148 的元器件都被列出，每个元器件占一行；若要关键字全字匹配，则可选中左上角的 `Match whole words?` ☑。

（3）选中元器件：单击某元器件所在行，则该行呈现蓝色背景，表示选中。同时右侧可预览元器件，若有封装也可预览封装。

（4）选取元器件：双击要选取元器件所在行，则将其加入对象选择器中。

图 1-14　Pick Devices 对话框

如此操作可将 RC 桥式振荡器电路所用的 7 个元器件一一选入对象选择器中。

图 1-14 右上角会显示选中元器件的模型类型，若元器件无仿真模型，则预览框顶上显示 "No Simulator Model"。可选中图 1-14 左上角的 `Show only parts with models?` ☑，将只查找有仿真模型的元器件。本例中只有接插件无仿真模型，不参与电路仿真。

3. 放置、操作元器件

按如图 1-15 所示，安排好各元器件（对象）在原理图编辑区中的位置。元器件放置、移动、转向等操作如下。

（1）放置：在对象选择器中单击选中要放置的元器件（出现蓝色背景），将鼠标移至原理图编辑区单击，出现该元器件的轮廓，将它移至期望位置处后单击，则元器件被放置到该位置。

（2）选中：单击编辑区要选中的元器件，高亮（默认红色）显示，表示已选中该元器件。

（3）取消选中：在编辑区空白处单击。

（4）移动：选中对象，再按住鼠标左键拖动。

（5）转向：右击对象，弹出如图 1-16 所示快捷菜单，执行相应转向命令。

（6）删除：右双击对象或右击对象，弹出如图 1-16 所示快捷菜单，执行删除对象命令 ☒。

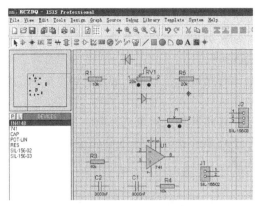

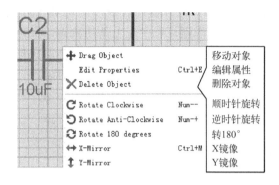

图 1-15　放置、操作元器件图　　　　　　　图 1-16　右击对象弹出快捷菜单

（7）编辑元器件（设置属性）：将光标移至元器件，双击弹出 Edit Component（编辑元器件）对话框，如图 1-17 所示，设置 C2 的电容值为 3000nF，设置封装为 CAP10；参考图 1-18 设置可调电阻 RV1、RV2 的电阻值为 20kΩ，封装为 PRE-SQ4。

图 1-17　电容值及其封装设置　　　　　　图 1-18　电阻值及其封装设置

4．放置电源↑、地⊥终端

单击工具按钮 ，在对象选择器中列出了 10 个终端，如图 1-19 所示。单击选中其中的 POWER（电源）终端，在对象预览区显示它的符号↑后，将光标移至编辑区期望放置的位置，双击放置↑。用类似操作可将 GROUND（地）终端⊥放置在编辑区中的期望位置。

5．连线、布线

系统默认自动连线器按钮 有效（下陷）。移动光标到连线起点，如图 1-20 所示，待自动捕捉并出现绿色铅笔标志 ✏（若不出现 ✏，可单击工具按钮 ）后单击，再移动光标（随之有移动的走线）到连线终点，自动捕捉并再次出现绿色铅笔标志 ✏ 时单击，则完成换向为直角形式的连线。走线时，若遇到障碍，会自动绕开。这就是智能连线的特点。

参考图 1-7 完成 RC 桥式振荡电路的设计。

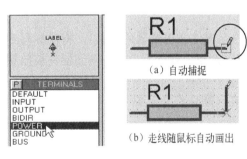

图 1-19　终端　　　图 1-20　自动连线

6．电路仿真

若要仿真，则参考图 1-21 所示步骤操作。

启动仿真后，参考图 1-21 调整虚拟示波器操作面板上的电压、时基数据，光标置于转盘上的三角符号，按下鼠标左键转动，调整时基每格为 0.1ms，A 通道每格电压为 0.2V，调整图中可调电阻 RV1，使电路启振，便可观察到 RC 桥式振荡器产生的波形。

若不进行仿真，则可跳过此段，直接进入下一步。

注：Proteus 中默认虚拟仪器参与仿真，但不参与 PCB 设计☑ Exclude from PCB Layout　。接插件 J1、J2 不参与仿真☑ Exclude from Simulation　。

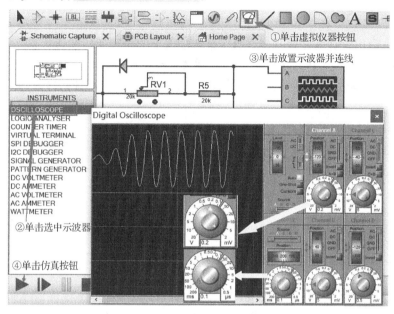

图 1-21　RC 桥式振荡器的仿真

7. 打开设计浏览器查看封装等信息

单击工具按钮 ，弹出如图 1-22 所示的原理图设计窗口的 Design Explorer（设计浏览器）标签页，左边为设计页名称，右边 4 列依次是各元器件 Reference（编号）、Type（名称）、Value（值）和 Package（封装）。若某元器件没有封装，则浏览器中对应的 Package 列中会出现 missing 高亮红色显示。此例所有元器件都有封装，所以无此提示。

编号	名称	值	封装
Reference	Type	Value	Package
C1 (3000nF)	CAP	3000nF	CAP10
C2 (3000nF)	CAP	3000nF	CAP10
D1 (1N4148)	1N4148	1N4148	DO35
D2 (1N4148)	1N4148	1N4148	DO35
J1 (SIL-156-02)	SIL-156-02	SIL-156-02	SIL-156-02
J2 (SIL-156-03)	SIL-156-03	SIL-156-03	SIL-156-03
R1 (10k)	RES	10k	RES40
R3 (10k)	RES	10k	RES40
R4 (10k)	RES	10k	RES40
R5 (20k)	RES	20k	RES40
RV1 (20k)	POT-HG	20k	PRE-SQ4
RV2 (20k)	POT-HG	20k	PRE-SQ4
U1 (741)	741	741	DIL08

图 1-22　原理图设计窗口的 Design Explorer 标签页

8．单击 🔲 生成网表并进入 PCB 设计

单击工具按钮 🔲 将自动生成网表并进入 PCB 设计窗口，可进行基于网表的 PCB 设计。

1.2.3   RC 桥式振荡器的 PCB 设计、3D 预览

1．设置布线规则

单击 ✏️，弹出设计规则管理器，第一个选项卡下的内容保持默认状态，单击第二个选项卡，设置布线网络类，POWER 类的导线样式（线宽）设置为 T40（40mil，即 40th），SIGNAL 类的导线样式设置为 T25，颈缩样式均设置为 T10，如图 1-23 所示。

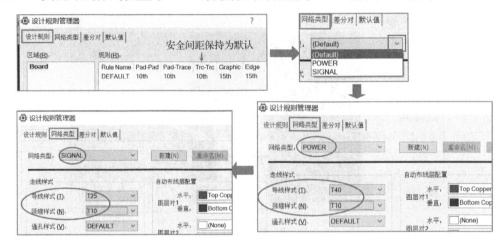

图 1-23 布线规则设置

2．设置板框

如图 1-24 所示，先单击 2D 框体模式按钮 ▢，再单击层选择器，从弹出的层列表中选择边框层（Board Edge），然后在编辑区适当位置单击并移动鼠标，拖出一个适当大小的方框（黄色），单击确认，即为板界框。元器件和 PCB 布线都不要超越该框。

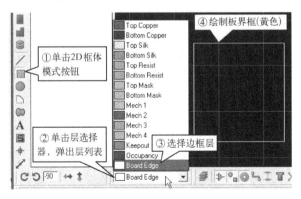

图 1-24 选择边框层及 PCB 板界设置

2. 元器件布局

元器件布局可手工布局、自动布局，也可手工、自动混合布局。

（1）手工布局：本例先采用手工布局元器件 J1、J2、RV1 和 RV2。如图 1-25（a）所示，要布局 RV1（可调电阻），先单击选择元器件模式 ⟩，在对象选择器中弹出元器件列表，在元器件列表中单击选中 RV1，对象预览区中显示该选中对象（RV1）的封装。移动光标至编辑区中的期望位置双击，即可完成放置，同时元器件列表中的 RV1 也随之消失。元器件 J1、J2、RV2 均照此操作一一放置。放置元器件的同时，元器件间的连接关系以细绿线呈现，称该线为飞线；同时也出现表示方位关系的带箭头细黄线，称为力向量。布局好 J1、J2、RV1 和 RV2 的结果如图 1-25（b）所示。手工布局的操作与原理图中放置元器件的操作一样，可对各元器件按需进行转向、移动等操作。

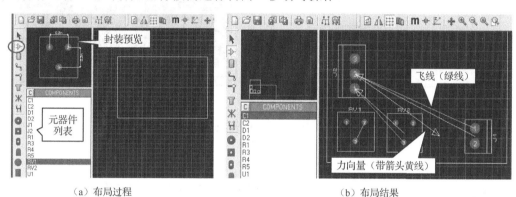

（a）布局过程　　　　　　　　　　　　　　（b）布局结果

图 1-25　手工布局

（2）自动布局：本例其他元器件使用自动布局。单击工具按钮 ，弹出如图 1-26（a）所示 Auto Placer（自动布局器）对话框。在此采用默认设置，直接单击 OK 按钮，这时对象选择器中的元器件相应的封装一一自动放置在板界框内，随之对象选择器中的相应元器件也一一消失。元器件间的连接关系以飞线表示，方位关系以力向量表示。可适当进行手工调整布局。布局结果如图 1-26（b）所示。

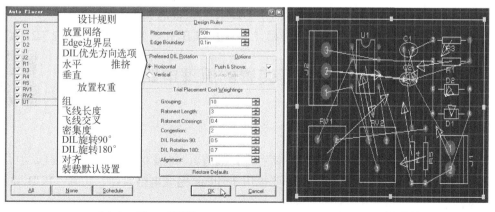

（a）Auto Placer 对话框　　　　　　　　　　（b）布局结果

图 1-26　自动布局

3．布线

本设计采用自动布线。单击工具按钮 ，弹出如图 1-27（a）所示的 Shape Based Auto Router（基于形状的自动布线器）对话框，采用默认设置，直接单击 Begin Routing 按钮进行自动布线，其结果如图 1-27（b）所示。布线时，底层线为蓝色，顶层线为红色。

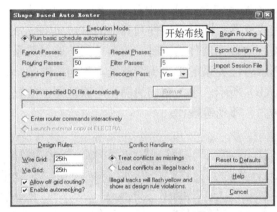 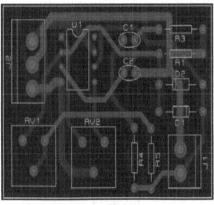

（a）Shape Based Auto Router 对话框   （b）布线结果

图 1-27　自动布线

4．3D 预览

Proteus 还提供了 PCB 的 3D（三维）视图，可预览电路板实物模样。

布线完成后，单击应用工具栏中的按钮 即可打开 3D 视图窗口。单击窗口左下角预览工具条 中相应按钮，实现对 PCB 以光标为中心显示、放大、缩小、翻转、俯视图、前视图、左视图、后视图、右视图、高度限制、裸板等全方位 3D 预览。如图 1-28 所示：（a）图为完整 PCB 的 3D 前视图预览；（b）图为裸板的 3D 预览。

最后，要输出 PCB 生产文件，请参阅 12.3.2 节。

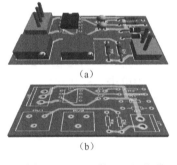

（a）

（b）

图 1-28　PCB 的 3D 预览

1.3　实践 1：数字电路彩灯装置的原理电路设计

1.3.1　实践任务

设计一个数字电路彩灯装置（以下简称彩灯装置），每隔 0.5s 改变 4 个（红、绿、黄、蓝）LED（发光二极管）的显示状态。要求用 Proteus 完成电路设计、仿真、PCB 设计和 3D 预览。

彩灯装置的电路原理图如图 1-29 所示，元器件列表见表 1-4。

1.3.2　实践参考

1. 新建名为 ex1_cd 的工程

参考 1.2.2 节新建工程，选择合适的保存路径，工程中包含原理图与 PCB。

在 Proteus 原理图设计窗口中进行数字电路彩灯装置的电路设计。根据表 1-4 查找相应元器件，按图 1-29 布局、连线、设置各电阻和电容的值。

电源终端一定要连线接入电路中，不能只靠在导线上。双击 J1，在其 Edit Component 对话框中选中 ☑ Exclude from Simulation ，设置其不参与仿真。其他元器件都参与仿真，都该出现在 PCB 上。

2. 彩灯装置的原理电路设计、仿真

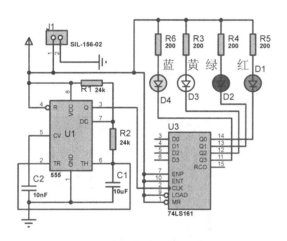

图 1-29　彩灯装置的电路原理图

表 1-4　彩灯装置元器件列表

74LS161	计数器
555	555
CAP	瓷片电容
LED-BLUE	蓝发光二极管
LED-GREEN	绿发光二极管
LED-RED	红发光二极管
LED-YELLO	黄发光二极管
RES	电阻
SIL-156-02	二线接插件

单击仿真启动按钮 ▶ ，进行电路仿真。每隔 0.5s，4 个彩灯显示状态更换一次。

电路的功能：以 555 芯片为核心的多谐振荡电路输出信号接入 74LS161 计数器，4 路 LED 以二进制计数方式显示，灯灭读作 1，灯亮读作 0。

3. 打开设计浏览器查看封装等信息

本电路的所有元器件都要出现在 PCB 上，故所有元器件都要有封装。单击工具按钮，弹出 Design Explorer（设计浏览器）标签页，可看到电路元器件的编号、名称、值和封装等信息。本电路中的 4 个发光二极管无封装，双击 LED，在弹出的如图 1-30 所示 Edit Component 对话框的 PCB Package 栏中输入"led"，即将发光二极管的封装设置为 LED，4 个发光二极管均一一设置。再次单击，如图 1-31 所示。本设计中参与 PCB 设计的元器件都有封装，可进行 PCB 设计。

注意：因发光二极管的引脚名为 A、K，碰巧，封装名为"LED"的焊盘名也是 A、K，系统会默认引脚 A 与焊盘 A 对应，引脚 K 与焊盘 K 对应，这与实际相符，故不用再配置元器件引脚与元器件封装的各焊盘的对应关系。重新指定元器件封装时一定要仔细核对。

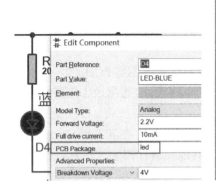

编号、名称、值、封装

Reference	Type	Value	Package
C1 (10uF)	CAP	10uF	CAP10
C2 (10nF)	CAP	10nF	CAP10
D1 (LED-RED)	LED-RED	LED-RED	LED
D2 (LED-GREEN)	LED-GREEN	LED-GREEN	LED
D3 (LED-YELLOW)	LED-YELLOW	LED-YELLOW	led
D4 (LED-BLUE)	LED-BLUE	LED-BLUE	led
J1 (SIL-156-02)	SIL-156-02	SIL-156-02	SIL-156-02
R1 (24k)	RES	24k	RES40
R2 (24k)	RES	24k	RES40
R3 (200)	RES	200	RES40
R4 (200)	RES	200	RES40
R5 (200)	RES	200	RES40
R6 (200)	RES	200	RES40
U1 (555)	555	555	DIL08
U3 (74LS161)	74LS161	74LS161	DIL16

图 1-30　在 Edit Component 对话框
　　　　中设置发光二极管的封装

图 1-31　设计浏览器中彩灯装置的信息

4．彩灯装置的 PCB 设计

参考 1.2.3 节，单击应用工具栏中的按钮，自动生成网表并进入 PCB 设计窗口，完成设置板界、布局、布线等操作，结果分别如图 1-32、图 1-33 所示。

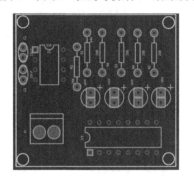

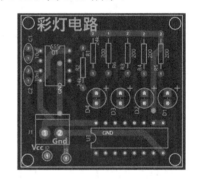

图 1-32　彩灯装置电路布局图　　　　　图 1-33　彩灯装置电路布线图

注：布局元器件时，有连接关系的元器件要尽量近，方向合理，电流方向流畅。例如，在彩灯装置电路中，构成振荡电路的 U1、R1、R2、C1、C2 应尽可能靠近，如图 1-32 所示，将它们布局在板的左上角；4 个发光二极管表示 4 位二进制计数，应该从左到右依次是 D4、D3、D2、D1。

考虑到电路板的装配，可在 4 个角的板框层放置直径约为 3mm 的圆作为安装孔。

最后单击工具按钮 **A**，弹出如图 1-34 所示的对话框，输入文字，并选择字体 @Lingoes Unicode、设置字高，如法炮制，对电源端 J1 的两个焊盘分别放置 Vcc、Gnd。

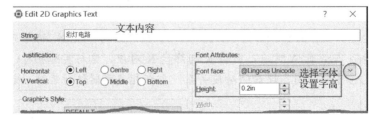

图 1-34　以 2D 文本放置电路名

5. 彩灯装置的 3D 预览

参考 1.2.4 节，查看彩灯装置的 3D 视图、裸板预览分别如图 1-35、图 1-36 所示。

图 1-35　彩灯装置的 3D 视图预览　　　图 1-36　彩灯装置的裸板预览

第 2 章 Proteus 电路原理图设计基础

本章从实用出发，叙述电路原理图设计的系统设置、视图查看、主要操作模式、可视化助手等设计环境，介绍电路原理图设计中的基本操作、方法。通过实践，读者将掌握电路原理图的基本设计技术，感受 Proteus 操作界面清晰、交互性好、操作便捷、人性化强等特点。

2.1 原理图设计窗口的系统设置

原理图设计窗口的 System 菜单如图 2-1 所示，由此可设置显示选项、快捷键、元器件属性定义、图纸大小等，各操作命令中带下画线的大写字母即是该命令的快捷键，如 Set Display Options 命令的快捷键为"D"。

执行菜单命令 System→Restore Default Settings，将 System 菜单中所有的设置恢复到系统默认状态。

图 2-1 原理图设计窗口的 System 菜单

2.1.1 设置显示选项

执行菜单命令 System→Set Display Options，弹出如图 2-2 所示的 Set Display Options（设置显示选项）对话框，可根据自己计算机配置的显卡选择合适的图形显示模式，Proteus 会自动检查并给出选项建议，同时还可设置自动平移动画等参数。其中，Number of Steps 决定了平移的光滑程度，Pan Time 决定了平移的速度。

2.1.2 设置系统文件路径等

执行菜单命令 System→System Settings，弹出如图 2-3 所示的 System Settings（系统设置）对话框，包括 Global Settings、Simulator Settings、PCB Design Settings、Crash Reporting 4 个选项卡。一般采用默认设置即可，应该始终谨慎更改这些设置。

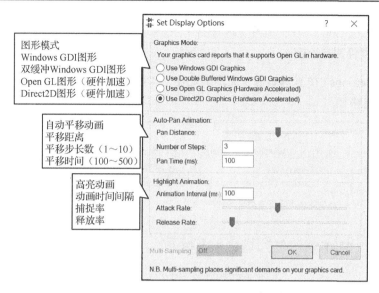

图 2-2　Set Display Options 对话框

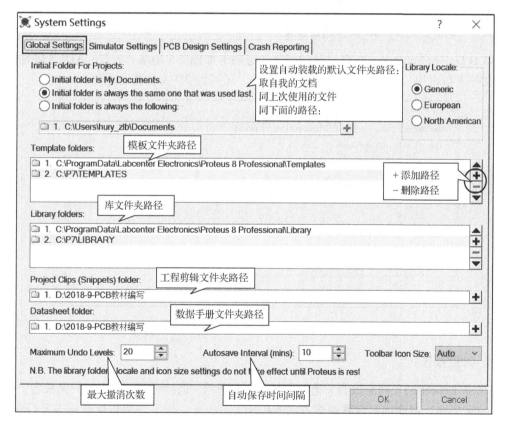

图 2-3　System Settings 对话框的 Global Settings 选项卡

1. 全局设置

Global Settings（全局设置）选项卡见图 2-3，功能解释见图中标注。

注：库文件夹路径、库所在地（Library Locale）（见图 2-3 右上角）、图标大小（Toolbar

Icon Size）的设置只有在 Proteus 重启复位后才生效。

2. 仿真器文件路径设置

Simulator Settings（仿真器设置）选项卡如图 2-4 所示，可设置仿真模型和模块文件夹、仿真结果文件夹路径。

图 2-4　System Settings 对话框的 Simulator Settings 选项卡

3. PCB 输出文件、3D 文件路径设置

PCB Design Settings（PCB 设计的设置）选项卡如图 2-5 所示，设置 CADCAM 输出的默认文件夹可沿用工程所在路径或另指定路径，还可为 3D 文件指定路径。

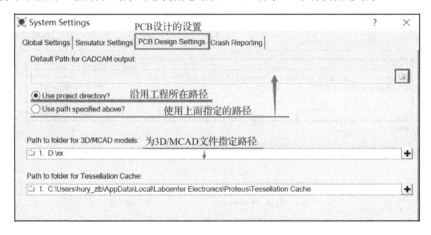

图 2-5　System Settings 对话框的 PCB Design Settings 选项卡

4. 冲突报告

Crash Reporting（冲突报告）选项卡如图 2-6 所示，选择 ⊙Never 不将冲突报告上传到 Labcenter 公司，在底部可设置检查方案的频率为若干天，旧冲突报告保留若干天后删除。

2.1.3　设置图纸大小

执行菜单命令 System→Set Sheet Sizes，弹出 Sheet Size Configuration（图纸大小设置）对话框，如图 2-7 所示，每种尺寸都有两个编辑域，左边为宽度，右边为高度。该操作只对当前图纸有效，若在多页设计中更改多个图纸大小，则需一一设置。

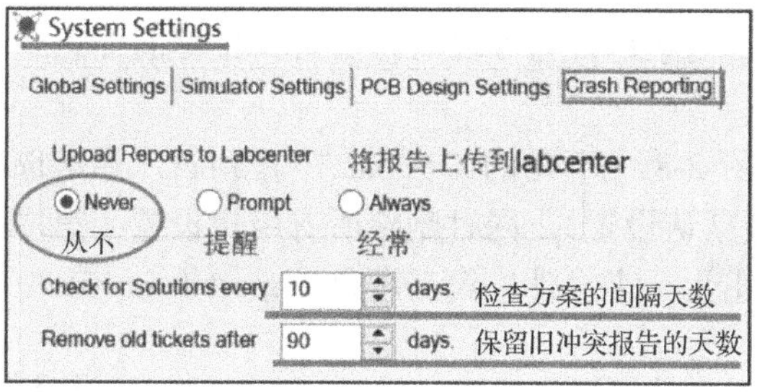

图 2-6　System Settings 对话框的 Crash Reporting 选项卡 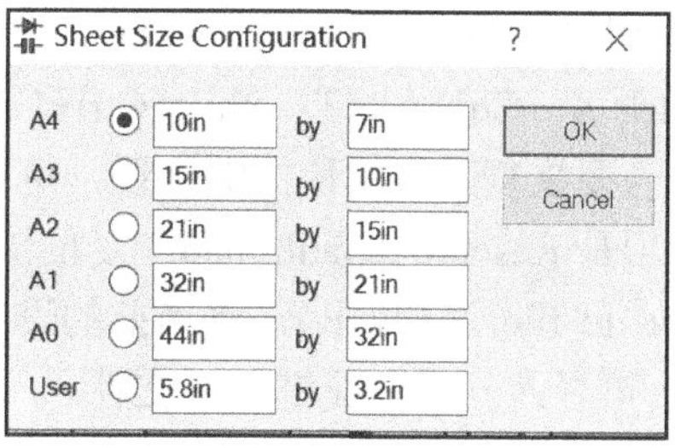　　图 2-7　图纸大小设置

2.1.4　设置快捷键

原理图设计中的很多命令可通过快捷键完成，用户可更改快捷键。执行菜单命令 System→Set Keyboard Mapping，弹出 Edit Keyboard Map 对话框，如图 2-8 所示。选择 Command Groups 下拉列表中某一命令组（图中为 Application[View Menu]Commands），其所属命令的说明与快捷键都会在相应域中显示。图 2-8 显示当前选中网格显示命令，其快捷键为 G。单击 Unassign 按钮可删除快捷键。若要重新设置，则需将光标指向快捷键域，按下计算机的某键或组合键，相应的键名出现在该域，单击 Assign 按钮，再单击 OK 按钮退出。

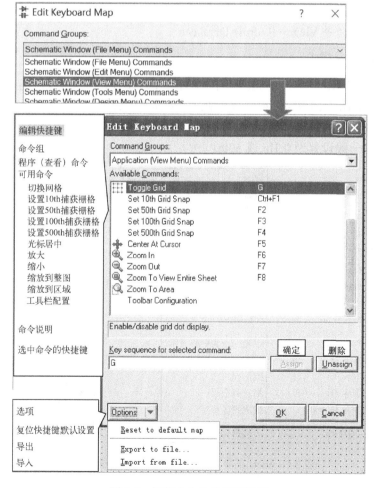

图 2-8　操作命令的快捷键设置

快捷键可设置为单个字母键，也可设置为字母键与 Ctrl、Shift 和 Alt 键的任意组合，如 Ctrl+X、Ctrl+Alt+T、Shift+Ctrl+1 等。

若要恢复默认的快捷键设置，可单击图 2-8 左下角的 Options 下拉列表，弹出选项。第一项是 Reset to default map（复位快捷键默认设置），同时删除所有用户设置；第二项是 Export to file...（导出），将当前的设置导出为一个文件；第三项是 Import from file...（导入），可导入一个快捷键设置文件。

2.2　View 菜单及各种命令应用

原理图设计窗口中的 View（视图）菜单如图 2-9 所示。

2.2.1　刷新、网格显示、伪原点和光标点标志

1. 刷新视图

有 3 种方式刷新视图：

（1）单击工具按钮 ；

（2）按键盘上的 R 键。

（3）执行菜单命令 View→Redraw Display。

2. 改变网格显示模式

按键盘 G 键或单击工具栏按钮 可改变网格显示模式，有直线式网格、无网格和点式网格三种模式，如图 2-10 所示。网格间距在 View 菜单下设置，也可按 F4、F3、F2、Ctrl+F1 等快捷键切换到相应的网格间距。网格间距大小决定了对象移动的步长和精度。布局元器件时，网格间距一般设置为 0.1in 或 50th。

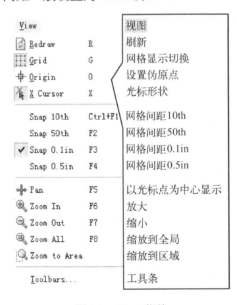

图 2-9　View 菜单

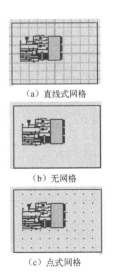

（a）直线式网格

（b）无网格

（c）点式网格

图 2-10　网格显示模式

3．切换原点、伪原点

电路图纸的原点默认在页面中心，如图 2-11（a）所示，用蓝色十字靶心 ⊕ 表示。当前点的坐标以黑色显示在屏幕的右下角。伪原点，即相对原点，显示为 ⊞。

设置伪原点的方法有 3 种：

（1）按键盘 O 键；

（2）单击黄色工具按钮 ⊕，使其下陷，光标变成 ⊕，在编辑区单击；

（3）执行菜单命令 View→Toggle False Origin 后，在编辑区单击，设置光标当前点为伪原点，状态栏的坐标变成粉红色。

再按以上任一种设置伪原点的方法操作则取消伪原点，如按键盘 O 键将恢复系统原点。

4．光标点标志切换

标准光标形状默认为箭头形，如图 2-11（b）所示。为方便明确光标点的位置，可按快捷键 X 使光标在如图 2-11（b）～（d）所示三种模式间切换，也可执行菜单命令 View →Toggle X-Cursor 实现光标模式的切换。

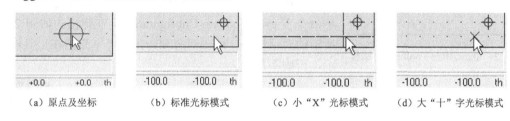

（a）原点及坐标　　（b）标准光标模式　　（c）小"X"光标模式　　（d）大"十"字光标模式

图 2-11　原点、光标模式

2.2.2　以光标点为中心显示、放大、缩小

视图以光标点为中心显示、放大、缩小等操作可在 View 菜单下实现，单击相应选项即可（见图 2-9），也可直接单击相应工具按钮或按快捷键来实现。

1．以光标点为中心显示

以光标点为中心显示的方法有 2 种：

（1）单击工具按钮 ⊕，出现光标 ⊕，将它移至编辑区期望处单击，则可以该光标点为中心进行电路视图显示；

（2）按快捷键 F5。

2．放大/缩小

放大/缩小的方法有 3 种：

（1）当光标在编辑区时，上滚/下滚鼠标中轮，可以光标点为中心放大/缩小；

（2）单击工具按钮 ⊕/⊖；

（3）按快捷键 F6/F7。

3．整图显示、局部显示

整图显示方法有 2 种：

（1）单击工具按钮 ⊕；

（2）按快捷键 F8。

局部显示方法也有 2 种：

（1）单击按钮🔍，光标变成🔲，在编辑区单击，拖出一个方框，把要显示的内容框进框中后再单击，则框中区域可放大到整个屏幕显示。

（2）按下 Shift 键，同时按下鼠标左键拖出方框，将局部框进框中，松开鼠标左键，则框中区域放大到整个屏幕显示。

4．结合预览区查看

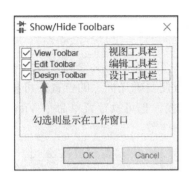

图 2-12　Shaw/Hide Toolbars 对话框

预览区显示全局，整张图纸以蓝色边框包围。编辑区可见的区域就是预览区中绿色方框内的区域。在预览区中单击，再移动，则绿色方框移动，框内即为可见编辑区，再次单击可停止移动。

2.2.3　开、关工具栏显示

在原理图设计界面，可以设置工具条的显示。执行菜单命令 View→Toolbar Configuration，在弹出的如图 2-12 所示的对话框中，单击对应项，出现"√"的在工具栏显示，否则不显示。

2.3　主要操作模式

与电路原理图设计有关的主要操作模式及其工具按钮如图 2-13 所示。

▶	选择模式：对光标下的热点对象单击，选中。
▷	元器件模式：从库中选取的元器件，进行库管理，选取的元器件出现在对象选择器中。
✚	结点模式：在编辑区可放置结点。
🏷	标签模式：对导线放置网络标号。
☰	脚本模式：在编辑区单击弹出脚本对话框，可输入脚本内容。
╫	总线模式：在编辑区放置总线。
▯	子电路模式：在对象选择器中出现各种子电路端口。
▭	终端模式：各种终端出现在对象选择器中。
⊸▷	元器件引脚模式：各种引脚出现在对象选择器中。
／▢ ○ ⌓ ∞ A S ✚	2D 模式，各种 2D 风格出现在对象选择器中。

图 2-13　设计电路原理图的主要操作模式及其工具按钮

单击某一模式按钮，可进行相应对象的操作。例如，要放置元器件，先单击工具按钮▷，进入元器件模式，再在对象选择器中单击选中某一元器件后，将光标移至编辑区的期望位置，双击即可完成元器件的放置。有些元器件是多组件，如图 2-14 所示，74LS00 是四-2 与非门，放入电路中时，4 个门电路以组件 U1:A、U1:B、U1:C、U1:D 独立出现，但它们属于同一个物理实体 U1。

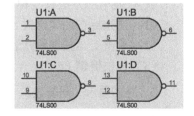

图 2-14　同类多组件元器件

要在电路图上放一段文本，先单击工具按钮▦，进入脚本模式，然后在编辑区单击进行脚本编辑。

要画一个圆，先单击工具按钮●，进入绘制 2D 图形模式，再在编辑区画圆。

2.4　多变的光标——见形知意

Proteus 的界面直观，提供了两种可视方式说明设计进行中将要发生的事，如图 2-15 所示。

1. ✋光标下的热点对象

光标捕捉到的对象成为"热点"，表现在光标✋及对象的轮廓上。

在应用 Windows GDI 显卡显示模式（Use Windows GDI Graphics）下（参见图 2-2），光标下的元器件、图形、虚拟仪器等周围出现包围对象的红色虚线轮廓，说明该对象成为"热点"对象；当光标移至电气连线（单连线、总线）时，沿电气连线中轴出现红色虚线，说明该连线成为"热点"连线。

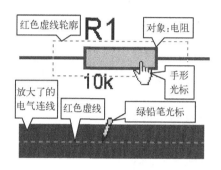

图 2-15　可视化助手

若在显示设置中选择 Use Direct2D Graphics [Hardware Accelerated 或 Use Open GL Graphics [Hardware Accelerated]，为支持硬件加速的显卡，热点对象出现阴影。

2. 多种光标形状

光标形状说明单击鼠标左键时将要发生的操作。

- ↖　标准光标：选择模式时，光标在编辑区空白处的形状。
- ✏　放置光标：单击进入放置对象状态。
- ✏　绿色铅笔，放置电气连线光标：单击开始连线或结束连线。
- ✏　蓝色铅笔，放置总线光标：单击开始连总线或结束连总线。
- ✋　单击选中光标下的对象。
- ✋⊹　移动：按下鼠标左键移动鼠标拖动对象。
- ↕　拖动：按下鼠标左键拖动可移动线段。
- ✋▪单击可为对象设定属性值，用于 PAT 工具。

2.5　基本操作

2.5.1　从库中选取元器件

1. 选取元器件

单击按钮▷进入元器件模式，将光标移至对象选择器中，双击或单击条形标签 `P L  DEVICES` 中的 P 按钮，弹出 Pick Devices（选取元器件）对话框，如图 2-16 所示。

（1）通过关键字查找

查找元器件一般通过关键字，关键字可以是部分或全部的元器件名、元器件描述性字符、参数值等。例如，要查找单片机 AT89C2051，可将关键字写入 Keywords 栏中，可以是全名 AT89C2051，也可以是 2051 等，都可查找出与之匹配的元器件列表（其中都有 AT89C2051）。在元器件查找结果区右击，可选择结果列表所包含的列内容，当前选择了"Library"，所以结果列表中有"Library"这一列。

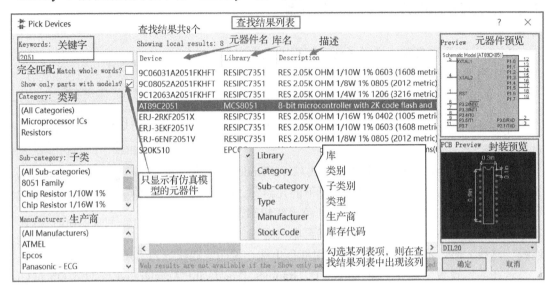

图 2-16　Pick Devices 对话框

（2）通过类别、子类别等查找

例如，要查找 TTL 74 系列反相器 74LS04，可先单击类别"TTL 74LS series"，再单击子类别"Gates & Inverters"（门及反向器），即可在如图 2-17 所示的查找结果列表中查得 74LS04。

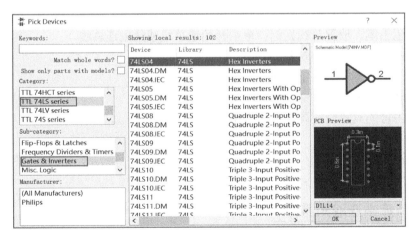

图 2-17　根据类别"TTL 74LS series"、子类别"Gates & Inverters"查找

（3）通过类别、子类别、关键字等混合查找

例如，要查找小功率金属膜 10kΩ 电阻，可先从类别栏中单击 Resistors（电阻），再在子类别栏中单击 0.6W Metal Film，最后在 Keywords 栏中写入"10K"，则可在查找结果列表中查找出符合要求的电阻"MINRES10K"，如图 2-18 所示。

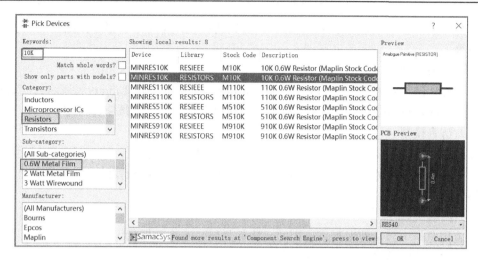

图 2-18　关键字"10K"、类别"Resistors"相结合的混合查找

（4）利用带通配符的关键字查找

关键字中可以出现通配符，"？"代表一个字符，"*"代表多个字符。例如，要查找 DS18B20，如图 2-19 所示，在 Keywords 栏中输入"ds?*20"，即可找到"DS18B20"。

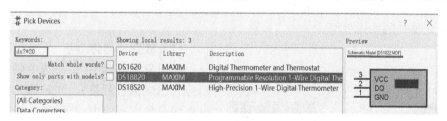

图 2-19　带通配符的关键字"ds?*20"查找

（5）选取元器件

如图 2-20 所示，在查找结果列表中查得元器件所在行双击，可将元器件添加到对象选择器中。查找并选取元器件后，关闭 Pick Devices 对话框。

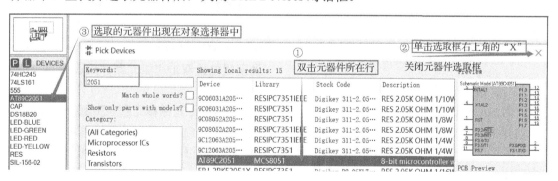

图 2-20　选取元器件到对象选择器中

2. 说明

（1）库元器件查找结果列表

将与查找条件相配的元器件名、元器件所在库及文本描述列于查找结果框中，其他的

信息可在此框中右击（见图 2-16 中部），从弹出的快捷菜单中取舍显示，如类别、子类别、生产商等。

（2）结果排序

单击搜索结果列表上方的列标题，如 Device（元器件名）、Library（库名）、Category（分类名）、Description（描述）等，则相应某列对搜索结果进行按字符排序。

（3）仿真模型

如果电路设计后要进行仿真，则要求元器件模型为仿真模型，这时可在查找元器件之前，选中图 2-16 左上方的复选框 Show only parts with models? ☑，则查找结果只显示有仿真模型的元器件。

（4）封装类型

封装预览框中显示搜索列表选中的元器件封装。一个元器件可能有多个封装，可单击图 2-16 右下角的封装选择框选择封装类型。

2.5.2　放置、替换元器件

1．放置元器件

单击选中工具按钮 ▷（按钮下陷），进入元器件模式，如图 2-21 所示。这是放置、替换、删除元器件的操作界面。

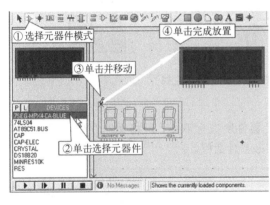

图 2-21　放置元器件操作界面和放置方法一

（1）放置元器件方法一

在对象选择器中，单击选中要放置的元器件（出现蓝色背景），同时该元器件符号也出现在预览窗口中。此时单击转向工具条 ↻↺ 0 ↔↕ 中的按钮可调整元器件转向。将光标移到编辑区单击，则出现元器件轮廓，移动光标（元器件轮廓随之移动）到期望位置单击，则完成放置。图 2-21 所示为放置 LED 数码管 7SEG-MPX4-CA-BLUE 的方法。若放置途中要取消放置，则右击即可。也可将后两步合成一步，即将光标移动到期望位置双击完成元器件放置。

（2）放置元器件方法二

右击编辑区空白处，弹出快捷菜单，如图 2-22 所示，将光标移到 Place ▶ 项，自动弹出下级菜单，光标再移到 ▷ Component ▶ 项，在自动弹出的下级菜单中单击所要放置的元器件（如 7SEG-MPX4-CA-BLUE ），光标下出现元器件轮廓，移动光标到期望位置左击即完成放置。

系统对绝大多数元器件自动编号，少量未编号元器件，可手工编号。

图 2-22　放置元器件方法二

2．替换元器件

若要用另一元器件替换已放置的元器件，可将另一元器件的轮廓移动到要替换的已放置元器件上，并保证至少有一个引脚重叠，单击后，出现选择框询问 Replace Component?，单击 OK 按钮即完成替换。图 2-23 为用电容替换电阻的过程。

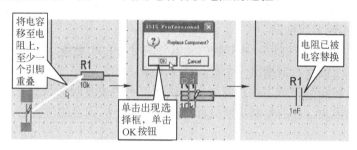

图 2-23　用电容替换电阻的过程

2.5.3　选中与取消选中对象

1．选中对象

此处主要讲解对元器件的选中操作。选中其他对象，如结点、标签、脚本、总线、子电路、终端、引脚、图形等操作与选中元器件基本相同。

（1）选中单个对象

如图 2-24 所示，将光标移到对象，出现包围对象的虚线轮廓且光标变成手掌形🖐时，单击即可选中对象，该对象红色高亮显示。

（2）选中多个对象

按住 Ctrl 键，将光标逐个移到要求选中的对象且光标变成手掌形🖐时，单击即可选中多个对象。逐个完成选中的对象后，都以红色高亮显示。

（3）块操作选中

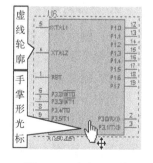

图 2-24　选中元器件

在编辑区的期望位置按下鼠标右键并拖出一个包围所需对象的方框，松开鼠标，则处于此方框中的各种对象都被选中并高亮显示。

（4）选中并操作对象

只要将光标移至对象（成为热点）上并右击，则该对象被选中，同时弹出操作菜单（不同对象对应的菜单可能不同），可单击其中的选项进行操作。

2．取消选中

取消选中的方法有两种：（1）在编辑区空白处单击；（2）按键盘 R 键或单击刷新工具按钮。

2.5.4　复制、粘贴、删除对象

1．复制、粘贴对象

（1）一次复制、一次粘贴

选中对象，单击工具栏上的复制按钮，再单击粘贴按钮，在编辑区的期望位置单击，即可粘贴复制的对象。被复制的元器件编号会自动更新，但只能进行一次粘贴。

（2）块复制实现多次粘贴

图 2-25 所示为块操作过程。被复制的元器件编号会自动更新。

① 按下鼠标左键或右键拖出一个框，选中对象。

② 单击工具按钮，或右击执行弹出的快捷菜单中块复制命令。

③ 光标下出现玫红色的复制块随光标移动，移动光标到目的位置后，单击完成复制、粘贴。

根据需要重复步骤③可放置多个副本。右击可退出复制状态。

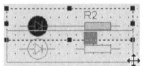

（a）块选中对象　　　　　（b）单击块复制按钮　　　　　（c）移至期望处粘贴

图 2-25　块操作过程

2．删除对象

（1）删除单个对象

光标悬于对象上，右键双击可快速将其删除，与对象的连线也一并删除。

（2）删除多个对象

选中多个对象，按键盘 Delete 键，或单击工具按钮，或单击快捷菜单中的 Delete Object，可删除多个对象，与对象的连线也一并删除。

2.5.5　放置、删除终端

电路除元器件外还有诸如电源、地等终端，也需要进行操作。单击工具按钮进入终端模式，界面和简要操作过程如图 2-26 所示。

对象选择器中的终端有 10 种，其形状和名称如图 2-27 所示。

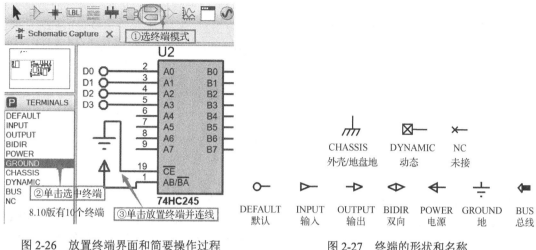

图 2-26　放置终端界面和简要操作过程　　　　　图 2-27　终端的形状和名称

放置、删除终端的方法与放置、删除元器件的方法一样。放置电源⊥、地⊥、默认终端○—，结果见图 2-26。

2.5.6　编辑对象属性

编辑的对象类型有元器件、结点、标签、脚本、总线、子电路、终端、引脚、图形等。一般对其双击可进行属性编辑，对其右击弹出快捷菜单，从中执行相应命令即可。本节以编辑元器件、终端的属性为例进行介绍。

1．编辑元器件的属性

将光标移到要编辑的元器件上，如图 2-28 所示左方光标变成手掌形 🖐，双击出现如图 2-28 所示右方 Edit Component（编辑元器件）对话框，可根据要求设置元器件属性，如编号、电容值、封装等。这里只重新设置电容值为 10μF。按照相同的方法设置排阻阻值、限流电阻阻值为 300Ω，陶瓷电容 C1、C2 的电容值为 30pF 等，如图 2-29 所示。

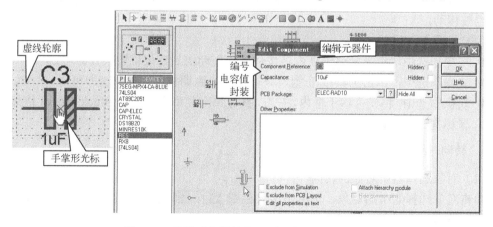

图 2-28　编辑对象属性的界面及编辑电容的属性

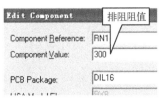 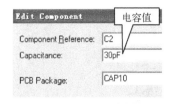 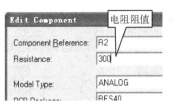

　　（a）排阻属性编辑　　　　　　　（b）陶瓷电容属性编辑　　　　　　（c）限流电阻属性编辑

图 2-29　编辑元器件的属性

2．编辑终端的属性

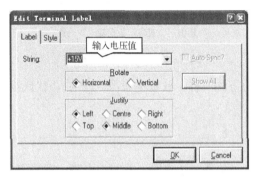

图 2-30　编辑电源终端的属性

　　若要编辑电源终端 ⊕ 的属性，则先将光标移至 ⊕ 上，光标变成手掌形 👋 后，双击弹出如图 2-30 所示 Edit Terminal Label（编辑终端标签）对话框。该对话框中 String 右边的组合框内默认为空（默认电源为+5V，不显示电源值），若要设置为+12V 或-5V，则在框内输入+12V 或-5V 即可。还可在 Edit Terminal Label 对话框的 Style 选项卡中设置字符串的方位、大小、颜色、字体、字型等属性。若电路要求电源为 5V，则可以采用默认值，无须设置。

2.5.7　移动、转向和对齐对象

1．移动对象

若移动操作中要放弃，则单击撤销工具按钮 ↶ 即可。

（1）单个对象的移动

单击选中对象，按住鼠标左键拖动到期望位置后松开即可。同时，与被移动对象相连的线也被移动。

（2）块操作移动

- 块操作选中，将光标移于框内，按住鼠标拖动块到期望位置松开即可。
- 块操作选中，单击工具按钮 ⬛，鼠标拖动块到期望位置后单击即可。
- 块操作选中，将光标移于框内、右击，执行弹出菜单中的命令 Block Move（块移动），鼠标拖动块到期望位置单击即可。

2．转向对象

（1）对象选择器中对象的转向

单击对象选择器中的对象，再单击工具栏 ↻ ↺ 0 ↘ ↔ ↕ 中相应的转向按钮即可。

（2）编辑区内对象的转向

① 选中对象，按计算机数字小键盘上的"＋""－"键进行逆时针、顺时针旋转。

② 将光标移至对象（以数字温度计 DS18B20 为例），出现如图 2-31 左上角所示状态时单击，弹出如图 2-31 右方所示快捷菜单，根据要求执行 4 个转向命令中的某个即可。如执行 X-Mirror 命令，可完成元器件的镜向操作，结果如图 2-31 左下方所示。

③ 块操作选中对象，右击，在弹出的菜单中单击 Block Rotate 选项，弹出如图 2-32 所示对话框，输入角度正交数（90、180、270、-90、-180、-270），单击 OK 按钮完成转向操作。正数表示逆时针旋转，负数表示顺时针旋转。

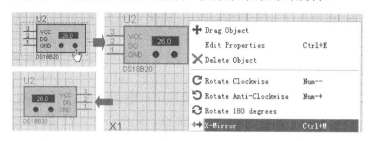
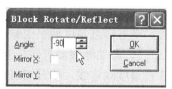

图 2-31　将数字温度传感器 DS18B20 作 X 镜向转向　　　图 2-32　块操作中的转向

注： 子电路、图表不能旋转。除 2D 图形外的其他对象只能以角度正交数进行转向。

3．对齐对象

在编辑区选中要对齐的对象，如图 2-33（a）所示，执行菜单命令 Edit→Align Objects，弹出如图 2-33(b)所示的 Align 对话框，可进行 6 种形式的对齐操作，选择⬚ ⦿Align Left Edges 后，单击 OK 按钮即完成左对齐，结果如图 2-33（c）所示。

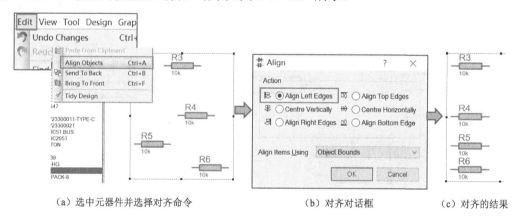

　　（a）选中元器件并选择对齐命令　　　　　　（b）对齐对话框　　　　　　（c）对齐的结果

图 2-33　对齐操作

2.5.8　电气连线操作和总线操作

1．非总线电气连线操作

对任意两个电气属性（引脚、终端或电气连线上）对象依次单击就可自动生成连线。在自动走线过程中，若双击，则自动放置结点并终止走线。

（1）自动捕捉，光标变为绿铅笔

原理图设计窗口无连线操作模式，在各种操作模式下，只要将光标移到包含对象引脚或连线的默认小范围内，光标就变为绿铅笔 ✐ 光标，如图 2-34（a）所示，表示已捕捉到电气连线点，即电气连线的起点或终点。这就是电气连线自动捕捉功能，使连线快捷方便。

（2）自动正交连线，走线过程中光标为白铅笔

原理图设计窗口有自动连线工具按钮▣，按钮下陷则自动连线有效，快捷键为 W。自

动连线有效时，只要依次单击连线的起点、终点，系统就会自动连出直线，转角为直角。若要更多地控制连线路径，捕捉到起点单击，移动光标，光标变成白铅笔［见图 2-34（b）］，随之自动生成连线，如遇到对象等障碍时，会自动绕开，如图 2-34（c）所示。在自动连线中途可单击（出现"锚点×"），以垂直方向改变连线走向，如图 2-34（d）所示。

（3）手工任意角度连线

① 完全任意角度连线：在连线前，先禁止自动连线器，按 W 键或单击按钮 使其弹起，则可任意角度地手工画线。

② 自动连线器有效，直线自动呈直线直角，但在直线过程中可随时按下 Ctrl 键进行任意角度画直线，松开 Ctrl 键，恢复直角直线继续随光标画直线，如图 2-34（e）所示。

手工连线中途双击则自动放置结点并终止手工连线。手工连线中途右击则撤销上一步连线。

（4）移动和改变连线

在各种操作模式下，将光标移至连线且连线中出现高亮红色虚线或阴影时右击，则选中并弹出快捷菜单后，单击 Drag Wire（移线）选项，即可移动、改变连线。

在选择模式下（单击工具按钮 ），将光标 移至（近）连线，出现 时单击选中连线并高亮显示。这时若出现双键头光标 ，按住鼠标左键并拖动可实现连线在垂直于该连线方向上的平移，如图 2-34（f）所示；若出现 ，按住鼠标左键并以任意角度拖动连线，可实现移动和改变连线，如图 2-34（g）、图 2-34（h）所示。

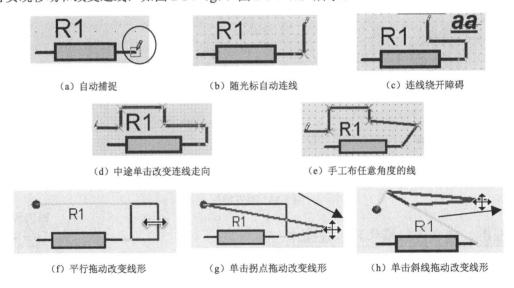

　　（a）自动捕捉　　　　　　（b）随光标自动连线　　　　　（c）连线绕开障碍

　　（d）中途单击改变连线走向　　　　　　（e）手工布任意角度的线

　　（f）平行拖动改变线形　　　（g）单击拐点拖动改变线形　　　（h）单击斜线拖动改变线形

图 2-34　连线及其移动、改变形状

（5）复制连线

可复制相同长度、相同连线方向且平行的连线。

如图 2-35（a）所示，要将排阻的 1～8 脚依次与单片机 12～19 脚连线，依次单击排阻的"1"、单片机的"12"，连线自动生成；再将光标移至排阻的引脚"2"，如图 2-35（b）所示，光标变为绿铅笔，双击即完成排阻引脚"2"至单片机"13"脚的连线；如法炮制，双击排阻引脚"3"即完成"3"至单片机"14"脚的连线；依次双击排阻引脚 4～8 完成余下 5 条线的连接，结果如图 2-35（c）所示。

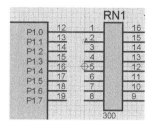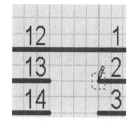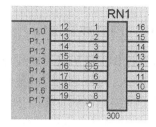

（a）先从"1"连至"12"　（b）再将光标移至"2"，双击复制　（c）依次双击"3""4"…"8"完成连线

图 2-35　复制连线操作

（6）删除连线

在各种操作模式下，当光标移至连线后，右双击可删除连线。

2．总线操作

总线是大量导线的一种简化表达，如图 2-36 所示，通常用于微处理器原理图。总线不仅可在层次模块之间应用，还可定义带有总线引脚的库元器件的实体。因此，一个处理器与存储器阵列或外设可由一根总线或总线与若干单根导线混杂连接。

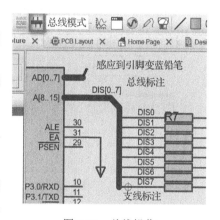

单击操作模式按钮 ￼（下陷）选择总线操作模式。当光标移至总线时，光标变为蓝铅笔光标 ￼，表示可进行总线操作。总线操作的自动捕捉、连线、移动改变、删除、复制等都与电气连线操作类似。总线标签即总线的网络标号，DIS[0..7]中的数字范围应与总线引脚所包含的引脚数量一致。参见 2.5.10 节。

图 2-36　总线操作

2.5.9　放置、删除结点

结点（默认为圆形）表示线与线间的连接（接通）。通常原理图在电气连线、删除电气连线操作中自动放置、删除结点；但有时在特定位置要放置结点，将该点作为起点或终点进行连线。即使是交叉线或相碰线，只要在接触位置没有结点就未连接。

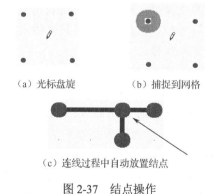

（a）光标盘旋　　（b）捕捉到网格

（c）连线过程中自动放置结点

图 2-37　结点操作

1．放置结点

单击蓝色工具按钮 ￼进入结点模式，光标为白色铅笔，如图 2-37（a）所示。在编辑区单击出现结点的轮廓，移至期望处再单击则完成放置。若光标进入编辑区但不在网格点上，则单击后，结点跳到最近的网格点上，如图 2-37（b）所示。这就是自动捕捉到网格功能，有助于将对象整齐地定位到网格上。

与现有的导线连线时，单击会自动放置结点，如图 2-37（c）所示。

2．自动删除结点

当连线被删除时，连线上的结点一同被删除。对无连线的结点，右双击可将其删除。

2.5.10　网络标签操作

标签操作主要用来对连线放置网络标号。同名网络标号表示它们之间的连接关系，代替连线连接。对终端也可放置网络标签。

放置网络标签的步骤如下：

① 右击导线，执行快捷菜单的 Place Wire Label 命令。

可先单击工具按钮 **LBL** 进入标签模式，将光标（白色铅笔头）移到要放置标签的线上，光标下出现一个"×"图标，如图 2-38 左侧所示，单击。

② 弹出如图 2-38 中部所示 Edit Wire Label 对话框，在 String 组合框内输入标签名称（如输入"D0"）。

③ 单击 OK 按钮或按回车键关闭对话框，标签 D0 如图 2-38 右侧所示出现在连线上。

右击标签，可选择 Edit Label 编辑标签，也可选择 Delete Label 删除标签。

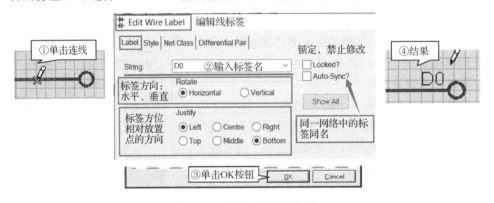

图 2-38　放置、编辑线标签

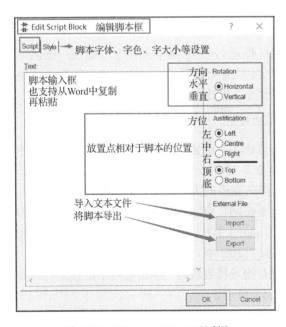

图 2-39　Edit Script Block 对话框

2.5.11　脚本操作

1．放置脚本

脚本用来书写文本注释、属性表达式、参数映射的变量等。分解一个元器件时，分解为图形符号和属性脚本。这里只介绍用脚本来书写文本注释。

单击脚本模式按钮 ≡ 使其下陷有效，将光标移至编辑区要放置脚本的左上角处左击，弹出 Edit Script Block（编辑脚本框）对话框，在文本框内输入脚本内容，如图 2-39 所示，还可调整脚本方向（Rotation）、方位（Justification）。单击 OK 按钮，关闭对话框并确认脚本，文本内容显示在编辑区中；若单击 Cancel 按钮，则取消本次操作。

2. 编辑、导入/导出脚本

在脚本模式下双击脚本，或右击脚本，执行快捷菜单中的 Edit Properties 命令，则弹出如图 2-39 所示 Edit Script Block 对话框，可在其中修改脚本内容、属性等。

还可从外面导入 TXT 文件为脚本，或将当前的脚本导出为一个 TXT 文件。

2.5.12　编辑区右键快捷操作

1. 右击某对象弹出快捷菜单

右击编辑区中的对象，弹出该对象的快捷菜单，在此菜单中可执行相应的命令。例如，若右击对象 AT89C2051，则弹出的快捷菜单如图 2-40 所示；因 AT89C2051 是微控制器，所以还有 Edit Source Code 命令。

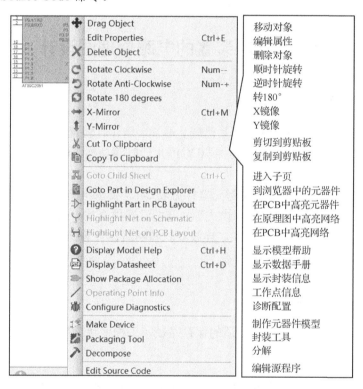

图 2-40　右击对象弹出的快捷菜单

注：不同对象的右键快捷菜单中会有不同的命令。

2. 右击空白处弹出快捷菜单

右击编辑区空白处，弹出常用的编辑操作快捷菜单，如图 2-41 左侧所示，可进行放置、复制、粘贴等操作。

带有"▶"的菜单项还有下级菜单，将光标置于该项上会弹出下级菜单。例如，移动光标到 Place 项上，则弹出它的下级菜单，列出所有可放置的对象。

图 2-41　在空白处右击弹出的快捷菜单

2.6　实践 2：30s 倒计时装置的电路原理图设计

2.6.1　实践任务

设计一个基于数字电路技术的简易篮球竞赛 30s 倒计时装置（以下简称倒计时装置）。它有启动 30s 倒计时、计时暂停、计时到 0 时停止计时等功能，计时用两位共阳 LED 数码管显示。要求完成电路设计、仿真。

电路原理图如图 2-42 所示，参考元器件见表 2-1。要求电路设计中灵活使用诸如元器件模式、标签模式、脚本模式、终端模式等，掌握元器件查找、选中、放置、移动、转向、删除、替换、复制、对齐、电气连线、连线复制和网络标号等操作。

2.6.2　实践参考

1. 新建名为 ex2_dec30s 的工程

参考 1.2.2 节新建工程，选择合适的保存路径，工程中包含原理图和 PCB。

2. 原理图设计

（1）元器件查找、布局、连线。在原理图设计窗口中根据表 2-1 查找出相应元器件（均为可仿真的元器件），参考图 2-42 将元器件一一放置在合适位置并调整好各元器件方位，设置好元器件的属性，连接好线路，充分应用基于标签模式操作的网络标号技术、电气连线复制技术，使设计快速、简捷。

（2）注意电源终端与导线接入点的可靠连接。

（3）编辑元器件属性。参考图 2-42 设置各电阻、电容的值。接插件 J1 只出现在 PCB 上，不参与仿真，双击 J1，在其 Edit Component 对话框中选中 ☑ Exclude from Simulation 。其他元器件都有仿真模型，都应该出现在 PCB 上。

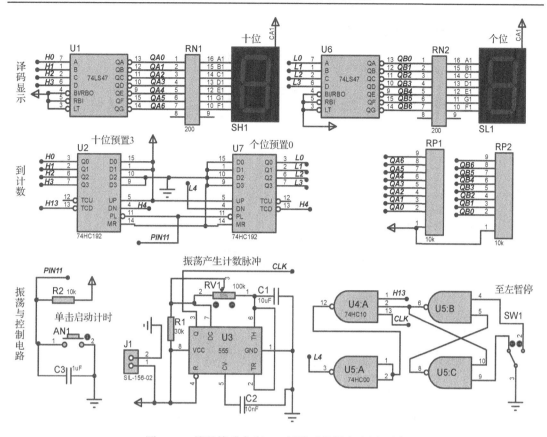

图 2-42　简易篮球竞赛 30s 倒计时装置电路原理图

表 2-1　倒计时装置元器件列表

元器件英文名	元器件中文名	元器件英文名	元器件中文名
7SEG-COM-AN-GRN	LED 共阳数码管	CAP	电容
74HC00	四 2 输入与非门	POT-HG	电位器
74HC10	三 3 输入与非门	RES	电阻
74HC192	4 位十进制同步加、减计数器	SIL-156-02	两芯接插件
74LS47	4 线-BCD 七段译码器	SW-SPDT	单刀双掷开关
555	555 集成电路	RESPACK-8	公共端 8 排阻
BUTTON	按键	RX8	8 排阻

3. 仿真

单击仿真启动按钮 ▶ ，进行电路仿真。仿真前，先将开关 SW1 接到右边，单击按键 AN，则电路从 30 起开始每隔 1s 倒计数。

4. 查看设计浏览器

单击工具按钮▣，弹出如图 2-43 所示的 Design Explorer（设计浏览器）标签页，从中可得到电路中参与 PCB 设计的各元器件编号、名称、值和封装信息。本设计中参与 PCB 设计的各元器件信息完整，可进行 PCB 设计。若无封装或封装不合适，则要进行封装指定设置。封装指定设置的方法参看后续章节。

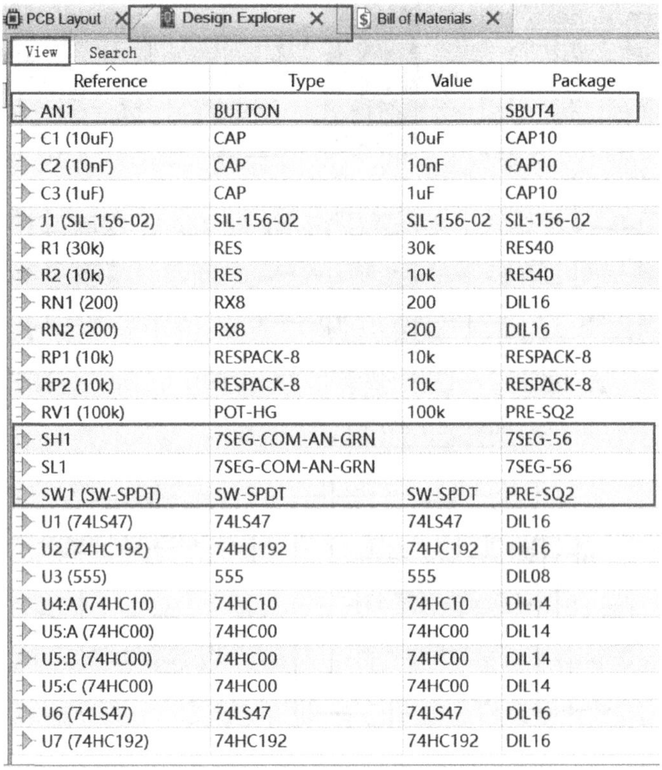

Reference	Type	Value	Package
AN1	BUTTON		SBUT4
C1 (10uF)	CAP	10uF	CAP10
C2 (10nF)	CAP	10nF	CAP10
C3 (1uF)	CAP	1uF	CAP10
J1 (SIL-156-02)	SIL-156-02	SIL-156-02	SIL-156-02
R1 (30k)	RES	30k	RES40
R2 (10k)	RES	10k	RES40
RN1 (200)	RX8	200	DIL16
RN2 (200)	RX8	200	DIL16
RP1 (10k)	RESPACK-8	10k	RESPACK-8
RP2 (10k)	RESPACK-8	10k	RESPACK-8
RV1 (100k)	POT-HG	100k	PRE-SQ2
SH1	7SEG-COM-AN-GRN		7SEG-56
SL1	7SEG-COM-AN-GRN		7SEG-56
SW1 (SW-SPDT)	SW-SPDT	SW-SPDT	PRE-SQ2
U1 (74LS47)	74LS47	74LS47	DIL16
U2 (74HC192)	74HC192	74HC192	DIL16
U3 (555)	555	555	DIL08
U4:A (74HC10)	74HC10	74HC10	DIL14
U5:A (74HC00)	74HC00	74HC00	DIL14
U5:B (74HC00)	74HC00	74HC00	DIL14
U5:C (74HC00)	74HC00	74HC00	DIL14
U6 (74LS47)	74LS47	74LS47	DIL16
U7 (74HC192)	74HC192	74HC192	DIL16

图 2-43　查看设计浏览器，检查元器件封装等信息

第 3 章　Proteus 电路原理图设计进阶

本章主要讲述 Proteus 原理图设计中的模板设计、属性分配工具（PAT）和查找与选中工具（Search and Tag）应用，以及对象选择器、全局标注、设计浏览器、动态仿真、帮助文件等。它们是电路设计的进阶操作，有助于提高电路设计效率。

3.1　模板设计

Proteus 的原理电路有模板，就像文字处理系统 Word 或 PPT 的模板。将电路图纸大小及颜色、图形外观、字符的字体及颜色、图表颜色等设置好并保存为模板，采用模板，这些设置就会在新的图纸上生效，以达到操作便捷和标准化的目的。模板包含 Template（模板）菜单下的全局风格设置和母页（Master Sheet）设计。Proteus 已提供了一些模板，用户也可自己设计模板。

参考 1.2.2 节新建工程 my_tmplate.pdsprj，选择合适的保存路径，工程中包含原理图和 PCB。

3.1.1　电路图全局风格设置

原理图设计的 Template（模板）菜单如图 3-1 所示。这里设置的属性将对本设计中遵从全局（Global）设置的所有同类对象有效。

图 3-1　Template 菜单

1．设置整体外观默认值

执行菜单命令 Template→Set Design Colours，可设置设计图纸的整体配色、仿真动画配色、是否显示隐藏的引脚或文本、默认字体等。

（1）图纸配色

图纸的默认外观颜色设置包括图纸颜色、网格颜色、边界框颜色、选中对象的高亮颜色、拖动时的颜色等，如图 3-2 左侧的 Colours 区所示。单击各项组合框中的颜色块，则弹出如图 3-2 右上方所示的色板，可单击选择合适的颜色。

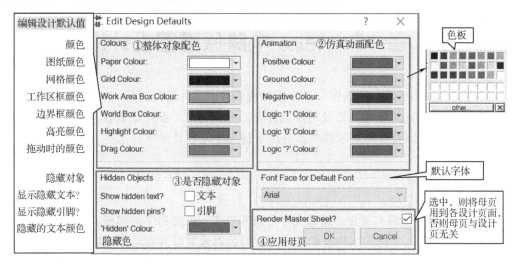

图 3-2　图纸默认外观设置

（2）仿真动画配色

在图 3-2 右上角的 Animation 区可设置导线、引脚逻辑电平颜色。

（3）关闭隐藏文本的显示

原理图默认为显示隐藏文本（Show hidden text），如图 3-2 左下角的所示。隐藏文本的颜色默认是灰色 'Hidden' Colour: [■■■■]，如图 3-3 所示，电阻下方的淡灰色"<TEXT>"就是显示的隐藏文本。为使图纸清晰，可取消选中 Show hidden text? □，即关闭显示隐藏文本。

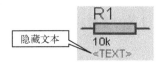

图 3-3　显示隐藏文本

（4）母页应用

为了使一个设计中的所有页面从母页中承袭统一的外观，系统默认该项有效，即 Render Master Sheet? [✓]。若要各页面外观各异，则可取消该选项。

（5）系统文本默认字体设置

在图 3-2 右下角的 Arial 下拉列表中选择字体作为系统的默认字体。Proteus 提供了一组真字体（True Type fonts），还有向量字体（Vector Font）。Windows 对绘图仪输出真字体支持不够好，所以使用绘图仪打印时选择向量字体比较合适。若只用位图设备（如打印机），则可用所有的真字体，不过建议只用一种字体，以免外观不一致。

2. 设置全局 2D 图形风格

执行菜单命令 Template→Set Graphic Styles，可设置全局 2D 图形的线型、线色、填充类型、填充色等，如图 3-4 所示。

（1）风格类型选择

单击图 3-4 中的 Style 组合框，弹出系统已有的风格类型，如图 3-5 所示。

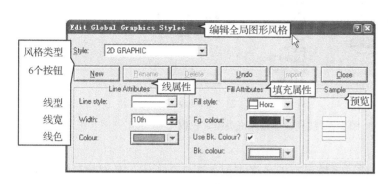

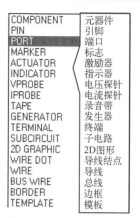

图 3-4　Edit Global Graphics Styles 对话框　　　　图 3-5　2D 图形风格类型

（2）6 个按钮的功能

① New：新建风格。单击该按钮，弹出如图 3-6 所示对话框，可输入新风格名称。新建的风格也称自建风格。

② Rename：重命名自建风格。

③ Delete：删除自建风格

④ Undo：撤销对风格的修改。

⑤ Import：导入全局风格。

⑥ Close：确认当前对风格的设置并关闭对话框。

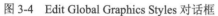

图 3-6　Create New Graphics
Style 对话框

注：重命名、删除只对自建风格有效，对系统风格无效，所以当选择系统风格时，它们呈灰色无效状态。撤销只对修改风格有效，对新建、删除风格等操作无效。

（3）线属性设置

① Line style（线型）：单击该项右侧域，弹出如图 3-7（a）所示的线型列表，从中单击所需线型即可。若选中 none，则填充图形没有边框。

② Width（线宽）：为实线型指定线宽，直接输入，单位为毫英寸（th）。若是其他线型，则该项无效。

③ Colour（线色）：在右侧域中单击，从弹出色板中单击所需的颜色。

（4）填充属性设置

① Fill style（填充风格类型）：如图 3-7（b）所示。

② Fg. colour（前景色）：当填充类型为实心（solid）或画线（hatch）时有效。

③ Use Bk. Colour（应用背景色）：当填充类型为画线时有效。

④ Bk. colour（背景色）：有关颜色设置域都由如图 3-7（c）所示的色板来设置。

⑤ Sample（预览）：以 1×1 的比例显示当前设置的线型、填充下的风格效果。

3. 设置全局文本风格

执行菜单命令 Template→Set Text Styles，弹出如图 3-8 所示的 Edit Global Text Styles 对话框。

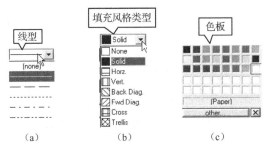

图 3-7　线型、填充风格类型、色板

（1）文本风格名称

Style：文本风格类型名称，系统已有的风格类型如图 3-9 所示，是对象属性文本，如元器件编号、元器件值、引脚名、线标签等。单击风格域，从下拉菜单中选取即可。

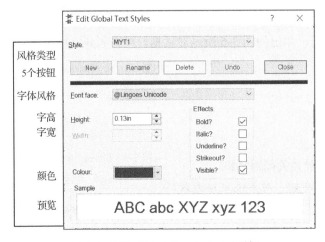

图 3-8　Edit Global Text Styles 对话框

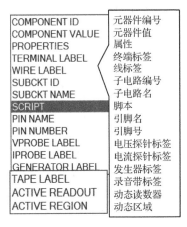

图 3-9　文本风格类型

（2）5 个按钮的功能

① New：单击该按钮，新建文本风格。在弹出的对话框（见图 3-10）中输入风格名，如"MYT1"，单击 OK 按钮确认，其结果见图 3-8，可进一步设置字体、文字效果等。此时 Rename、Delete 按钮有效。

② Rename：重命名自建风格。

③ Delete：删除自建风格。

④ Undo：撤销对风格的修改。

⑤ Close：确认当前对风格的设置并关闭对话框。

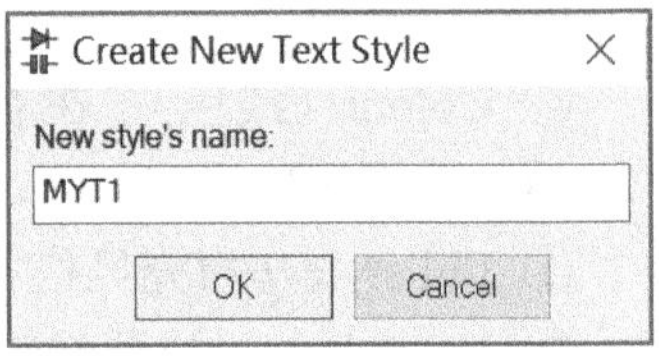

图 3-10　新建文本风格 MYT1

（3）文本风格属性设置

① Font face（字体）：在其域中单击，可从弹出列表中选择字体。

② Height（字高）：直接输入，单位可用任意标准单位，如英寸（in）、毫英寸（th）、毫米（mm）等。

③ Width（字宽）：直接输入，单位同字高。字宽只在字体设置为向量字体（Vector Font）或默认字体 Default Font（系统默认设置）为向量类型时有效。

④ Colour（文本颜色）：同其他的颜色设置一样。

⑤ Effects（字效）：见图 3-8 中的粗体、下画线等。若是向量字体，则该项无效。

⑥ 预览：从图 3-8 底部的预览窗口中可以预览当前设置效果。

4. 设置 2D 图形文本全局属性

对通过工具按钮 **A** 放置的文本设置全局属性。执行菜单命令 Template→Set 2D Graphics Defaults，弹出如图 3-11 所示的设置 2D 图形文本初始化对话框，可设置文本字体、文本方位、文本效果等，并作为 2D 文本属性的默认设置。

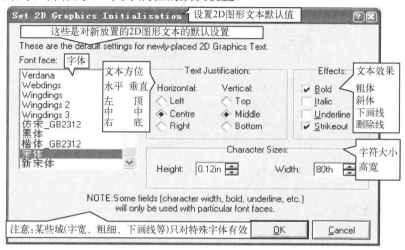

图 3-11　设置 2D 图形文本初始化对话框

图 3-11 中，当前设置的全局字体为"宋体"，文本方位都是"中"，文本效果为粗体、删除线，字高为"0.12in"，字宽为"80th"。

设置好如图 3-11 所示的默认值后，在原理图设计窗口的电路、模板等设计中，单击 2D 图形工具按钮 **A**，进入 2D 图形文本模式。在编辑区单击，弹出如图 3-12 所示的 Edit 2D Graphics Text（编辑 2D 图形文本）对话框。可以看出，此时 Edit 2D Graphics Text 对话框中的文本方位、字体属性等正是图 3-11 中设置的 2D 图形文本默认值。在图 3-12 中的 Global Style（全局风格）域中单击，选择图形风格（如"2D GRAPHIC"）；在 String 区输入文本（如"2D 图形文本"），单击 OK 按钮退出。文本效果如图 3-12 下方所示。

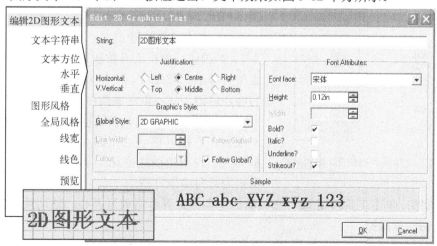

图 3-12　Edit 2D Graphics Text 对话框

注：此处线宽只有字体为向量字体时才有效。

5. 设置结点风格

执行菜单命令 Template→Set Junction Dot Style，弹出如图 3-13 所示 Configure Junction（设置结点）对话框，可设置结点的大小，可选择结点为方形、圆形或菱形。

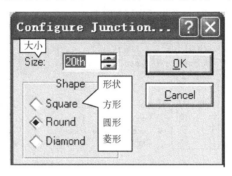

图 3-13　Configure Junction 对话框

3.1.2　母页设计

母页是模板的重要部分，母页上的所有内容都出现在设计页上。母页中的所有对象在每个设计页面均可见，只能在母页中对它们进行编辑、增删操作。

母页上只允许有 2D 图形、位图和文本，不允许有元器件或其他对象，也不允许导入或粘贴其他对象。

若将某一设计页面大小修改为与母页不一样，则母页对该页无效，如 A4 大小的母页对某一修改为 A3 的设计页面无效。

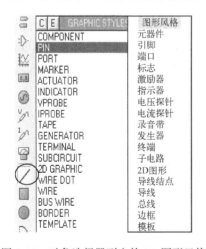

图 3-14　对象选择器列出的 2D 图形风格

1. 2D 图形绘制与本地风格设置

原理图设计模块中配置了如图 3-14 所示的 2D 图形的各种图形风格。下面将对 5 种 2D 图形 进行绘制及编辑，且都采用 2D GRAPHIC 风格。

（1）绘制 2D 图形

① 画线：单击工具按钮，在编辑区期望的起点位置单击，移动光标，直线随光标画出，在期望的终点单击，完成以任意角度画直线。

② 画框：单击工具按钮，单击放置框的对角一顶点，方框以移动的光标点作为另一对角顶点，框的大小形状也随之变化，单击结束画框，即以这两点为对角构造方框。

③ 画圆：单击工具按钮，在编辑区中期望位置单击放置圆心，移动鼠标确定半径大小，单击结束画圆。

④ 画多边形：单击工具按钮，在编辑区中适当位置单击放置多边形的第一个顶点，移动鼠标，线段随之画出，再单击放置第二个顶点……最后一点应与第一点重合，以保证

多边形是封闭的。中途若要画弧线，则画线时按住 Ctrl 键。在画的过程中，按 Backspace 键可以取消最近的轨迹。

⑤ 画弧：单击工具按钮 ，在编辑区期望位置单击，移动鼠标随之自动画出弧线，在终点单击结束画弧。

以上 5 种图形在绘制的中途若要取消，右击或按 Esc 键即可。

（2）编辑 2D 图形的形状

单工具按钮 进入选择模式下，对 5 种图形进行修改，光标移至各对象上时，各对象出现虚线轮廓或阴影，单击选中，各对象如图 3-15 所示，出现不同数量的黑色小方块（称为"控点"）。

① 修改直线的形状：将光标移至线端控点，如图 3-15（a）所示，当光标变为 时，按住鼠标左键移动，拖动该线至适当的长短、方位时释放鼠标即可。

② 修改方框、圆的形状：选中方框或是圆，将光标移至一个控点上，如图 3-15（b）、（c）所示，当光标变为双箭头 时，按住鼠标左键移动，拖动该方框至适当的形状、大小时释放鼠标即可。

③ 修改多边形的形状：选中多边形，将光标移至该多边形的控点，如图 3-15（d）所示，当光标变为双箭头 时，按住鼠标左键移动，拖动至适当的形状和大小时释放鼠标即可。

（a）直线，两个控点　　（b）方框，8 个控点　　（c）圆，4 个控点　　（d）多边形，控点数同顶点数

图 3-15　调整 2D 图形

④ 修改弧线的形状：选中图 3-16（a）所示弧线，出现起、终点控点和两个黄色小方块控点（也称为"控点"），如图 3-16（b）所示。如图 3-16（c）所示将光标移至弧线的控点，当光标变为 时，如图 3-16（d）所示，按住鼠标左键移动，拖动端点，端点随光标移动，线形也会改变；若是拖动弧线中间的控点，则端点保持不动，弧的曲线部分随光标改变，要结束修改，释放鼠标即可。

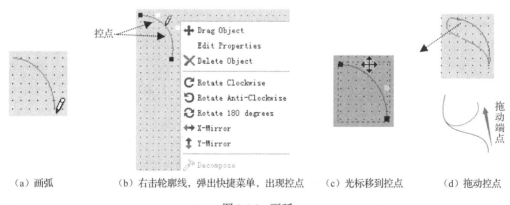

（a）画弧　　　　（b）右击轮廓线，弹出快捷菜单，出现控点　　（c）光标移到控点　　（d）拖动控点

图 3-16　画弧

（3）右击 2D 图形，精确编辑形状、改变外观

直线、方框、圆、弧等 4 种 2D 图形，都有精确的尺寸编辑属性，对它们右击，执行

Edit Properties 命令，弹出如图 3-17 所示的 Edit 2D Graphics 对话框。它有两个选项卡：

① Edit Line 选项卡下可设置形状的精确尺寸：设置直线、弧线的起点和终点坐标，如图 3-17（a）和图 3-18 所示；设置方框的中心点（对角线交点）坐标、宽、高，如图 3-19 所示；设置的圆形的圆心坐标、半径大小，如图 3-20 所示。

② 在 Edit Style 选项卡下设置直线的外观，如图 3-17（b）所示，取消 Follow Global（遵从全局）选项，则线属性、填充属性域有效，可设置线型、线宽、线色，填充类型、背景、前景色。当填充类型为实心（solid）或画线（hatch）时，前景色有效；当填充类型为画线时，背景色有效。图形风格修改后的应用方式有三种：This Graphic Only，仅应用于本图形；All Tagged Graphics，应用于所有选中的图形；Cancel，取消（放弃修改）。

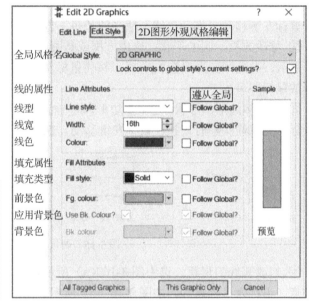

（a）编辑直线　　　　　　　　　　　　　　（b）2D图形外观风格编辑

图 3-17　图形风格编辑对话框

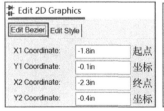 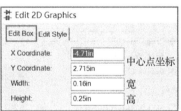 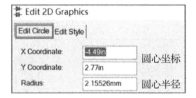

图 3-18　弧线编辑　　　　　图 3-19　方框/矩形框编辑　　　　　图 3-20　圆形编辑

2. 放置 2D 图形符号

单击工具按钮 ⬛，进入 2D 图形符号模式。将光标移到对象选择器中双击，弹出如图 3-21 所示的 Pick Symbols 对话框。单击系统符号库 SYSTEM，从下面的框中选取需要的符号；选取、放置符号的操作方法与元器件操作方法一样。

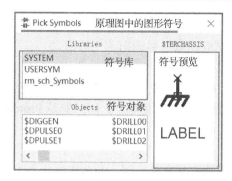

图 3-21　Pick Symbols 对话框

3．母页设计实例

执行菜单命令 Template→Goto Master Sheet，进入母页设计。母页上所有的对象会出现在应用本母页的电路原理图的各个页面中。母页中只允许放置 2D 图形和图形文本，如设置标题、配置页面外框大小及其外观等。下面将完成如图 3-22 所示的母页设计实例。

图 3-22　母页设计实例

（1）图纸边框、大小设置

执行菜单命令 System→Set Sheet Sizes，设置图纸大小，用默认的 A4 图纸。

执行菜单命令 Template→Set Design Colours，图纸颜色设置为白色，网格颜色设置为黑色，如图 3-23 所示；隐藏文本设置为不显示，即取消选中复选框；字体选为宋体；选中右下角的应用母页选项。单击 OK 按钮完成设置。

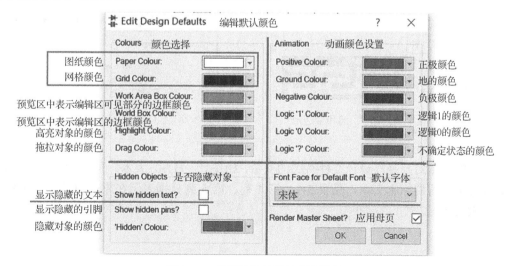

图 3-23　母页设计的默认颜色设置

用 2D 图形画一个边框。单击 2D 方框按钮▨，在对象选择器中单击选择风格 BUS WIRE、无填充，沿编辑区靠近图纸边界画出一个边框。

（2）标题栏设计

Proteus 的标题栏类似于机械制图或一般 CAD 绘图软件的标题栏，可放置一些设计信息，如作者、文件路径、页数、设计日期等。它们只能是 Proteus 中的 2D 图形对象。标题栏设计实例如图 3-22 下半部所示，具体设计步骤如下。

① 绘制标题栏。

分别单击 2D 方框按钮▨和直线按钮◢，在对象选择器中单击 2D GRAPHIC 风格，画方框和直线，构造如图 3-24 所示的标题栏。

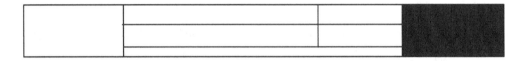

图 3-24 标题栏

若要编辑当前属性，则分别右击边线、框，选中并弹出快捷菜单，执行命令 Edit Properties ，弹出 Edit 2D Graphics 对话框，具体设置方法见图 3-17～图 3-20。

② 放置 2D 图形对象。

选择 2D 图形的多边形◎◎，画出如图 3-25 所示的多边形，其中"L"形的图块，边框线为黑色，填充前景色为实心、黄色；"ISIS"形字符图块，边框线为实心、线宽为 0、黑色（看不到边框线），实心填充为白色。选择 2D 图形的圆●，画出两个白色圆点，设置方法同"ISIS"形字符图块。

③ 放置 2D 文本对象。

单击 2D 图形的文本按钮**A**，在对象选择器中单击适当的图形风格（不宜选 BUS WIRE），单击编辑区适当位置，弹出如图 3-26 所示的 Edit 2D Graphics Text（编辑 2D 图形文本）对话框，在 String 栏输入文本 abcenter，单击 OK 按钮。按同样的方法放置其他文本，"Electronic""Author:""Sheet""Of"等。参考图 3-22，把它们放在适当的位置。

图 3-25 放置 2D 图形、圆和多边形

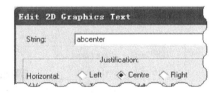

图 3-26 Edit 2D Graphics Text 对话框

④ 放置 2D 标志文本。

其余的文本对象是与设计文件有关的变量，如作者、日期、版本、页数等信息。Proteus 为此设置了专用的标志文本，见表 3-1。第 4 列、第 5 列分别表示在原理图设计、PCB 设计中有效的情况。

表 3-1　2D 图形标志文本

特殊标注	含　义		
@DTITLE	设计标题：取自 Design→Edit Design Properties，无标题时同文件名	√	×
@STITLE	页面标题：取自 Design→Edit Sheet Properties	√	×
@DOCNO	设计文档数：取自 Design→Edit Design Properties	√	×
@REV	设计版本号：取自 Design→Edit Design Properties	√	×
@AUTHOR	作者：取自 Design→Edit Design Properties	√	×
@CDATE	创建日期，以固定格式自动生成	√	√
@MDATE	修改日期，以固定格式自动生成	√	√
@WS_CDATE	设计创建日期，根据 Windows 短日期格式自动创建	√	√
@WL_CDATE	设计创建日期，根据 Windows 长日期格式自动创建	√	√
@WS_MDATE	设计修改日期，根据 Windows 短日期格式自动创建	√	√
@WL_MDATE	设计修改日期，根据 Windows 长日期格式自动创建	√	√
@CTIME	设计创建时间，根据 Windows "time format" 格式自动创建	√	√
@MTIME	设计修改时间，根据 Windows "time format" 格式自动创建	√	√
@PAGENUM	设计页编号	√	×
@PAGECOUNT	设计中的总页数	√	×
@PAGE	以 X/Y 形式显示页号，X 为当前页号，Y 为总页数	√	×
@FILENAME	当前设计的文件名	√	√
@PATHNAME	当前文件完整的路径和文件名	√	√
@PAGESIZE	在 System 菜单下设置的图纸页的大小	√	×
@VARIANT	当前活动的装配变体的名称。既可用于原理图（如标题块），也可用于布局丝网印刷文本）。	√	√

表 3-1 中的有些标志文本与设计属性（Design Properties）、页面属性（Sheet Properties）、计算机系统设置等有关。

● 设计属性。

执行菜单命令 Design→Edit Design Properties，弹出如图 3-27 所示 Edit Desigh Properties（编辑设计属性）对话框。

Title（设计标题）：出现在任何由原理图设计生成的报告中顶部，如物料报表（BOM）、网表。未指定标题时，同文件名。当前标题设置为"模板设计"，所以当放置了@DTITLE 时，将出现如图 3-22 中所示的"模板设计"。

Doc. No.（文档数）：设计中包含的文档数，将出现在任何由原理图生成的报告中。

Revision（版本）：设计的版本号，将出现在任何由原理图生成的报告中。

若文档、版本和作者三项为空，即使放置了与此三项对应的标志文本@DOCNO、@REV、@AUTHOR，也显示为<none>。

Global Power Net（全局电源网络）：电源网络分配给当前页还是所有页。

Cache Model Files（捆绑 MDF 文件）：指定模型文件 MDF 是否保存在设计文件中，若选中，模型文件 MDF 与设计文件捆绑在一起，表示可以在无此模型的设计中装载并仿真，但是不能捆捆 VSM 和 dll 模型。

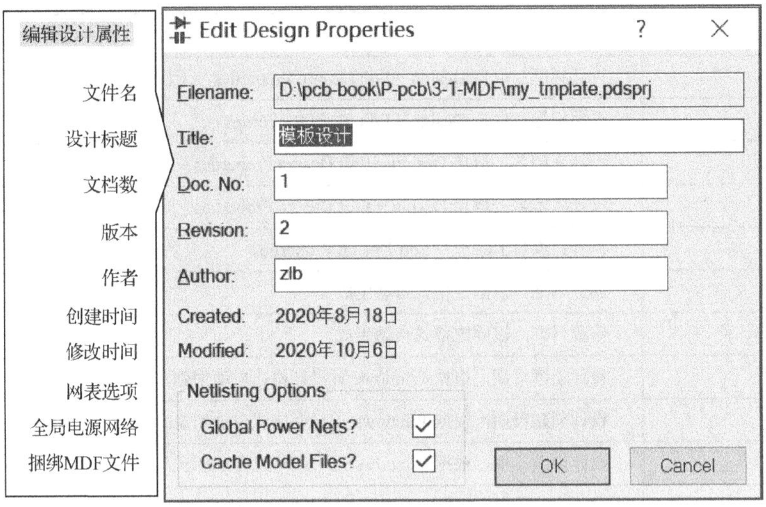

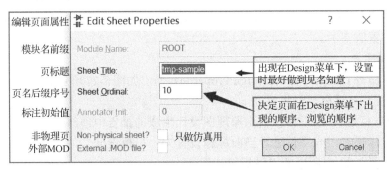

图 3-27   Edit Design Properties 对话框

● 页面属性。

执行菜单命令 Design→Edit Sheet Properties，弹出如图 3-28 所示的 Edit Sheet Properties（编辑页面属性）对话框。

页标题：给本页设置标题。若不设置，即使放置了与此项对应的标志文本@STITLE，也无效，不显示。

标注初始值：对设计中的某元器件统一自动编号时指定本页元器件编号的起始值。

非物理页：设置页面上的元器件是否输出到 PCB 设计。页面为子页时该项有效。

外部 MOD 文件：在层次电路的子页中选中该项，该页的电路生成一个 MOD 文件，保存在 MODELS 目录中。MOD 文件可被新建元器件模型使用。

图 3-28   Edit Sheet Properties 对话框

● 有关计算机系统设置。

长日期和短日期及时间格式在 Windows 控制面板中的"区域设置"或"区域和语言选项"框中进行设置。

● 放置必要的 2D 专用标志文本。

完成以上设置后，参考图 3-29 放置 Windows 长日期格式、修改日期，等等。其具体操作如下：单击工具按钮**A**，单击对象选择器中适当的图形风格，参考图 3-29 所示单击标题栏放置日期的位置，在弹出的 Edit 2D Graphics Text 对话框内输入"@WL_MDATE"，如图 3-30 所示，单击 OK 按钮完成，其结果如图 3-29 所示。

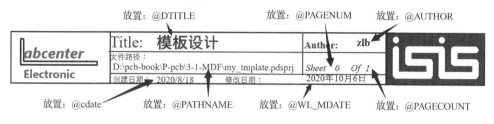

图 3-29　放置 2D 标志文本示例

按类似方法可放置其余的设计标志：设计标题"@DTITLE"；"Author:"右边放置作者"@author"；"Sheet"右边放置当前页号"@PAGENUM"；"Of"右边放置总页数"@PAGECOUNT"。

⑤ 标题符号生成。

全选图 3-29 除说明外的对象，执行菜单命令 Library→Make Symbol，按图 3-31 所示设置，单击 OK 按钮生成名为 MYHEAD 的标题符号，存放于用户符号库 USERSYM（在 Proteus 安装路径下的 LIBRARY 文件夹）中。以后在其他设计中都像调出其他符号一样从符号库中可将它调出使用。

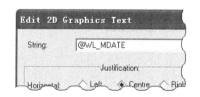

图 3-30　Edit 2D Graphics Text 对话框

图 3-31　Make Symbol 对话框

（3）导入图像

在母版设计中还可导入图像。执行菜单命令 File→import image（导入图像），选择图像文件（保证位图、jpg、png 等文件名及路径为英文），将其放在期望的位置即可，其结果如图 3-22 左下角所示。

3.1.3　将母页保存为设计模板

执行菜单命令 Design→Root Sheet 1，可退出母页进入根页 1，刚才母页上设计的所有对象都出现在设计页面中。

执行菜单命令 File→Save as Design Template（保存为设计模板），弹出如图 3-32 所示的对话框，在"文件名"栏中输入"mytmp"（默认扩展名为 DTF），选中对话框底部的 Save only master sheet（只保存母页）项。模板要保存在系统模板路径下，或由菜单 System→System Settings 添加的模板路径下；否则，在新建设计文件时弹出的模板选择对话框中无该模板。

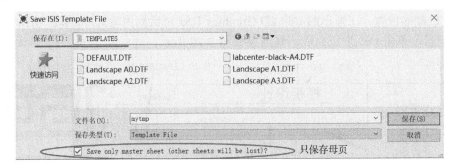

图 3-32　Save ISIS Template File 对话框

3.1.4　装载设计模板

将母页保存为设计模板后，单击工具按钮□，参考 1.2.2 节新建工程。在选择建原理图和选择模板时，选择刚才自建的模板 mytmp.DTF，完成新建工程，则原理图编辑区如图 3-33 所示。这是处于原理图编辑区中尚未设计电路（空）的设计页。

图 3-33　采用 mytmp 模板新建的空电路设计页

3.1.5　导入其他模板的外观风格

若电路图外观更改为其他风格，则执行菜单命令 Template→Apply Styles From Template，一般会自行打开 Proteus 的模板路径：C:\ProgramData\Labcenter Electronics\Proteus 8 Professional\Templates。例如从中选取 Landscape A4.DTF，结果如图 3-34 所示。它只采用了新模板的全局外观设置，而忽略模板母页。要想应用母页上的内容，只有在新建工程时选择该模板。

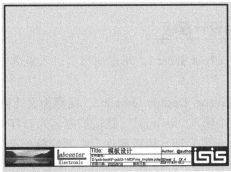

图 3-34　采用系统模板

3.2　属性分配工具和查找与选中工具

3.2.1　批量修改——用属性分配工具（PAT）

　　PAT（Property Assignment Tool）**Z**将一个常量或是一序列文本赋于单个或多个对象，用于规律的一组属性设置，操作很便捷。单击工具按钮 **Z** 或直接按快捷键 A，则弹出如图 3-35 所示的对话框，部分内容说明如下。

　　（1）String：属性名称关键字或属性赋值表达式，用字符串表示。

　　（2）Count：计数初始值，每次执行 PAT 都会以 Increment 为增量递增，实时的计数值取代 String 表达式中的"#"。

　　（3）Action：具体执行何种操作。

　　（4）Apply To：应用模式，即通过单击对象还是对选中的或是所有对象实施操作。

　　图 3-35 右侧的 Help 区给出了哪些对象可用 PAT 进行哪些属性的操作。

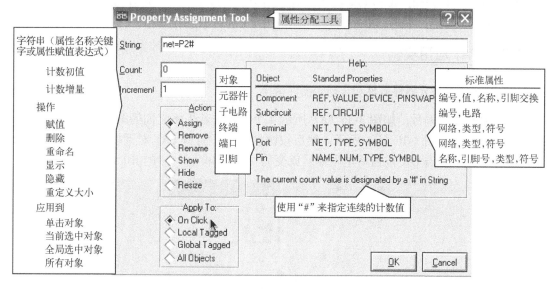

图 3-35　Property Assignment Tool（PAT）对话框

3.2.2　PAT 操作类型

　　PAT 操作类型即图 3-35 中的 Action（操作），就是对属性操作，有 6 种操作。

　　（1）Assign（赋值）：对属性赋值。格式：属性关键字=值。

　　若所赋属性值是一组有规律的递变量，如 D0、D1、D2 等，此时可用"#"代替属性值中的数字量，即属性表达式写为"属性关键字= D#"；并设置初值 Count 为 0，递增量 Increment 为 1。单击 OK 按钮，依次单击编辑区中要赋值的对象（如电气连线），它们依次得到 D0、D1、D2 等的属性值。

　　（2）Remove（删除）：只能删除用户属性。String 栏只需写出属性关键字。

　　（3）Rename（重命名）：只能对用户属性重命名。格式：当前关键字=新关键字。

（4）Show（显示）：对所有的属性有效。要求 String 栏只有属性关键字。

（5）Hide（隐藏）：对所有的属性有效，可隐藏所选设置的属性。要求 String 栏只有属性关键字。

（6）Resize（重定义大小）：只有文本的系统属性可以更改大小。String 栏应该填写类似于数学赋值表达式的格式，例如：

```
REF=20，16                //表示对元器件编号赋予一个新的高（20）和宽（16）。
```

3.2.3　PAT 应用模式

PAT 应用模式就是图 3-35 中 Apply To（应用到）的操作。可通过不同模式来实施，共有 4 种应用模式。选择任意一种模式，且在相应 String、Count、Increment 各栏设置好后：

（1）On Click：单击 OK 按钮，在编辑区单击要编辑的对象即可。若进行网络标注，则只能以单击的模式应用 PAT。当选择了不同工作模式按钮后，即退出 PAT 操作。

（2）Local Tagged：单击 OK 按钮，对当前页电路中选中的对象进行操作。

（3）Global Tagged：单击 OK 按钮，对电路中所有选中的对象进行操作。

（4）All Objects：单击 OK 按钮，对电路中所有的对象进行操作。

3.2.4　PAT 应用实例

1. 用 PAT 设置元器件属性和实现元器件替换

（1）修改电阻编号：如图 3-36（a）所示 4 个电阻，若想将它们的编号改为 R0～R3，则先选中它们，如图 3-36（b）所示，然后按键盘 A 键，打开 PAT 对话框，按图 3-36（c）所示进行设置，单击 OK 按钮后电阻编号就变为如图 3-36（d）中的 R0～R3。

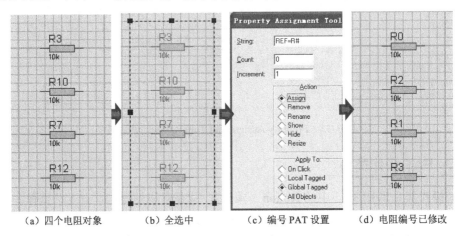

（a）四个电阻对象　　　（b）全选中　　　（c）编号 PAT 设置　　　（d）电阻编号已修改

图 3-36　用 PAT 修改电阻编号

（2）统一修改阻值：若要将 R0～R2 的阻值改为 47kΩ，可先将它们选中，如图 3-37（a）所示，然后按键盘 A 键，打开 PAT 对话框，按图 3-37（b）所示进行设置，单击 OK 按钮后如图 3-37（c）所示，R0～R2 的阻值变为 47kΩ。

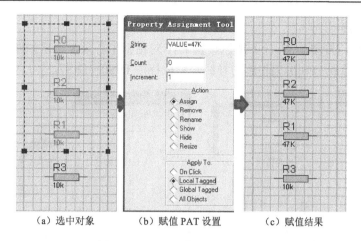

（a）选中对象　　　　（b）赋值 PAT 设置　　　　（c）赋值结果

图 3-37　用 PAT 修改电阻的阻值

（3）元器件替换：若要将电阻 R3 改为电容，按键盘 A 键，打开 PAT 对话框，按图 3-38（a）所示进行设置，单击 OK 按钮，然后如图 3-38（b）所示单击 R3，电阻即变为电容。

（4）隐藏编号：若要将所有的元器件编号隐藏，按键盘 A 键，打开 PAT 对话框，按图 3-38（c）所示进行设置，单击 OK 按钮后所有的元器件编号都已隐藏，最后的结果如图 3-38（d）所示。

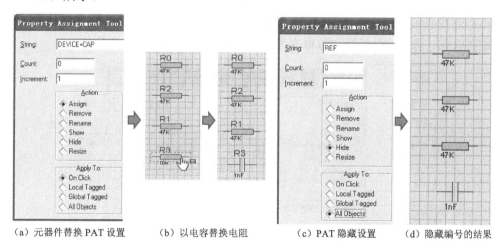

（a）元器件替换 PAT 设置　　（b）以电容替换电阻　　（c）PAT 隐藏设置　　（d）隐藏编号的结果

图 3-38　用 PAT 修改替换元器件、隐藏元器件编号

2．用 PAT 标注网络标号

具有相同网络标号的终端、导线表示连接在一起，以代替直接连线，将使图纸更简捷、清晰。对一两根导线放置网络标号请参见 2.5.10 节。批量进行标注时用 PAT 工具，它是一种快速、高效的方法。

（1）标注总线

按键盘 A 键，在弹出的 PAT 对话框中按图 3-39（a）左图所示设置各项：在 String 栏中写上 "NET=DIS[0..7]"，选择 Assign（赋值），选中 On Click，单击 OK 按钮后，移动光标到总线，等光标成为 "热点" 形状 时单击总线，则总线标注为 DIS[0..7]。

（2）标注导线

按键盘 A 键，按图 3-39（b）所示设置 PAT 对话框中各项，之后如图 3-39（c）所示，由上而下单击与总线 DIS[0..7]相连的导线，完成标注 DIS0～DIS7。

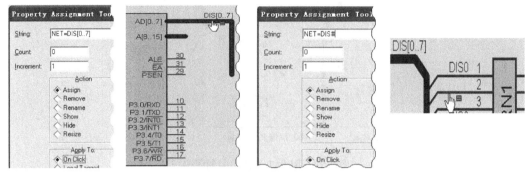

（a）对总线标注　　　　　　（b）网络标注的 PAT 设置　　　　（c）单击各导线实施标注

图 3-39　用 PAT 进行总线连接的标注

如法炮制，可快速完成对各导线的网络标注。

3.2.5　查找与选中工具 Search and Tag 对话框

单击查找按钮🔍或直接按快捷键 T，弹出如图 3-40 所示的 Search and Tag 对话框。该对话框对查找、选择大量特殊对象很有用，若与 PAT 联合使用则事半功倍。

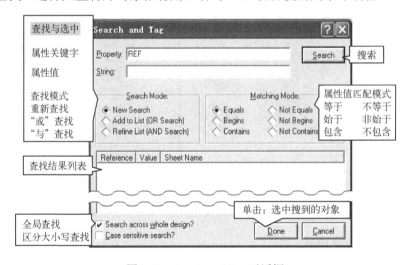

图 3-40　Search and Tag 对话框

3.2.6　属性分配工具和查找与选中工具的联合应用

本节通过实例介绍 PAT 和查找与选中工具的联合应用。

在第 1 章实践 1 中设置发光二极管封装的方法是在 Edit Component 对话框中添加封装为 LED，即 PCB Package: ▊▊▊▊▊LED 。本节将 PAT 与 Search and Tag（查找与选中）联合应用来设置封装，操作方便且效率高。

1．用 Search and Tag 查找并选中所有无封装的 LED（发光二极管）

按 T 键，参考图 3-41 在 Search and Tag 对话框中设置 Property 为 "VAL"、String 为 "led-"，默认匹配模式是 "Begins"。先单击 Search（查找）按钮，所有 4 个发光二极管出现在图 3-41 左上方列表框中，再单击 Done（选中）按钮，4 个发光二极管全部被选中，如图 3-41 右上方所示，4 个发光二极管都以红色高亮显示。

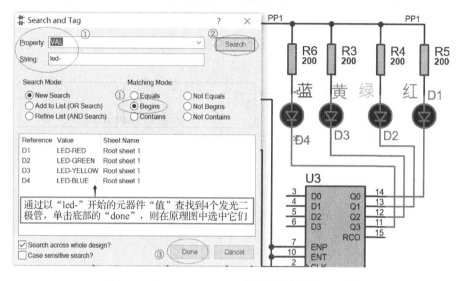

图 3-41　用 Search and Tag 查找并选中发光二极管

2．用 PAT 给 4 个发光二极管赋值封装

按键盘 A 键，如图 3-42 左侧所示在 Property Assignment Tool 对话框中设置 String 为 "package=led"（封装为 LED），设置操作为 "Assign"（赋值），设置应用模式为 "Global Tagged"（所有选中对象）。单击 OK 按钮，则选中的 4 个发光二极管都有 LED 这一封装属性。再如图 3-42 右侧用查找工具再找出封装为 "LED" 的器件。先查找再赋值再查找，从设置到验证，正确地完成了赋值任务。

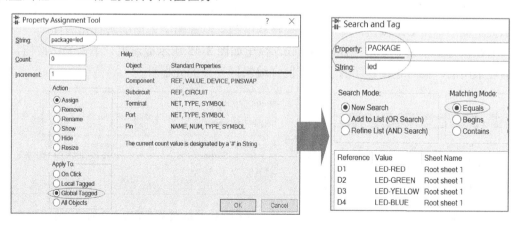

图 3-42　用 PAT 给发光二极管设置封装，用查找工具找出封装为 "LED" 的器件来验证

3.3 对象选择器操作

在原理图设计窗口的各种操作模式下，右击对象选择器，则弹出快捷菜单。快捷菜单中的选项字符若为黑色则该项有效，若为灰色则该项无效；操作模式不同，有效项可能有差别。图 3-43（a）所示的对象选择器快捷菜单是在元器件模式下的快捷菜单，从菜单中可看出，除创建、编辑选项外其余项都有效。若模式为 2D 绘图模式，则其对象选择器快捷菜单中只有创建、编辑、删除和自动隐藏项有效［见图 3-43（b）］。

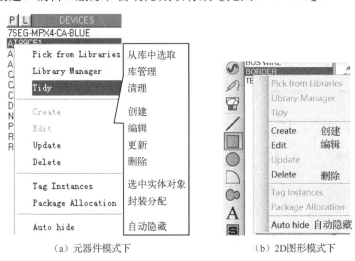

（a）元器件模式下   （b）2D图形模式下

图 3-43   对象选择器快捷菜单

3.3.1   清理未用元器件、更新元器件

1. 清理未用元器件

（1）单击 ▷ 进入元器件模式。

（2）在对象选择器任意位置右击，选择快捷菜单中的 Tidy（清理）项，弹出如图 3-44 所示提示框，单击 OK 按钮，将从对象选择器中删除原理图中未用的所有元器件。

另在执行菜单命令 Edit→Tidy Design，弹出如图 3-45 所示提示框，单击 OK 按钮，不仅清理未用的，同时也清理了置于工作区（编辑区）外的元器件。

图 3-44   对象选择器清理命令的提示框

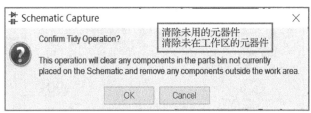

图 3-45   Edit 菜单下清理命令的提示框

2. 更新元器件

Proteus 版本在不断更新，元器件库中有的元器件也在更新。对象选择器快捷菜单提供了将老文件中的元器件更新为当前版本中新元器件的手段。操作步骤如下：

（1）单击 ▷ 进入元器件模式。

（2）右击选择器中想要更新的元器件，选择快捷菜单中的 Update 项，在弹出的提示框中单击 OK 按钮确认。

3.3.2　全选某种元器件、查看某种元器件的封装

1. 全选某种元器件

全选某种元器件是一种快捷的选中原理图中某种元器件所有实体的操作方法。

（1）单击 ▷ 进入元器件模式。

（2）右击对象选择器中要选中的对象，选择快捷菜单中的 Tag Instances 项。

例如，单击选择器中的 RES（出现蓝色背景），右击选择 Tag Instances 项，则当前页中所有的 RES 都呈红色高亮选中状态。

2. 查看某种元器件的封装

查看某种元器件的封装是一种快捷的查看方法。

（1）单击 ▷ 进入元器件模式；

（2）在对象选择器中右击要查看其封装的某种元器件，选择快捷菜单中的 Package Allocation（封装分配）项。

例如，要查看图 1-29 彩灯装置电路原理图中所有电阻的封装 RES，按上述方法查看的结果如图 3-46 所示。

3.3.3　自动隐藏对象选择器

为了使编辑区最大，可将对象选择器暂时隐藏起来。在对象选择器中右击，在弹出菜单中选择 Auto hide 选项，则选择器及其上的预览框隐藏为一个文本条，如图 3-47 所示。当光标置于隐藏条上时，选择器自动展开为正常状态。

图 3-46　查看所有电阻封装情况　　　　图 3-47　隐藏的对象选择器

3.4　全局标注与查看帮助

1．全局标注

全局标注即对原理图中所有元器件进行编号，可在几秒钟内对整个设计完成标注。执行菜单命令 Tools→Global Annotator，弹出如图 3-48（b）所示对话框。

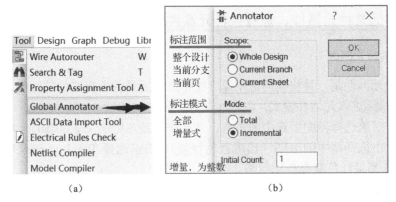

图 3-48　全局标注命令与对话框

（1）标注范围有三种：整个设计、当前页及其下级的子页、当前页。

（2）自动编号操作模式有两种：全部（全局）和增量式（对未标注的）。

● Total（全部）：对指定范围 Scope 内的所有对象进行标注。元器件编号比较规则、连续，但该方法对异类多组件元器件如 7431 无法标注。

● Incremental（增量式）：对整个设计或当前页中未编号的进行编号标注。

2．查看帮助

（1）从主页得到帮助

如图 3-49 所示，主页上有关 Proteus 全部内容的帮助，单击相关栏目就能打开英文帮助文件。在主页的右下角还有 Labcenter 公司提供的入门视频可以学习。

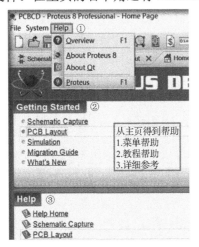

图 3-49　从主页得到文字帮助、入门视频帮助

（2）由原理图和 PCB 设计窗口的 Help 菜单得到帮助

如图 3-50 所示，原理图设计与 PCB 设计窗口的 Help 菜单中都有 Proteus 的概述 ⑦ Overview，且用快捷键 F1 可打开，各自具体内容帮助也可用快捷键 F1 打开；都有相同的关于 Proteus 的信息 🖼 About Proteus 8。

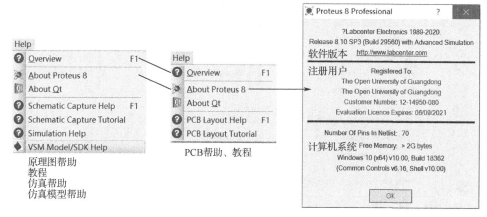

图 3-50　原理图设计与 PCB 设计窗口的 Help 菜单

2. 右击对象的快捷帮助

右击对象，如元器件、虚拟仪器等，其快捷菜单有相应的帮助信息 ⑦ Display Model Help。

3. 由对话框的问号 ? 得到帮助

对话框中的很多属性域、操作选项都有帮助信息。单击对话框右上角的 ?，如图 3-51 所示，弹出帮助信息框。

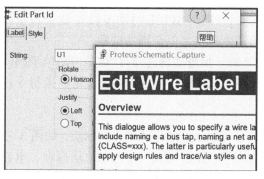

图 3-51　查看对话框中的相关帮助

3.5　电路仿真动画设置

在原理图设计窗口执行菜单命令 System→Set Animation Options，弹出如图 3-52 所示的 Animated Circuits Configuration（动画电路设置）对话框。

1. 仿真速度

（1）Frames per Second（每秒多少帧）：指定每秒显示多少动画帧。设置范围是 1～50。

该值越低，动画运行的速度就越慢；值越高，动画运行的速度就越快。

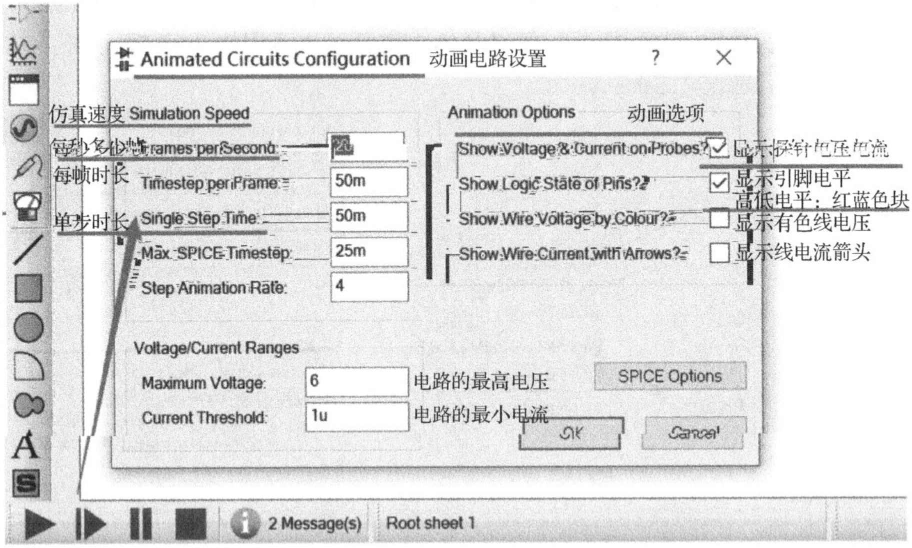

图 3-52　Animated Circuits Configuration 对话框

（2）Timestep per Frame（每帧时长）：如果希望保持实时仿真，那么帧速率、每帧的时间步长应该成倒数。或者，如果希望减慢仿真进度，可以设置更小的每帧时间步长。这个值代表了所需的时间步长，只有 CPU 性能足够好才能满足运算速度和复杂电路的仿真。

（3）Single Step Time（单步时长）：这与单步按钮 ▶ 一起使用，并确定每一步的前进时间。在逻辑电路中，通常将其设置为时钟周期的一半是有用的，这样就可以观察到每个时钟转换的效果。

（4）Max SPICE Timestep（最大 SPICE 时间步长）：这个设置将仿真限制在最大时间步长。这个值越高，模拟的速度越快，但会牺牲精度。

（5）Step Animation Rate（步进动画速率）：这是自动单步调试将进行的速率。在默认值为 4 的情况下，当自动步进启用时，系统每秒将步进 4 条指令。

2．动画选项

借助醒目的动画效果可直观地判断电路的运行状态，如图 3-53 所示，引脚高低电平可由红或蓝色块判断；结点电平、支路电流可直接从电压探针、电流探针的值读出。另外，还可设置导线带箭头表示电流的流向，这对教学或初学者特别有用。

3.6　使用设计浏览器

Proteus 提供了一个强大、便捷的工具——设计浏览器（工具按钮为🔳），它采用 Windows 风格的用户界面，随时可用来导航和检查原理图、PCB 图。在设计中利用它可随时检查电路图当前的设计状态、连接性、封装，还可从设计浏览器跳转到电路图中的元器件、网络，也可跳转到 PCB 中有关的元器件、网络。它也是管理组装变体的控制中心，并且包含一个强大的搜索和过滤系统，可以快速对组件属性进行批量编辑。

以下设计浏览器的操作在实践 1 的彩灯装置电路的基础上进行。

为了直观，先设置电路的页标题：打开工程：ex1_cd，在原理图设计窗口执行菜单命令 Design→Edit Sheet Properties（编辑页面属性），弹出如图 3-54 所示的对话框，在 Sheet Title（页面标题）域中输入页标题为"digtal-color-led"，单击 OK 按钮完成设置。

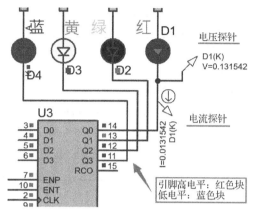

图 3-53 显示引脚电平等的仿真动画效果

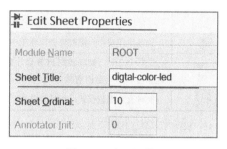

图 3-54 设置页标题

3.6.1 设计浏览器中的工具条

单击工具按钮，弹出如图 3-55 所示 Design Explorer（设计浏览器）标签页，左侧为导航区，根据模式而呈现不同内容；右侧为详情列表区。

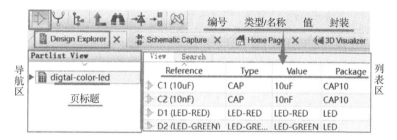

图 3-55 元器件模式下的 Design Explorer 标签页

同时工具栏出现浏览模式工具条，如图 3-56 所示，单击，可进行元器件浏览；单击，可进行网络浏览；单击，可进行层次电路浏览。

（a）

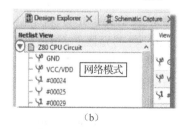

（b）

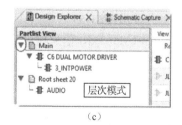

（c）

图 3-56 不同模式下的 Design Explorer 标签页

设计浏览器中的工具条包括 8 个工具按钮，见表 3-2。

表 3-2　设计浏览器中的工具按钮

工 具 按 钮	含　　义
	元器件浏览：切换到元器件列表
	网络浏览：切换到网络列表
	层次浏览：在层次电路中有效，由此可展示层次电路的结构
	上层：设计浏览器切换到层次设计中的上一层。若当前在根设计页，该项无效
	查找：触发查找对话框，在设计浏览器中快速查找元器件、网络或设计页
	关联原理图：一键跳转到原理图中的页、元器件或网络，与当前设计浏览器中所选对象有关
	关联 PCB：一键跳转到 PCB 设计窗口、元器件或网络，与当前设计浏览器中所选对象有关。它只有在原理图与 PCB 一致时有效
	实时交互探查模式，最适合并排观看设置

注：根页为最顶层的设计页面。

3.6.2　设计浏览器中的符号

在使用设计浏览器浏览元器件信息或网络信息时，会出现一些符号，见表 3-3。

表 3-3　设计浏览器中的符号

信 息 符 号	含　　义
	电路图根页
	元器件
	子页、子电路或原理图中的层次块
	全局网络
	标准网络
	只有一个引脚的网络
	单一引脚
	终端

3.6.3　元器件浏览模式下定位元器件、网络、焊盘

单击图 3-55 中的工具按钮，表示处于元器件浏览模式。导航区中显示设计页面为 digtal-color-led，信息栏中列出该设计页的元器件、类型、封装等信息。若设计为多页多层设计，则在导航栏中显示的是多页设计的树形结构，由此可层层深入，查看不同的设计层。在导航栏双击某页，可展开其下元器件，如图 3-56 所示。此时双击元器件，Design Explorer 标签页右侧信息栏将显示该元器件引脚列表，如图 3-57 左侧所示。

对于无编号的元器件，在设计浏览器中不列出，也不参加 PCB 设计。若元器件有编号无封装，在列表区的 Package 列显示 Missing，借此可检查元器件封装，以便为 PCB 设计做好准备。

1. 通过设计浏览器在原理图、PCB 中快速定位、浏览元器件

如图 3-57 所示，双击元器件模式下导航区中的页标题，则在导航区列出元器件，单击

某一元器件，如 D2，则在右侧信息列表区列出该元器件的所有引脚。右击元器件，通过弹出的快捷菜单可快速在原理图或 PCB 中定位，被定位的元器件将以高亮显示元器件。

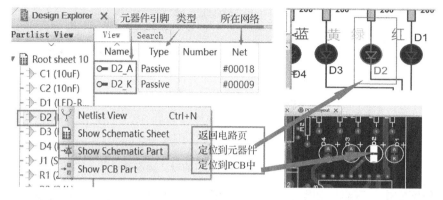

图 3-57　通过右击器件弹出的快捷菜单在原理图、PCB 中定位元器件

2. 通过元器件引脚在原理图与 PCB 中定位元器件、定位所在网络、焊盘

如图 3-58 所示，右击元器件模式下列表区中的引脚，通过弹出的快捷菜单可快速在原理图中定位该引脚所属的元器件，如 U1；定位引脚所属的网络，如 VCC。被定位的元器件或网络将以高亮显示。若是由引脚定位 PCB 中其所属的元器件、引脚所属网络，在 PCB 中都只定位到该引脚对应的焊盘，此焊盘高亮显示，如输图 3-58 左下角所示。

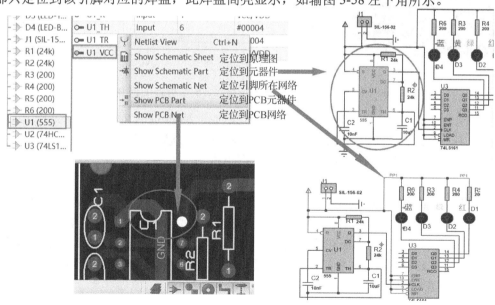

图 3-58　通过右击元器件引脚定位元器件、元器件所在网络

3.6.4　网络浏览模式下定位元器件、引脚、网络

单击设计浏览器工具条上的图标，进入网络浏览模式，可列出电路中的所有网络及与选定网络相连的所有引脚。如图 3-59 所示，导航区显示页标题，信息列表区显示该页的网络。单击页标题，导航区显示网络列表。单击某网络，列表区将显示该网络下的所有引脚信

息。双击列表区的引脚，可返回元器件模式，再次双击列表区的引脚，又切换到网络模式。可见，双击信息栏中的对象可使设计浏览器在元器件浏览模式与网络浏览模式之间切换。

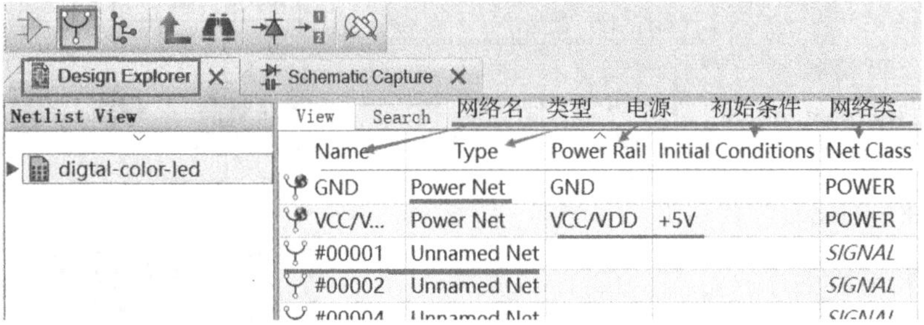

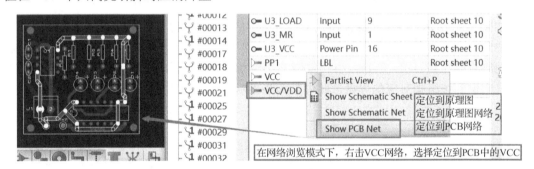

图 3-59　网络浏览模式下的设计浏览器

在导航区右击某网络，如图 3-60 所示，可通过弹出的快捷菜单在原理图或 PCB 中高亮显示该网络；右击列表区某网络下的引脚，在原理图中可高亮引脚所属元器件、网络，但在 PCB 中只高亮引脚对应的焊盘。

图 3-60　在网络浏览模式下，由网络包含的某引脚在 PCB 中定位

- 未命名的网络，默认以 "#0xxxx" 格式出现，是 Proteus 对未命名网络指定的一个唯一的标志。连接到电源、地终端网络，系统默认为 VCC/VDD、GND。
- 当深入了好几层时，返回上层设计只需单击。

用导航栏可以跳转到所有的设计页面（若为多页设计），用信息栏可以进入当前页面的下层图。所以在信息栏包含了子电路及元器件时，双击子电路可进入该子电路内部页浏览，显示更新为其内的元器件列表；若接着双击元器件，显示更新为该元器件引脚列表，双击引脚，显示更新为引脚所在的网表浏览，同时导航栏更新显示为元器件引脚所在网络。

在网络列表与元器件列表间切换很方便，单击元器件按钮、网络列表按钮即可。它们的快捷键分别是 Ctrl+P、Ctrl+N。

3.6.5　设计浏览器模式下查找元器件、网络

单击列表区左上角的 Search 按钮，或是设计浏览器工具栏中的，设计浏览器的列表区呈现如图 3-61 右侧所示 Search 页，还可通过 Search 页的左上角选择查找元器件（Component）或是网络（Net）。在查找元器件模式下，可设置多项查找条件，如查找范围是某页或是全部；查找的元器件是否已选中；属于哪个元器件类；也可通过编号、封装、元器件值、放入 PCB 的情况（已放、未放、置于顶层或底层）等来查找。

原理图、PCB 中的查找（Search）功能只对原理图、PCB 中的对象有效；设计浏览器下的查找功能比原理图、PCB 中的查找功能在方式、空间上更丰富，同时也将原理图与 PCB 联动起来。

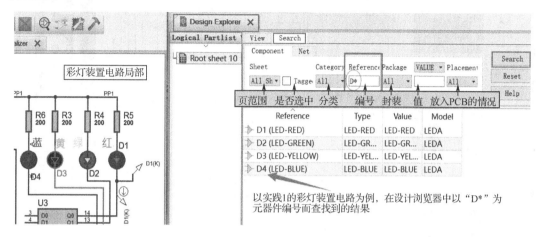

图 3-61　设计浏览器下，对元器件进行查找的各种操作

3.7　实践 3：电子时钟的原理电路设计

3.7.1　实践任务

（1）设计一个与本章设计的 mytmp.DTF 相同的模板。

（2）采用（1）的模板新建工程 ex3_clk，并设计如图 3-62 所示的电子时钟电路，参与仿真的元器件模型应选仿真模型，在设计中要求使用 PAT、Search and Tag 和设计浏览器等工具。

（3）仿真、调试电路。

3.7.2　实践参考

1. 新建名为 ex3_clk.pdsprj 的工程

参考 1.2.2 节新建工程，选择合适的保存路径，工程中只包含原理图。

2. 电子时钟原理图设计

（1）元器件查找、布局、连线。在 Proteus 原理图设计窗口根据图 3-63 查找出相应元器件（均为可仿真元器件），按照图 3-62 所示将元器件一一放置在合适位置并调整好各元器件方位，设置好元器件的属性，连接好线路，充分应用基于标签模式操作的网络标号技术、电气连线复制技术，使设计快速、简捷。

（2）注意电源终端与导线接入点的可靠连接。

（3）元器件属性编辑。参考图 3-62 设置各电阻、电容的值。接插件 J1 只出现在 PCB 上，不参与仿真，双击 J1，在其 Edit Component 对话框中选中 ☑Exclude from Simulation。其他元器件都有仿真功能，都应该出现在 PCB 上。

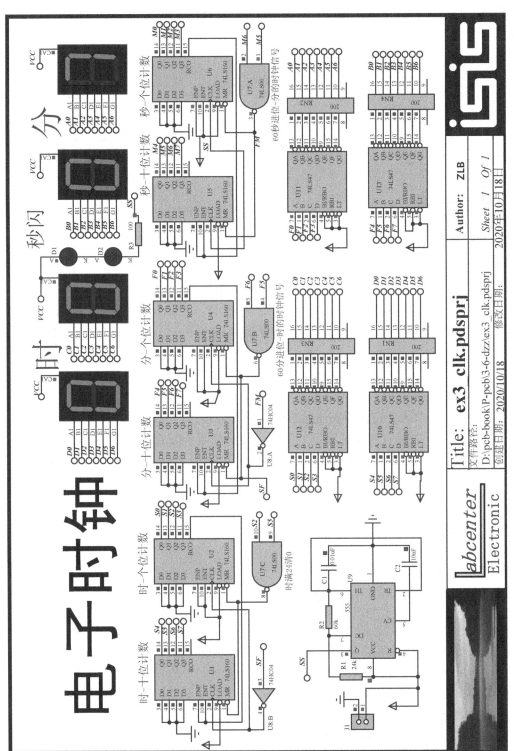

图3-62　电子时钟电路原理图

3. 电子时钟电路的 Proteus 仿真

单击仿真启动按钮 ▶，进行电路仿真。可观测到两上发光二极管以 1Hz 的频率在闪烁，表示时间"秒"，闪烁满 60 次清 0，表示"分"的个位数码管显示 1；如此循环，当"分"计满 60 清 0，"时"的数码管增加 1，直到计满 24 时，时、分计时重新从 0 开始。为方便仿真测试，可参考图 3-64 适当改小电容 C1 的值，可快速看到分计数 60 向时进位、计时到 23 时 59 分 59 秒时全清 0。仿真片段如图 3-65 所示。

图 3-63　电子时钟的元器件

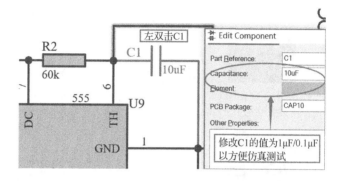

图 3-64　双击电容 C1，修改电容值

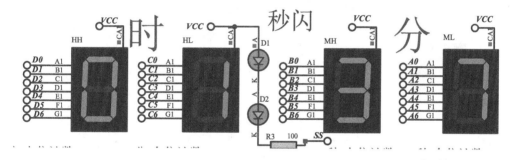

图 3-65　电子时钟电路的仿真片段

4. 查看设计浏览器

进行 PCB 设计前，对 4 个数码管编号，单击 🔲 查看电路的元器件封装。从弹出的设计浏览器中可看出，发光二极管 D1、D2，数码管 HH、HL、MH、ML 均红色高亮显示为"missing"，要进行 PCB 设计还有待完善。

5. 导入系统模板 Landscape A4.DTF

执行菜单命令 Template→Apply Styles From Template，弹出如图 3-66 所示的对话框，选择 Proteus 库文件夹下的 Landscape A4.DTF，则如图 3-67 所示电路图的图纸背景色、2D 文本的大小颜色线宽、线标签、终端标签等外观特征随新模板改变，但原模板中的标题栏不变。

图 3-66　选择一个模板文件

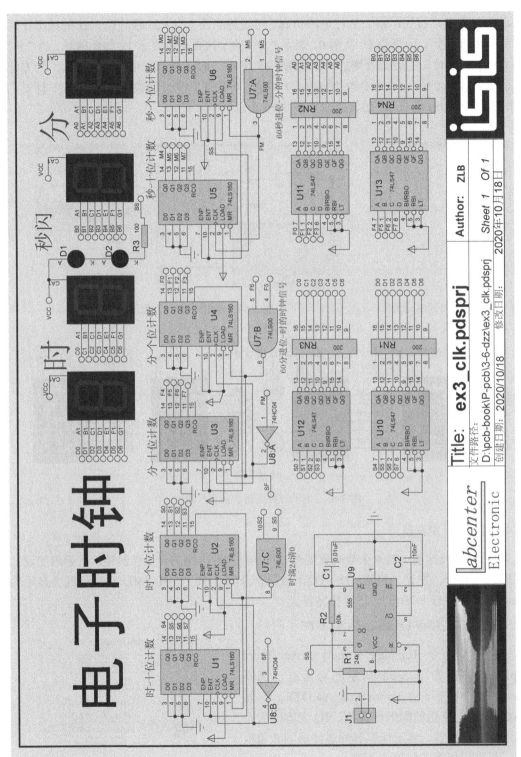

图3-67　采用Landscape A4.DTF后的电子时钟电路外观

第 4 章　Proteus 的多页电路设计

Proteus 的多页电路设计有两种类型，即多页平行设计和层次电路设计。多页平行设计的简单示例如流水灯电路的多页设计。层次电路的简单示例如移位器层次电路设计。

4.1　多页设计的基本概念

4.1.1　多页设计的两种类型

1．多页设计

Proteus 原理电路设计的编辑区图纸框的内部被称为设计页，简称页。一般不太大的电路可在一个设计页中完成；但若电路大或有特殊设计要求时，就需要多个设计页来分摊，故称这种电路设计为多页设计。

在多页设计时只能看到当前页，但可通过菜单或键盘的 PageDown、PageUp 键切换到其他页。

虽然一个完整的电路在多个页中完成，但只要满足 Proteus 设计、仿真和 PCB 要求，同样可仿真、能进行 PCB 设计。

多页设计有多页平行设计和层次电路设计两种类型。

2．多页平行设计

多页平行设计将整个电路设计分割成几块，每一块占用一个设计页面，各页之间通过网络名称连接并保存在同一个工程文件中。各页在设计中的地位平等，所以称这种多页设计为多页平行设计，各页都称为根页。

多页平行设计用于较大和较复杂的电路设计中，但有时为使电路结构清晰、模块分明、美观或仿真中为突出某部分电路功能也采用。

3．层次电路设计

层次电路设计中的页可以包括一层或多层的下层页。依电路的复杂度，下层页可能又有下层页（即多层嵌套）。只要有下层页的页均可称为父页，而父页的下层页均称为子页。最上层的父页可称为顶层根页。Proteus 对层次的深度无限制，但过多无益。

根据需要可设置子页非物理页，则该子页的元器件将不会出现在物料表（BOM）中，也不会出现在 PCB 中。详见 4.4.1 节。

4．层次电路设计中的两种模块

Proteus 层次电路设计中有两种电路模块包含子页，即子电路和模块元器件。它们以实体（Device body，相当于外壳）形式出现在电路中，它们的内部电路（相当于内脏）为它们所在页的下一层页（子页）电路。一般可将电路中功能相对独立的部分设计成子电路或模块元器件。层次设计经常用于较复杂、较大的电路设计中。

层次电路设计中的模块元器件可封装到一个元器件存入元器件库中，只要设置了它的封装，即可应用于电路设计和 PCB 设计。若模块元器件内部电路的元器件均有仿真原型，并形成仿真模型存入库中，则还可应用于其他电路的仿真设计中。所以模块元器件设计归到第 5 章的元器件模型设计中，本章只讲子电路设计。子电路不是元器件，不入封装库，是临时组织在一起的电路。

4.1.2　与多页设计有关的菜单命令

原理图设计窗口的 Design 菜单，如图 4-1 所示。

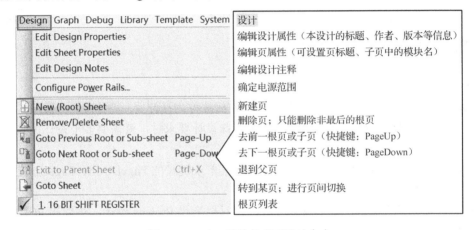

图 4-1　Design 菜单的多页设计命令

4.2　多页平行电路设计实例——单片机控制的流水灯电路

单片机控制的流水灯（以下简称流水灯）的电路原理图如图 4-2 所示，所用元器件见表 4-1。

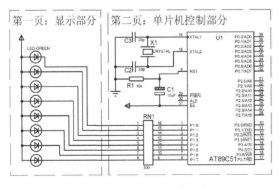

图 4-2　流水灯电路原理图

表 4-1　流水灯电路元器件

AT89C51	单片机
CAP	电容器
CAP-ELEC	电解电容器
CRYSTAL	晶体振荡器
RES	电阻
RX8	8 排阻

本设计中，虚线框框住的显示部分、单片机控制部分分别设计在两个地位平等的页上，即多页平行设计。

4.2.1　流水灯多页平行设计

1．新建工程

参考 1.2.2 节新建工程 ex4-1-flow-2-page.pdsprj，选择合适的保存路径，设置工程中包含原理图与 PCB。Proteus 窗口中就已有空白的原理图页和 PCB 页。在原理图页的 Design 菜单下方可看到系统默认的第一个根页页标题 Root sheet 1，如图 4-3 所示。

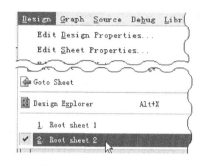

2．添加第二个根页

单击工具按钮 ⊞ 则新建第二个根页，这时在 Design 菜单下方可看到它对应的默认根页页标题为 Root sheet 2，如图 4-3 所示。页名前有"√"的为当前页，可通过快捷键 PageUp、PageDown 进行根页间的切换。

图 4-3　从设计菜单中查看多页

3．重新设置根页页标题

在 Root sheet 1 页中执行菜单命令 Design→Edit Sheet Properties，弹出 Edit Sheet Properties（编辑页面属性）对话框，在 Sheet Title 域输入"DIS"，单击 OK 按钮，则重新设置了 Root sheet 1 页的页标题（见图 4-4（a））。按 PageUp 键或 PageDown 键进入 Root sheet 2 中，用同样方法重新设置 Root sheet 2 页的页标题为"CONTROL"（见图 4-4（b））。这时，在 Design 菜单中可看到重新设置的两个根页标题，如图 4-4（c）所示。

（a）　　　　　　　　　　　（b）　　　　　　　　　　　（c）

图 4-4　重新设置页名及结果

4．在 DIS 页和 CONTROL 页中分别设计电路

在第一个根页 DIS 下，按图 4-2 所示电路图的显示部分设计电路，并用 PAT 工具对 LED 的 8 个阴极端的连线添加网络标号 LED0～LED7。最后该页设计如图 4-5（a）所示。

在第二个根页 CONTROL 下，按图 4-2 所示电路图的单片机控制部分设计电路，并用 PAT 工具对排组分别与 8 个 LED 阴极相连的连线上添加对应相同的网络标号 LED0～LED7。最后该页设计如图 4-5（b）所示。

用 PAT 工具添加网络标号 LED0～LED7 的方法是：先按快捷键 A，在弹出的 Property Assignment Tool 对话框中进行如图 4-5（c）所示的设置，单击 OK 按钮后，再分别移动光标至需要网络标号的连线处单击。

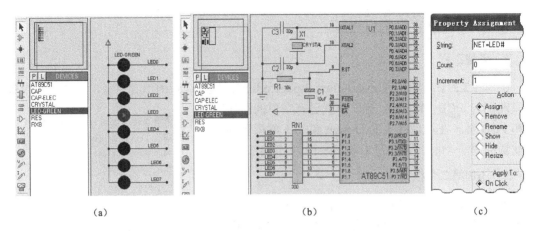

（a）　　　　　　　　　　　　　　（b）　　　　　　　　　　　　（c）

图 4-5　在 DIS 页和 CONTROL 页中设计电路及 Property Assignment Tool 对话框中设置网络标注

5．页间切换及各页中的元器件信息浏览

（1）页间切换方法 1

按快捷键 PageUp 键或 PageDown 键。

（2）页间切换方法 2

执行菜单命令 Design→Goto Sheet，弹出如图 4-6 所示的 Goto Sheet 对话框，其中表示了流水灯多页设计结构；单击选中需要的页标题，则进入需要的根页。

6．打开设计浏览器查看多页平行设计结构和各页信息

单击工具按钮▦，打开设计浏览器，可切换查看该设计各页上的元器件信息，如图 4-7（a）、（b）所示。图 4-7（a）、（b）左侧的导航栏中显示出该设计的两个页标题 DIS、CONTROL。若要查看其中某页的元器件信息，可在导航栏中单击选中相应的页标题。

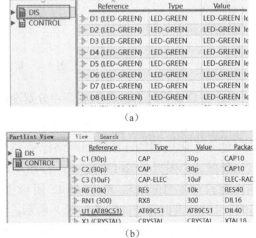

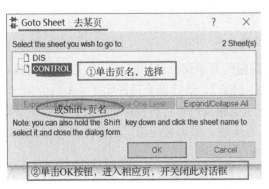

图 4-6　通过 Goto Sheet 切换到目标页　　　　图 4-7　在设计浏览器中查看多页平行设计

4.2.2　多页平行设计的仿真

虽然将一个电路分成多个页来设计，但还是电路的整体设计，这是因为各页之间已通过网络标号连接起来了。正因如此，只要设计满足仿真要求[如电路设计正确、参与仿真的模型都为仿真模型、加载程序目标代码（若有单片机参与）等]，则多页平行设计可仿真。其仿真效果同设计在单页上一样。

实现本例流水灯仿真，除设计电路应符合仿真要求外，还要进行正确编写单片机控制程序、生成目标代码、设置晶振频率、装载到单片机中去等操作（参见参考文献[3]第 2 章）。完成这些后，在 DIS 根页中单击仿真按钮 ▶ 即可实现仿真，LED 依次循环显示；切换到第二个根页，可看到单片机引脚上因仿真出现的电平色块颜色变化。仿真效果如图 4-8 所示。

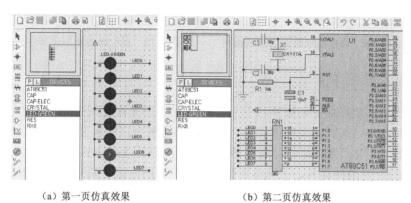

（a）第一页仿真效果　　　　　　　　　　（b）第二页仿真效果

图 4-8　流水灯多页平行设计的仿真效果

多页平行设计的电路，只要设计满足 PCB 设计要求（如元器件都有封装等），即可进入 PCB 设计窗口进行 PCB 设计，效果与单页设计一样。

4.3　层次电路设计实例——门级 4 位移位寄存器

本节以门级 4 位移位寄存器为例，讲解层次电路设计。下面将门级 4 位移位寄存器简称为移位器，应用子电路及其嵌套形成多层嵌套的层次电路。子电路不仅使电路具有层次结构性，而且使多次出现的相同电路模块只需要绘制一次，减少了大量重复性工作。

参考 1.2.2 节新建工程 ex4-2-shift-4-subcircuit，选择合适的保存路径，设置工程中包含原理图与 PCB。

4.3.1　电路原理图层次结构

如图 4-9 所示，即将完成的移位器电路共有 4 层，通过子电路来实现多层嵌套，所用元器件如图 4-10 所示。顶层电路中有 1 个子电路 SR1 和 3 个接插件 J1、J2、J3；子电路 SR1 内部有 4 个触发器子电路，分别是 FF0、FF1、FF2、FF3；触发器子电路下又有两个分别为 MASTER、SLAVE 的两个子电路，它们内部均为由门电路构成的 RS 触发器。

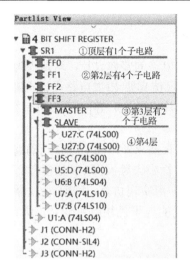

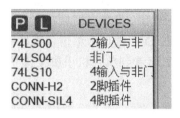

图 4-9　移位器电路的层次结构图　　　图 4-10　移位器电路的元器件

4.3.2　层次电路详情

移位器的层次电路详情如图 4-11 所示。同一子电路允许复制生成不同的子电路实体，子电路名与其实体名间的关系如同类与对象，比如绘制电路中需要几个电阻，我们是从库中找出"RES"这类元器件符号，放置多个时会依次自动生成 R1、R2 等电阻实体。子电路名相当于 RES 元器件类名，子电路实体名相当于不同电阻的编号 R1、R2 等。例如，子电路#JKFF 有 4 个名为 FF0、FF1、FF2、FF3 的实体。

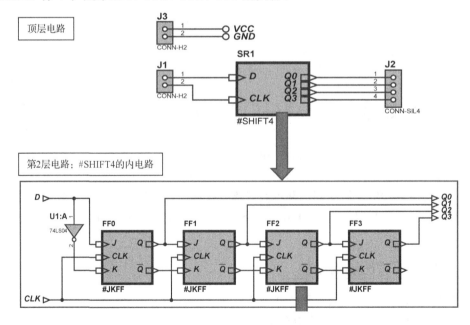

图 4-11　移位器的层次电路详情

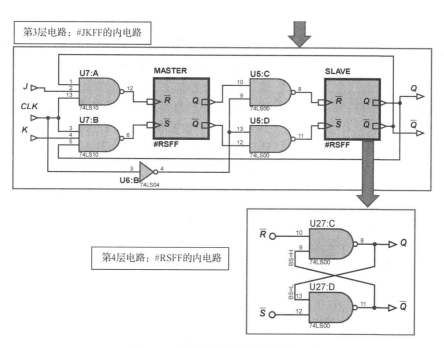

图 4-11　移位器的层次电路详情（续）

4.3.3　层次电路绘制

1. 顶层电路

（1）绘制子电路实体框

单击工具按钮可进入子电路设计，同时对象选择器中显示子电路设计的终端类型。在编辑区期望位置单击，移动光标拖出适当大小的方框，单击并确认为子电路框，如图 4-12 所示。此时会自动出现可进行子电路内电路设计的下层空白设计页，即子页。执行菜单命令 Design→Goto Sheet（转到某页），可查看其层次结构，如图 4-13 所示。子电路实体框所在页默认页标题为 Root sheet 1，因子电路未命名，所以用<SUB?:10>表示。若子电路实体框尺寸不合适，可移动光标至框内单击选中，框周围出现 9 个控点，移动控点可调整尺寸。

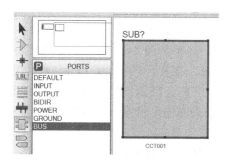

图 4-12　设计子电路实体框

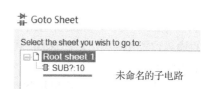

图 4-13　通过命令 Goto Sheet 看到的层次结构

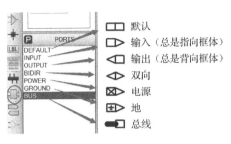

图 4-14　子电路的终端

（2）放置子电路框终端

子电路的终端如同元器件的引脚，如图 4-14 所示有各种终端。它们只能放在子电路框的左右两边。单击子电路模式按钮 从对象选择器中选择单击输入终端 INPUT，放置在子电路左边框，将输出终端 OUTPUT 放置在子电路右边框，如图 4-15（a）所示，右击终端，选择 Edit Properties，在终端标签对话框输入终端标签（见图 4-15（b）），相当于终端的网络标号。对每个终端一一设置标签。

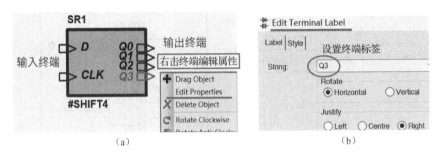

图 4-15　编辑子电路终端，如 Q3

如图 4-16（a）所示，右击子电路框，编辑其子电路名为#SHIFT4，该实体名为 SR1（见图 4-16（b））。

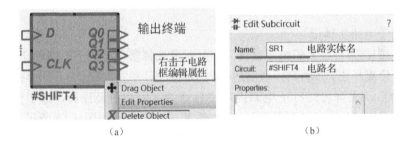

图 4-16　编辑子电路实体，实体名为 SR1，它所属子电路名为#SHIFT4

2. 设计第二层电路：子电路 SR1 的内电路

右击子电路实体 SR1，选择 Goto Child Sheet，进入其内部电路页，参考图 4-17 完成 SR1 的内电路，可先绘制好一个子电路，如 FF0，并参考图 4-15 编辑子电路终端标签，参考图 4-16 设置子电路名为#JKFF、实体名为 FF0。选中子电路实体 FF0，通过块复制按钮 复制其他三个实体，并编辑电路实体名依次为 FF1、FF2、FF3。对输入、输出信号连接普通的输入终端 、输出终端 ，并对它们右击，设置终端标签。对于反向输出端 ，设置标签为 "$Q"。

若终端名为 $\overline{\text{WR}}$ /14，则设置标签为 "WR"/14，即有上画线的字符首尾要有 "$"。

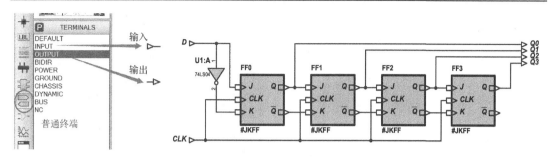

图 4-17　子电路 SR1 内电路编辑

3. 设计第 3 层电路：子电路#JKFF 的内电路

选择图 4-17 中 FF0～FF3 任意一个，进入其内电路页，参考图 4-11 设计#JKFF 的内电路，可设计完成其中一个子电路#RSFF 的一个实体，如 MASTER，编辑好其中的子电路终端标签、子电路名、实体名，再通过块复制 ⬛ 命令得到另一实体，修改其实体名为 SLAVE，最后放置普通的输入终端 ▷、输出终端 ▷，并对它们右击，设置终端标签。

4. 设计第 4 层电路：子电路#RSFF 的内电路

选择图 4-11 中子电路实体 MASTER 或 SLAVE，进入其内电路页，完成由与非门构成的 RS 触发器电路。

5. 设置页标题、全局标注

（1）设置页标题

在顶层执行菜单命令 Design→Edit Sheet Properties，参考图 4-18 设置页标题为 "4 BIT SHIFT REGISTER"，因顶层的页是根页，故对话框左上角 Module Name 为 "ROOT"，且为灰色不可更改。由实体 SR1 进入其子页，即第 2 层页，在本设计中也只有一页，参考图 4-19 设置页标题为 "4 Bit Shift Register"。由第 2 层页 FF0～FF3 任意一个实体进入第 3 层页，参考图 4-20 设置页标题为 "JK Master-Slave Flip-Flop"，4 个实体 FF0～FF3 的内电路页标题都相同。由第 3 层的实体 MASTER 或 SLAVE，进入其内电路页，为第 4 层，参考图 4-21 设置页标题为 "RS Flip-Flop"。

图 4-18　设置根页标题

图 4-19　设置子电路 SR1 的子页标题

设置完成后，执行菜单命令 Design→Goto Sheet 可看到如图 4-22 所示的电路结构，共 4 层电路，有 14 个电路页。

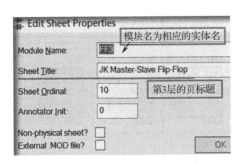

图 4-20　设置子电路 FF3 的子页标题

图 4-21　设置子电路 SLAVE 的子页标题

（2）全局标注元器件标号

执行菜单命令 Tool→Global Annotator，参照图 4-23 对电路进行全局标注，所有子电路中的元器件都会自动编号。

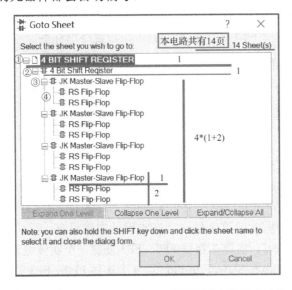

图 4-22　由 Design→Goto Sheet 观看到的电路层次结构

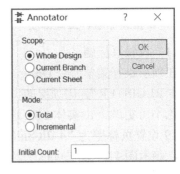

图 4-23　全局元器件重编号

4.3.4　层次电路仿真

移位器电路的输入、输出信号捕捉图如图 4-24 所示。

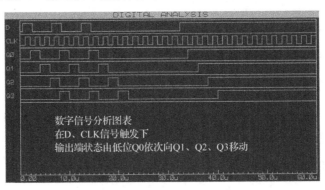

图 4-24　移位器电路的输入、输出信号捕捉图

1. 设置触发信号

在本设计的根页，如图 4-25 所示，单击模式按钮 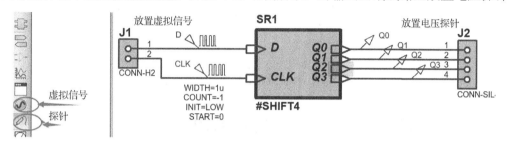，对象选择器中列出 14 种虚拟信号，直接对子电路输入终端的连线放置虚拟信号（忽略它的类型），对其双击，如图 4-26 所示，对 D 信号进行编辑，设置为含有 17 个脉冲、脉冲宽度为 2μs 的数字信号；如图 4-27 所示，对 CLK 信号进行编辑，设置为脉宽为 1μs 的连续的方波信号。单击模式按钮 ，在对象选择器中选择 **VOLTAGE**，如图 4-25 右侧所示，对输出终端线路上放置电压探针。

图 4-25　移位器根页放置虚拟信号、电压探针

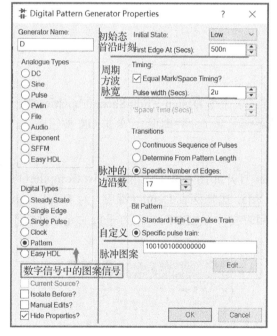

图 4-26　移位器 D 端输入虚拟信号设置

图 4-27　移位器 CLK 端输入虚拟信号设置

2. 设计信号捕捉图表

在本设计的根页上，单击模式按钮 ，从对象选择器中选择数字图表 DIGITAL，在编辑区合适的地方拖出一个框，作为数字分析图表框。将图 4-25 中的两个输入数字信号 D、CLK 及 4 个输出端的电压探 Q0～Q3 一一拖入图表框，右击图表选择 Edit Properties，弹出如图 4-28 所示对话框，设置信号捕捉起止时间。

3．信号捕捉

按键盘空格键，原理图将依以上设置运行、捕捉，结果如图 4-24 所示。

图 4-28　移位器的信号捕捉图表设置

4.4　设置元器件、子页为非 PCB 输出

有些元器件、子页是为完成仿真功能而设的，无需输出到 PCB。通过以下方式设置它们为非 PCB 输出。

4.4.1　设置子页为非 PCB 输出

1．某一子页非 PCB 输出

在需要非 PCB 输出的子页中，在子页中执行菜单命令 Design→Edit Sheet Properties 弹出如图 4-29 所示的对话框，选中左下角的 Non-physical sheet? ☑（非物理页），单击 OK 按钮确认。

2．所有子页非 PCB 输出

在根页执行菜单命令 Tool→Netlish Compiler 打开如图 4-30 所示的 Netlist Compiler（网表编译器）对话框，左上角 Output（输出）选择 File，选择网表 Depth（深度）为 This Level，单击 OK 按钮确认，则生成与工程文件同名的网表文件（*.SDF），所有子页的元器件将不在网表文件中。

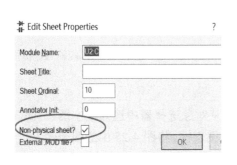

图 4-29　设置子页为非 PCB 输出

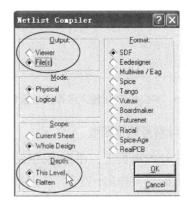

图 4-30　网表编译器深度设置

4.4.2　设置元器件为非 PCB 输出

若使某元器件非 PCB 输出，可双击该元器件，打开如图 4-31 所示的对话框，选中左下角的 ☑ Exclude from PCB Layout ，单击 OK 按钮确认即可。

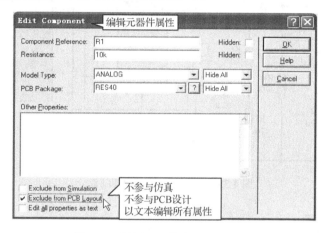

图 4-31　设置元器件为非 PCB 输出

4.5　实践 4：幸运转盘多页电路设计

4.5.1　实践任务

要将一幸运转盘电路分成显示与控制两部分，分别设计在两个电路页上，即如图 4-32 所示的显示部分和如图 4-33 所示的控制部分。当启动仿真，在显示页单击电路中的 RST 按钮时，10 个 LED 有一个不亮，沿顺时针移动，形成一个暗点流动的效果，然后流动速度渐慢，最后停止流动，类似于抽奖转盘。

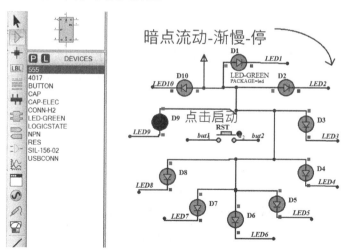

图 4-32　幸运转盘电路的显示部分

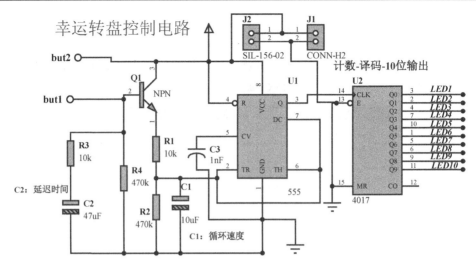

图 4-33　幸运转盘电路的控制部分

4.5.2　实践参考

1．新建工程

参考 1.2.2 节新建工程 ex4-3-555-4017-mul-page.pdsprj，选择合适的保存路径，工程中包含原理图与 PCB。

1．设计显示部分电路

为了将 10 个 LED 均匀地围成一个圆圈，参考图 4-34，先用在 2D 模式下选择圆，并在对象选择器中选择 PIN 风格（或其他非实心的风格，可观看预览区识别）画出一直径约 4cm 的空心圆。然后将 10 个 LED 沿圆周均匀放置，而后把圆删除。10 个 LED 接成共阳形式，阴极一一放置网络标号 LED0～LED10，阳极接入电源符号 ⇥ ，圆中心放置一个按钮，按钮两端标好网络标号 but1、but2。

2．设计控制部分电路

单击工具按钮⊞则新建第二个根页。参考图 4-33 完成控制电路设计，注意导线与终端标注。两个接插件 J1、J2 不参与仿真，分别双击 J1、J2，在 Edit Component 对话框中选中 ☑ Exclude from Simulation 。各元器件参数，如电阻、电容的值参考图 4-33 修改。

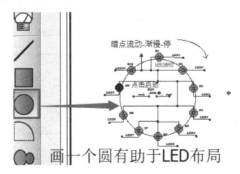

图 4-34　借助 2D 图形圆来布局 LED

3. 设置页标题

参考图 4-35，执行菜单命令 Design→Edit Sheet Properties 分别将显示电路的页标题设为 DIS，将控制电路的页标题设置为 CONTROL。执行菜单命令 Design→Goto Sheet，可看到本设计有两个平行根页 DIS、CONTROL。

图 4-35　设置页标题及结果

4. 幸运转盘电路仿真

单击仿真启动按钮 ▶ ，进行电路仿真。如有问题，则要检查电路，修改，再仿真，直到成功。

第5章 Proteus 库及元器件、仿真模型制作基础

Proteus 有丰富的元器件库、符号库、封装库。库中是一个个元器件模型、符号模型、封装模型，这些模型是 Proteus 电子设计的基本要素。在 Proteus 中也可根据需要自建元器件等模型、自建元器件库等。本章主要介绍管理元器件库、制作具有仿真功能的原理图元器件模型。

5.1 Proteus 库结构与管理

5.1.1 库结构

Proteus 库分为元器件库、符号库、封装库；每个库中又分为系统库和用户库。它们都在安装路径下的 Library 文件夹下（一般默认路径为 C:\ProgramData\Labcenter Electronics\Proteus 8 Professional\LIBRARY）。Proteus 库结构如图 5-1 所示。安装 Proteus 系统后 3 个用户库都是空的。用户自建元器件、符号及封装默认存入相应的用户库中。

$$
\text{Proteus库}
\begin{cases}
\text{元器件库} \begin{cases} \text{系统元器件库：约140多个} \\ \text{用户元器件库：USERDVC.LIB} \end{cases} \\
\text{符号库} \begin{cases} \text{系统符号库：SYSTEM.LIB} \\ \text{用户符号库：USERSYM.LIB} \end{cases} \\
\text{封装库} \begin{cases} \text{系统封装库：19个} \\ \text{用户封装库：USERPKG.LIB} \end{cases}
\end{cases}
$$

图 5-1 Proteus 库结构

系统库为只读，不能进行添加或删除对象操作，以防系统库被意外操作破坏；用户库可读/写，能进行添加或删除对象操作。当系统升级时只升级系统库，不会影响用户库。利用库管理器，还可自行创建新库、删除自建库及对自建库中的对象进行增、删等操作。

若有两个或两个以上的同名对象散布在几个不同的库中，选取元器件时优先装载最新对象。

本节只叙述元器件库和符号库。

5.1.2 元器件库管理

图 5-2 单击库管理器的 L 按钮

如图 5-2 所示，在元器件模式下单击对象选择器中的 L 按钮，打开如图 5-3 所示的 Device Libraries（元器件库）标签页。Proteus 软件处于不同的应用工作状态时，配套的菜单、工具栏及工具按钮会相应变化。例如，当前处于库管理状态时，菜单只有 File、Library、System 和 Help 4 项。窗口分为源库和目标库两部分，被鼠标单击的元器件所在库为源库，

另一侧为目标库。图 5-3 中，左侧为源库，右侧为目标库，窗口中部的大箭头指向目标库。用户自建库可读/写。通过图 5-3 中以下各按钮可对用户库增/删元器件。

Copy Items：可将源库中选中的对象复制到可写的目标库。

Move Items：将从可写的源库中移动选中对象到可写的目标库。

Delete Items：只能删除用户自建库中的元器件，删除后不能还原。

Rename Item：只能对用户库中当前选中的元器件重命名。

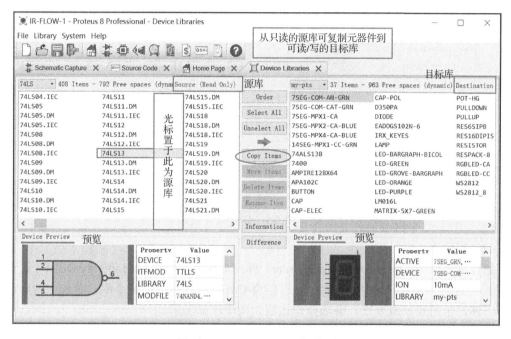

图 5-3　Device Libraries 标签页

5.1.3　建库、删库、排序库等操作

如图 5-4 所示，在库管理状态下，可通过 Library（库）菜单新建、删除、备份、打包库，还可对库排序，查看库信息及库内的元器件信息。

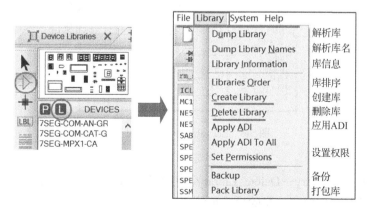

图 5-4　库管理状态下 Library 菜单命令

（1）解析库

执行菜单命令 Library→Dump Library，弹出如图 5-5 所示的信息框，上部是当前库的路径、版本、元器件数量、容量等信息，下部是当前光标所在元器件信息。

图 5-5　解析库

（2）库排序

执行菜单命令 Library→Libraries Order，弹出如图 5-6 所示 Set Liberary Order（设置库排序）对话框。单击可选中一个库，也可结合 Ctrl、Shift 键选中多个库。对选中的库可上移或下移，也可置顶或置底，各项操作按钮如图中注释所示。

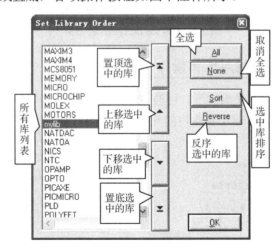

图 5-6　Set Liberary Order 对话框

（3）删除库

执行菜单命令 Library→Delete Library，将删除当前选中的可写库及其中所有的元器件。该源库应是用户自建库，删除后不能还原。

（4）修改库权限

执行菜单命令 Library→Set Permissions，将对当前光标下元器件所在库的读/写权限进行修改，会询问对可写库是否改为只读，对只读库是否改为可写。

（5）备份库

执行菜单命令 Library→Backup，可将当前库备份，操作完成后将增加一个名为"库名.BAK"的备份文件。必要时可直接将.BAK 重命名为.LIB。

（6）打包库

执行菜单命令 Library→Pack Library，去除已移走或删除的元器件，重新压缩库文件以缩小文件大小。

（7）应用 ADI

执行菜单命令 Library→Apply ADI，可将 ADI（ASCII Data Import，ASCII 数据导入，是一种为元器件分配属性的脚本语言）文件应用到单个元器件或整个库。

5.1.4　创建自己的元器件库：my-pts.lib

在库管理器窗口中执行菜单命令 Library→Create Library，弹出 Create New Library（创建新库）对话框。如图 5-7（a）所示，选择保存库的路径（默认系统库的安装路径：C:\ProgramData\Labcenter Electronics\Proteus 8 Professional\LIBRARY），设置库名，单击"保存"按钮，接着弹出库容量设置对话框，最大库容量默认值为 1000（见图 5-7（b））。新库建成后为空库，是可写、可读、可增/删元器件的用户自建库。

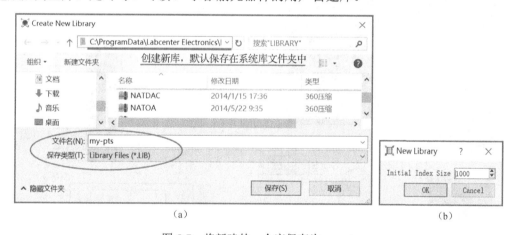

（a）　　　　　　　　　　　　　　　　　　（b）

图 5-7　将新建的一个库保存为 my-pts

5.1.5　将电路中的元器件导入自建库中

对于在电路中出现频率较高的元器件，可单独导入一个自建库中，在其他工程中需要时直接将该库中所有元器件置于对象选择器中，省去每次从库中查找元器件的工作。

① 进入原理图设计窗口，参考图 5-8 找出元器件，并将它们一一放置在编辑区。

② 执行菜单命令 Library→Compile To Library。

③ 在弹出的如图 5-9 右侧所示的对话框中选择自建库 my-pts.lib，将当前页或所有页（需选中 ☑ Process All Sheets In The Design? ）元器件导入 my-pts.lib 库中。

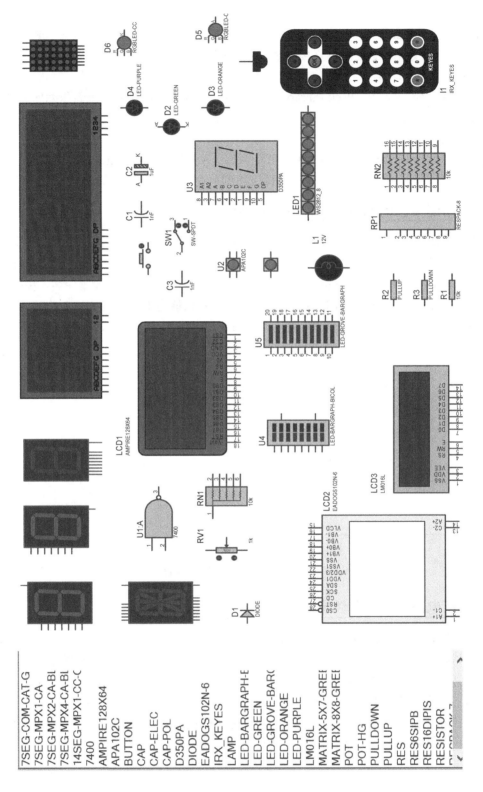

图5-8 查找元器件并放置在编辑区

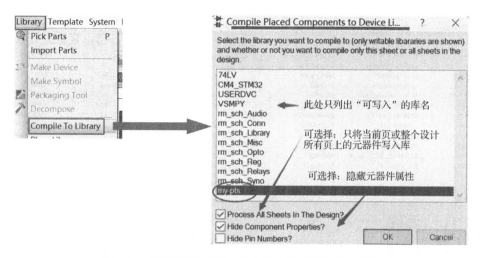

图 5-9　在原理图设计窗口将电路中的元器件纳入某库

5.1.6　从某库中直接导入元器件到工程中

（1）在原理图设计窗口下，执行菜单命令 Library→Place Library。

（2）在弹出的如图 5-10 所示的对话框中选择自建的库 my-pts。

结果如图 5-11 所示，将会关闭当前工程，并新建工程，库中元器件出现在新建的工程中。部分元器件将自动放置到编辑区。

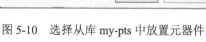

图 5-10　选择从库 my-pts 中放置元器件　　　　图 5-11　从库 my-pts 中放置元器件的结果

5.1.7　符号库管理

1. 进入符号库管理标签页

在原理图设计窗口单击图形符号模式按钮 S，再单击对象选择器上方的按钮 L，则弹出如图 5-12 所示的 Symbol Libraries（符号库）标签页，其中各操作按钮功能与 Device Libraries（元器件库）标签页中的一样。

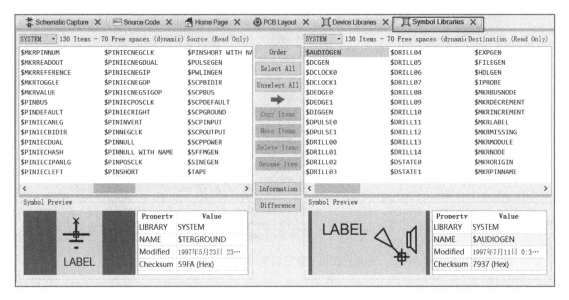

图 5-12　Symbol Libraries 标签页

2．对符号库进行增删等操作

单击图 5-12 中不同的操作按钮可完成不同的管理任务。可进行新建符号库、删除符号库、库排序等库操作，也可对符号库中的对象进行复制、移动、删除、重命名等操作。这些操作与元器件库管理器中的操作一样。

3．从符号库中选取符号

单击按钮 ⑤ 选择图形符号操作模式，在对象选择器中双击或按快捷键 P，则弹出 Pick Symbols（选取符号）对话框，如图 5-13 所示。

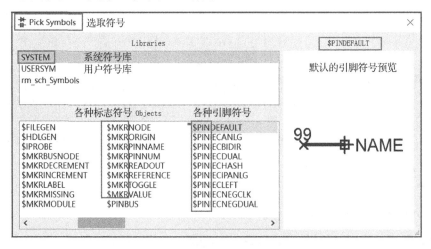

图 5-13　Pick Symbols 对话框

符号包括非电气图形符号，也包括有电气属性的终端、模块端口和元器件引脚符号，它们存放在系统符号库 SYSTEM.LIB 中。不同类的符号有不同的前缀，如标志、引脚、终端符号的前缀分别是$MKR、$PIN、$TER。单击某符号，如默认引脚符号"$PINDEFAULT"，则右侧预览栏中出现该符号。对符号双击，则符号被选入设计窗口的对象选择器中。

5.2　制作元器件的原理图仿真模型

5.2.1　元器件模型分类及制作流程

Proteus 中的元器件实为一个个元器件模型，有的有仿真功能，有的只是一个图形符号。目前，Proteus 库中提供了数量近 5 万的元器件模型。元器件模型的分类主要有以下两种。

1．根据有无仿真功能分

根据元器件模型有无仿真功能，可将其分为有仿真模型（Simulator Model）的和无仿真模型（No Simulator Model）的。目前，有仿真模型的元器件有近 4 万，其余为无仿真模型的。无仿真模型是为 PCB 设计而设的。若设计能仿真的电路，则电路中的元器件模型必须是有仿真模型的。元器件模型的类型可通过 Pick Devices（选取元器件）对话框的预览框查看。

仿真模型可根据其属性分为 4 类。

（1）仿真原型（Primitive Models）。

（2）SPICE 模型（SPICE Models）。该类模型是基于元器件的 SPICE 参数构建的模型。

（3）VSM 模型（VSM DLL Models）。该类模型是使用 VSM SDK（Software Development Kit，软件开发工具包）在 C++环境下创建的 DLL 模型，一般用于设计 MCU（如 AT89C51）和较复杂的器件（如 LCD 显示屏 LM016）。

（4）原理图模型（Schematic Models）。该类模型是由仿真原型（Primitive Models）搭建的元器件模型。原理图模型由 MODFILE 属性定义。

2．根据内部结构分

根据元器件模型内部结构，可将其分为三种。

（1）单组件元器件模型。该类元器件模型的原理图符号与 PCB 封装是一对一的，每个引脚有一个名称及编号。5.2.3 节制作的六十进制计数器模型属于此类模型。

（2）同类多组件元器件模型。该类模型是指在一个 PCB 封装中有几个相同的组件。例如，4-2 输入与非门 7400，其中电源引脚是公共的，其他每一个组件每个引脚有不同的引脚编号。5.2.4 节制作的 7436 模型归属此类模型。

（3）异类多组件元器件模型。该类模型是指在一个 PCB 封装中有几个不同的组件。5.2.5 节制作的 7431 模型属于此类模型。

Proteus 还支持总线引脚，使微处理器及其相关的外围元器件表示简捷。例如，对一组地址引脚、数据引脚，分别用一个总线引脚表示。总线引脚与其代表的多个物理引脚的对应关系在 Visual Packaging Tool（可视化封装工具）中设置。关于总线引脚，可参见 5.2.6 节制作的带总线引脚的 74LS373.BUS 模型。

本书的重点是 Proteus 电路及 PCB 设计，故本章采用元器件模型内部结构分类方法叙述。

3．制作元器件模型的基本流程图

制作元器件模型一般包括制作元器件模型原理图符号、模型封装设置、模型内电路设计、模型仿真验证、建立元器件模型文件等过程，其制作流程如图 5-14 所示。

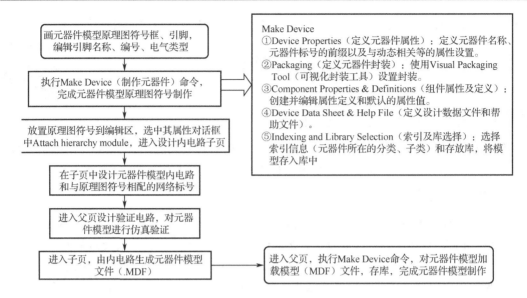

图 5-14　制作元器件模型的基本流程

若无需仿真，只需进行原理图设计和 PCB 设计，则可不进行模型内电路设计、模型仿真验证、建立元器件模型文件等过程。若不进行 PCB 设计而只要电路仿真，则可不定义元器件封装。

5.2.2　制作元器件模型命令及工具按钮、可视化封装工具

1．主要命令和工具按钮

● 引脚模式按钮 ⌐▷⌐ 。
● 2D 图形操作模式按钮：方框模式按钮 ■、绿色标记按钮 ✛ 等。
● 原理图设计窗口 Library（库）菜单中的有关命令： Make Device...（制作元器件）、Packaging Tool...（封装工具）、Decompose（分解元器件）等。
● 原理图设计窗口 Design（设计）菜单中的有关命令： Edit Sheet Properties（编辑页属性）、Goto Sheet（切换页工具）等。
● 双击引脚，在弹出的 Edit Pin（编辑引脚）对话框中进行相应操作。

2．可视化封装工具

由于 Visual Packaging Tool（可视化封装工具） 🖋 在 PCB 设计中非常重要，所以对它进行较详细的叙述。

可视化封装工具为原理图符号指定 PCB 封装。每一个 PCB 封装就是对一组引脚名配置引脚编号，对同一个原理图符号可以有不同的封装，也就有不同的引脚编号。这也为总线引脚、多组件元器件引脚编号提供了方便。

（1）打开封装工具的方式

① 在制作元器件模型过程中进行封装：执行 Make Device 命令，即可打开。

② 在原理图编辑区中，选中需要封装的元器件或其组件，单击封装按钮 🖋 或执行菜单命令 Library→Packaging Tool，打开如图 5-15 所示的 Package Device 对话框。

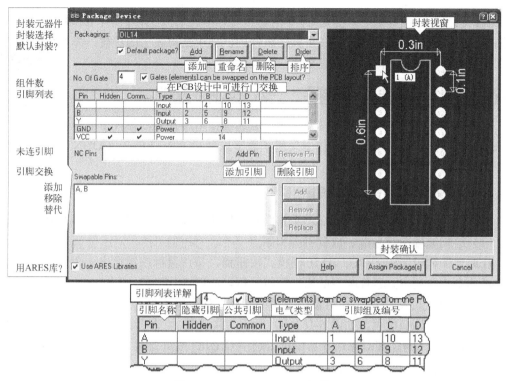

图 5-15　Package Device 对话框

（2）可视化封装工具 Package Device 对话框

下面将依图 5-15 对 Package Device 对话框中主要选项进行说明。

① Packagings（封装选择）：位于图 5-15 的左上角，列出了已定义的封装，还有添加、重命名、删除、排序按钮。可选择一个作为默认封装，此后放置的元器件采用此默认封装。单击 Add 按钮将打开 Pick Package 对话框，可从中选择封装。

② No．Of Gate（组件数量）：决定显示的引脚编号列的数目，如图 5-15 所示，NPN 分立器件中只有一个组件，所以组件列只有一列 A 列。若是 4 门-两输入的与非门芯片 7400，则应有 4 列，A、B、C、D。

③ 引脚列表：对所有的引脚分配焊盘编号（在 Make Device 时定义的引脚编号会出现在组件列）。在组件列对每个引脚输入焊盘编号。引脚名及其电气类型均不能在此修改。

- Hidden（隐藏引脚）：一般是电源引脚。方法 1：在设计元器件符号时，在引脚编辑对话框中清除 Draw Body 选项。方法 2：单击图 5-15 中的 Add Pin 按钮，对指定的封装创建一个隐藏的公共引脚。
- Common（公共引脚）：所有组件共用的引脚，如电源引脚、一个多组件的驱动器的使能引脚。一般将电源公共引脚隐藏，以便电路图更简洁。

④ NC Pins（未连接引脚）：在原理图符号中没有相应引脚对应的焊盘定义为非连接 NC（Not Connected）。可在 NC Pins 域输入未连接引脚的编号，并用逗号隔开。

⑤ Swapable Pins（引脚交换）：定义可进行电气互换的引脚。例如，7400 四与非门的两个输入端 A、B 为方便连线可互换。添加互换引脚的方法是，在引脚表格中选中要互换的引脚（按下 Ctrl 键，单击引脚格中的引脚名），再单击右下侧的 Add 按钮。

⑥ 封装预览：被分配引脚的焊盘以白色高亮显示，由此可判断非白色的焊盘还未分

配引脚。当光标指向焊盘时，旁边显示焊盘号，若焊盘已分配引脚且有引脚名，则引脚名与编号同时显示。若将光标定位在引脚的组件列，再单击封装上的焊盘，焊盘编号可自动填入引脚组件列格中，同时该焊盘变为白色显示。

5.2.3　制作单组件元器件模型——六十进制计数器

下面以制作六十进制计数器模型为例，叙述制作单组件元器件模型的步骤与方法。在 Proteus 库中无该计数器模型，制作中采用了数字原型 COUNTER_3、COUNTER_4 等仿真原型。制作的模型为仿真模型。

1. 制作模型原理图符号框、编辑引脚

进入原理图设计窗口，参考 1.2.2 新建工程文件（包含原理图），命名为 5-2-3-60jsq.pdsprj。

（1）绘制原理图符号框、放置引脚和原点

在原理图编辑区中，单击 2D 方框模式按钮 ■，按住鼠标左键拖出一个适当尺寸的方框，再单击，绘制出元器件模型的原理图符号框，如图 5-16（a）所示。

单击引脚模式按钮 ⊐»⊢，在对象选择器中选择默认引脚（DEFAULT）✕━━，并将它放置到方框上的期望位置，如图 5-16（b）所示，共放置 14 个引脚。单击 2D 图形模式栏中的绿色标记按钮 ✚，在对象选择器中单击选中 Origin（原点），将它放置在符号框左下角。

带结点 ■ 的引脚一端背离方框。

（2）编辑引脚

右击引脚，弹出菜单，单击其中的 Edit Properties 选项，弹出 Edit Pin（编辑引脚）对话框，如图 5-17 所示。在对话框中，根据表 5-1 所列的引脚属性编辑各引脚的名称、编号、电气类型和显示方式。

表 5-1　引脚名称、编号、电气类型和显式属性

引脚名称	引脚编号	显示引脚	显示名称	显示编号	引脚电气类型
clk	1	√	√	√	IP
en	2	√	√	√	IP
d0	3	√	√	√	OP
d1	4	√	√	√	OP
d2	5	√	√	√	OP
d3	6	√	√	√	OP
d4	8	√	√	√	OP
d5	9	√	√	√	OP
d6	10	√	√	√	OP
VDD	14	×	×	×	PP
GND	7	×	×	×	PP
NC	11	×	×	×	PS
NC	12	×	×	×	PS
NC	13	×	×	×	PS

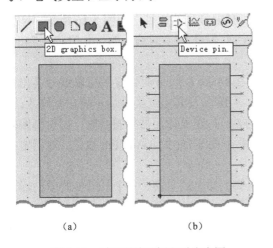

（a）　　　　　　（b）

图 5-16　原理图符号框和引脚布图

对引脚命名、编号时注意以下几点：

● 引脚必须有名称。

● 若两个或多个引脚同名，系统认为它们是连接在一起的。

● 在引脚名上放置上画线的方法是在引脚名前、后加符号"$"。例如，命名为 RD/$WR$，则显示为 RD/$\overline{WR}$。

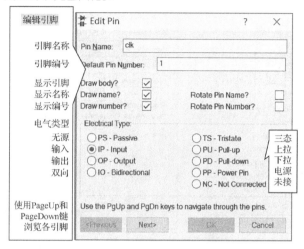

图 5-17　在 Edit Pin 对话框编辑 clk 引脚

图 5-17 为编辑第一个引脚的情况。由上而下设置引脚名为"clk"，编号为"1"，显示为全显，电气类型为"IP-Input"。单击 Next 按钮，以同样的操作步骤编辑表 5-1 中所列的其他引脚。其中，编辑引脚 14、7、11、12、13 时，3 个显示项设置为"不显示"。最后结果如图 5-18 所示，图中不显示的引脚呈灰色。表 5-2 列出了引脚的电气类型定义。

表 5-2　引脚的电气类型定义

引 脚 类 型	引脚类型缩写	引脚类型一般的应用场合
Passive	PS（无源）	无源终端（Passive device terminals）
Input	IP（输入）	输入（Analogue or digital device inputs）
Output	OP（输出）	输出（Analogue or digital device outputs）
Bidir	I/O（输入/输出）	微处理器或总线引脚（Microprocessor or RAM data bus pins）
Tri-state	TS（三态）	ROM 输出引脚（ROM output pins）
Pull Down	PD（下拉）	开集电极/漏极输出（Open collector/drain outputs）
Pull Up	PU（上拉）	开射极/源极输出（Open emitter/source outputs）
Power	PP（电源）	电源/地线引脚（Power/Ground supply pins）

2. 执行 Make Device 命令，设置封装，完成原理图符号制作

（1）单击 Make Device 按钮 启动命令

Make Device 命令是制作原理图符号和构建元器件模型的重要命令，该命令有多级对话框。

执行 Make Device 命令分两步：

① 按住鼠标右键拖出一个框，选中如图 5-18 所示的原理图符号框和所有引脚。

② 右击所选对象，在弹出的快捷菜单中执行命令 Make Device，如图 5-19 所示，弹出如图 5-20 所示的 Make Device-Device Properties 对话框。

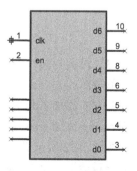

图 5-18　编辑引脚后的情况

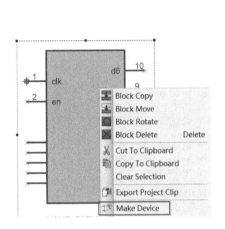

图 5-19　执行 Make Device 命令

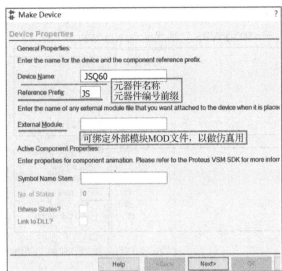

图 5-20　Make Device-Device Properties 对话框

（2）定义元器件属性（Device Properties）

如图 5-20 所示，定义六十进制计数器的名称为"JSQ60"，其标号前缀为"JS"。单击 Next 按钮，弹出 Make Device-Packages 对话框，如图 5-21 所示。

（a）设置封装的步骤　　　　　　　　（b）封装属性设置结果

图 5-21　使用 Make Device-Packages 对话框设置封装

（3）设置封装

单击图 5-21（a）所示对话框左下角的 Add/Edit 按钮，弹出 Package Device 对话框，单击上方的添加 Add 按钮，弹出 Pick Packages 对话框。在 Keywords 中填入封装名"dil14"，在 Showing local results 列表中双击"DIL14"所在行，结果如图 5-21（b）所示。

按图 5-22 所示进行引脚分配操作，单击底部的 Assign Package(s)（确认封装）按钮进入下一对话框，单击 Next 按钮出现如图 5-23 所示的 Make Device-Component Properties &

Definitions 对话框。目前该对话框中只有封装属性。单击 Next 按钮，直到出现如图 5-24 所示的 Make Device-Indexing and Library Selection 对话框。

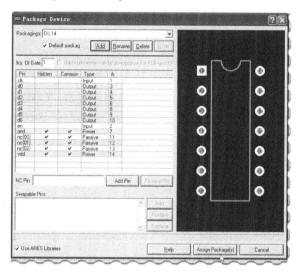

图 5-22　确定封装

（4）定义分类与存库并完成原理图符号制作

在图 5-24 左上角的 Device Category（分类）下拉列表中选中"Miscellaneous"，在 Save Device To Library（存放库）栏中选中"USERDVC"（用户库），单击 OK 按钮完成原理图符号的制作并存入用户库中；同时在对象选择器中出现 JSQ60。此时的 JSQ60 只是一个元器件原理图符号，没有仿真功能，但可用于 PCB 设计。若要求它具有仿真功能（即制作为仿真模型），需进行模型内电路设计等操作。

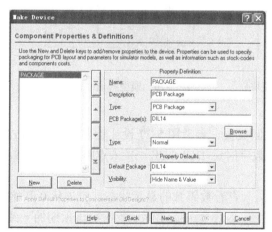

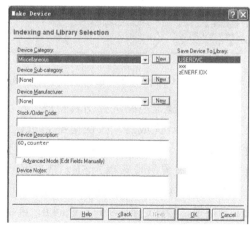

图 5-23　Make Device-Component Properties　　　　图 5-24　Make Device-Indexing and
　　　　　& Definitions 对话框　　　　　　　　　　　　　　Library Selection 对话框

3. 设计模型的内电路，进行仿真验证、生成模型文件

（1）进入内电路设计页（子页）

将原理图设计窗口对象选择器中的 JSQ60 放置到原理图编辑区，其编号自动为 JS1，

对其双击或右击选择 Edit Properties 打开 Edit Component 对话框，选中图 5-25 下方 Attach hierarchy module（捆绑层次模块）项，单击 OK 按钮，退出 Edit Component 对话框并形成页名为 JS1 的下层设计页。按快捷键 PageDown 进入下层设计页，它是进行 JSQ60 内电路设计的页，也称子页，其对应的上层页称为父页。

（2）在子页中设计元器件模型内电路

在子页中设计内电路与在其他设计页中设计一般电路基本一样。内电路设计的最后结果如图 5-26 所示。其中，COUNTER_3 为 3 位二进制计数器，COUNTER_4 为 4 位二进制计数器，AND_3 为三与门，AND_4 为四与门，NOT 为非门，终端选用输入终端 ▷—、输出终端 —▷ 。设计中要注意：①内电路的终端标注应与元器件模型引脚名称一致；②组成内电路的元器件模型应是仿真原型。

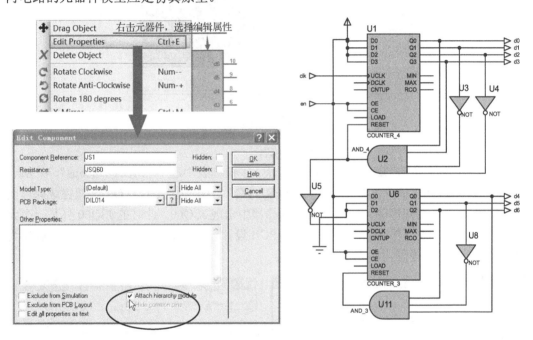

图 5-25　在 Edit Component 对话框中勾选绑定层次模块　　　　图 5-26　模型内电路设计

（3）设计验证电路进行仿真验证

内电路设计完成后，按快捷键 PageUp 返回父页，参考图 5-27 设计验证电路。单击激励源按钮 ⊗，在对象选择器中选择虚拟信号数字时钟 DCLOCK，接入电路并双击，参考图 5-28 所示设置信号频率为 5Hz 等选项。

连好验证电路后，单击仿真运行按钮 ▶ ，查看数码管的显示状态。应该从 0 开始，以 1 为增量，累计达到 59 时，返回 0，重新递增，反复循环。实际运行情况与预期的一致，证明内电路设计正确。验证仿真片段如图 5-27 所示。

（4）由内电路生成模型文件（.MDF）

再次进入子页（内电路设计页），执行菜单命令 Tools→Model Compiler，弹出 Compile Model 对话框，选择默认 MODEL 文件夹或自定义的文件夹（如 D:\P\MYLIB），单击 Save 按钮，则保存为模型文件 JSQ60.MDF。

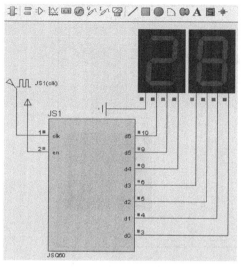

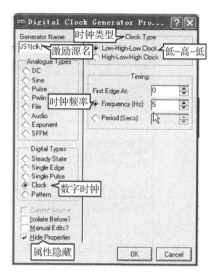

图 5-27　验证电路与仿真片段　　　　　　图 5-28　设置激励源

4．进入父页执行 Make Device 命令，加载模型文件 JSQ60.MDF，完成模型制作

返回父设计页，选中 JS1，单击按钮 ⭱ 进入 Make Device 操作，单击 Next 按钮，直到弹出 Make Device-Component Properties & Definitions（组件属性及定义）对话框，如图 5-29 所示，单击左下方的 New 按钮，在弹出的下拉菜单中执行命令 MODFILE，属性名称及描述会自动出现。在 Property Defaults 下的 Default Value 域中填写模型文件名，若非在默认路径，则要填写完整的路径及文件名。单击 Next 按钮，直到弹出如图 5-30 所示的 Make Device-Indexing and Library Selection 对话框，设置分类为"mylib"（自建分类），存入用户库 USERDVC。单击 OK 按钮，完成加载模型文件。

该元器件模型可在各种电路设计与仿真中选用。可在原理图设计窗口的 Pick Devices（选取元器件）对话框的 Keywords 栏中输入关键字"jsq"，如图 5-31 所示。从该对话框中还可以看出，单组件元器件模型"JSQ60"有封装属性，又是可仿真的原理图模型。

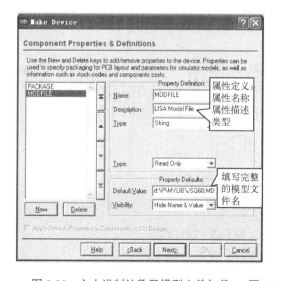

图 5-29　六十进制计数器模型文件加载　　图 5-30　Make Device-Indexing and Library Selection 对话框

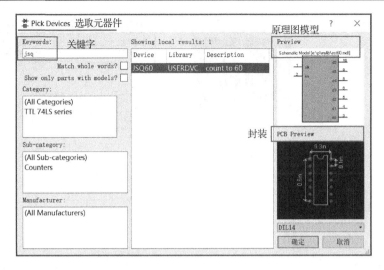

图 5-31　六十进制计数器模型元器件 JSQ60 出现在库中

5.2.4　制作同类多组件元器件（以 7436 模型为例）

同类多组件元器件很多。例如，系统元器件库中的 7400 有 4 个与非门，是一个同类（相同的与非门）多组件（4 个）的元器件，各组件独立，有自己的引脚编号集，每组可以像元器件一样放置在电路图中，即每个与非门有一组引脚编号，各门以其前缀区分，如图 5-32 所示，U1:C 引脚编号集为 8、9、10，在可视化封装工具中编辑引脚编号。

本节以制作元器件四-2 输入或非门 7436 模型为例，叙述同类多组件元器件模型的制作。在 Proteus 库中无 7436 模型，因制作步骤、方法类似于 5.2.3 节，故叙述做了简化。详细情况可参看 5.2.3 节。7436 模型如图 5-33（a）所示。

1. 制作模型原理图符号框，编辑引脚

在原理图设计窗口，参考 1.2.2 节新建工程文件，包含原理图。

（1）绘制元器件原理图符号框，放置引脚和原点

在编辑区中，采用 2D 图形模式下的某种图形风格，如图 5-33（b）所示绘制元器件原理图符号框。

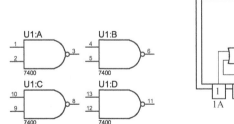

图 5-32　同类多组件元器件

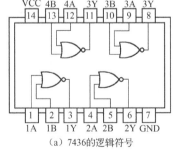

（a）7436 的逻辑符号

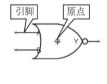

（b）7436 的门符号

图 5-33　7436 模型

（2）编辑引脚

如图 5-34（a）所示，或非门的输入引脚命名为 A、B，电气类型为输入 IP；如图 5-34（b）

所示，输出引脚命名为 Y，电气类型为输出 OP；引脚、引脚名可见。

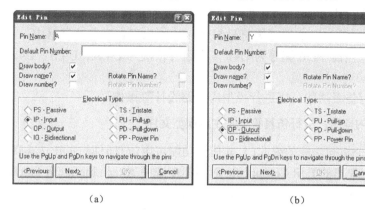

（a）　　　　　　　　　　　　　（b）

图 5-34　Edit Pin 对话框

2. 执行 Make Device 命令，设置封装，完成原理图符号制作

（1）全选符号组件，执行 Make Device 命令。

（2）参考图 5-20 在 Make Device-Device Properties 对话框输入元器件名 7436 及前缀 U，单击 Next 按钮进入 Package Device 对话框。

（3）参考图 5-21 的步骤、图 5-35 指定封装为 DIL14。指定组件数目，此处为 4，对每一个组件引脚配置焊盘；单击图 5-35 中下部的 Add Pin 按钮，添加接地引脚"GND"和电源引脚"VCC"，Hidden 列、Common 列自动出现"√"，表示引脚为隐藏、公共引脚，还可指定输入引脚 A、B 可交换，方便 PCB 设计。

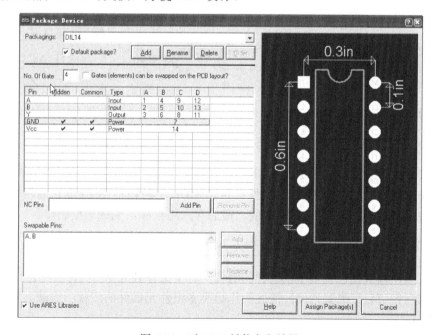

图 5-35　对 7436 封装定义结果

（4）在接下来的 Make Device-Component Properties & Definitions 等对话框中保持默认

设置，直到出现 Make Device-Indexing and Library Selection 对话框，一般默认保存到用户元器件库 USERDVC 中。

（5）单击 OK 按钮，完成原理图符号制作，7436 出现在对象选择器中，单击选中 7436 并连续放置 4 个，当前 7436 编号为 U4，4 个组件依次为 U4:A、U4:B、U4:C、U4:D，结果如图 5-36 所示。

若要求它具有仿真功能，需进行模型内电路设计等操作。

3. 设计模型内电路，进行仿真验证，生成模型文件

因 7436 有 4 个相同功能的或非门，其仿真功能可用仿真原型 NOR_2 实现。双击图 5-36 中任意一个门，在弹出的 Edit Component 对话框中选中 Attach hierarchy module，关闭对话框，进入内电路，从 Proteus 系统库中选取 NOR_2，如图 5-37 所示，设计内电路，对或非门的两个输入引脚添加网络标号 a、b；对输出端放置网络标号 y。

在内电路页任意处右击，在弹出的快捷菜单中选择 Exit to Parent Sheet，回到上层父元器件页，参考图 5-38 设计测试电路，对电路进行仿真测试，输入与输出符合"或非"逻辑，证明模型仿真功能正确。

在内电路页执行菜单命令 Tools→Model Compiler，则由内电路生成模型文件 7436.MDF，并默认保存在系统库文件路径下。

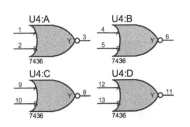

图 5-36　7436 的 4 个组件

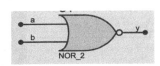

图 5-37　7436 内电路

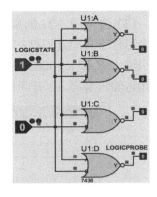

图 5-38　7436 测试电路

4. 进入父页执行 Make Device 命令，加载模型文件，完成模型制作

通过快捷菜单命令 Exit to Parent Sheet，回到上层父元器件页，对刚制作的 7436 执行 Make Device 命令，添加 MODFILE 属性（7436.MDF，要保证在系统默认的路径下，否则要写完整的路径），使模型具有仿真功能。最后存入用户库，完成模型制作。

5.2.5　制作异类多组件元器件（以 7431 模型为例）

异类多组件元器件包含多个不一样的组件，每个组件独立。

本节以制作 7431 模型为例，简述制作异类多组件元器件的步骤、方法。详细情况可参看 5.2.3 节。

图 5-39 是 7431 的逻辑符号，有 2 组非门、缓冲门、与非门。用可视化封装工具分配每个组件的引脚编号。

1. 制作模型原理图符号框，编辑引脚

（1）画原理图符号框，放置引脚和原点

用 2D 图案中的圆、直线、多边形等绘制 7431 的 6 个组件，如图 5-40 所示，组件间距适中，以便分别选中。

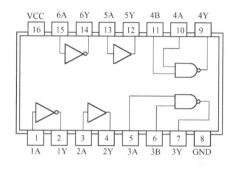

图 5-39　7431 的逻辑符号　　　　　图 5-40　绘制 7431 的组件

（2）编辑引脚

参考图 5-39、表 5-3 定义引脚名和电气类型，进行引脚编辑。

表 5-3　7431 的引脚名称和电气类型

组　件	引脚名称	引脚序号	电气类型	组　件	引脚名称	引脚序号	电气类型
A	1A	1	IP	F	6A	15	IP
	1Y	2	OP		6Y	14	OP
B	2A	3	IP	E	5A	13	IP
	2Y	4	OP		5Y	12	OP
C	3A	5	IP	D	4A	10	IP
	3B	6	IP		4B	11	IP
	3Y	7	OP		4Y	9	OP

2. 执行 Make Device 命令，设置封装，完成原理图符号制作

（1）选中第一组件对象，执行 Make Device 命令，进入 Make Device- Device Properties 对话框，输入元器件名，格式为 NAME:A。NAME 即元器件名，":A" 表示其中的第一个组件，如图 5-41 所示，本例为 7431:A。第二个组件是 NAME:B，……。输入前缀，如 U。

（2）在接下来的 Make Device-Component Properties & Definitions 等对话框中保持默认设置，直到出现 Make Device-Indexing and Library Selection 对话框，一般默认保存到用户元器件库 USERDVC 中或选择其他自建库。

对其他组件重复执行步骤（1）、（2），在 Make Device 对话框中依次定义各组件的名称为 7431:B、7431:C、7431:D、7431:E、7431:F。各组件制作完成，都出现在对象选择器中。

（3）设置封装。在根页原理图中进入元器件模式，放置元器件的各个组件，并选中所有的组件，如图 5-42 所示。单击按钮✍启动封装工具，每个组件都有一个引脚编号列，组件不用的引脚列出现"…"。参考图 5-43 输入引脚编号，添加隐藏的公共引脚 Gnd 和电源引脚 Vcc。

图 5-41　设置异构组件名及组件编号前缀

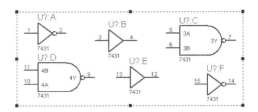

图 5-42　放置 7431 的 6 个组件并选中

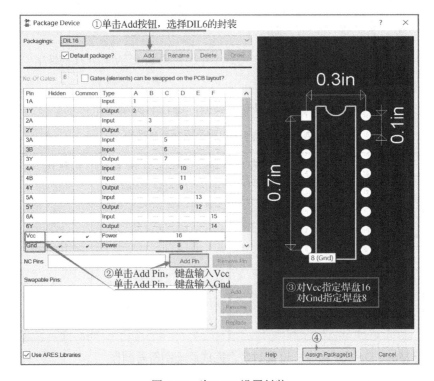

图 5-43　为 7431 设置封装

3．设计模型的内电路，进行仿真验证，生成模型文件

对每一组件一一设置绑定内电路：右击任一组件，执行快捷菜单命令 Edit Properties，在弹出的对话框中选中 Attach hierarchy module，进入其内电路子页，从系统库中选取名为 NOT、BUFFER、NAND_2 的元器件，按照图 5-44 所示设计内电路，右击各个输入及输出端，选择命令 Place Wire Label（放置网络标号），参考图 5-45 正确设置网络标号。将内电路复制到其他组件的内电路中，返回父页，在父页中参考图 5-46 设计测试电路。进行仿真测试，结果表明模型功能正确。在任一内电路页，执行菜单命令 Tool→Model Compiler，由内电路生成 7431.MDF 文件，如图 5-47 将模型文件保存在默认路径下。

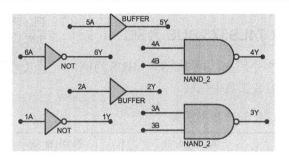

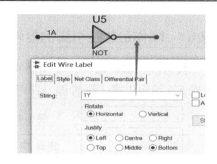

图 5-44　7431 的内电路　　　　　　图 5-45　右击导线，设置网络标号

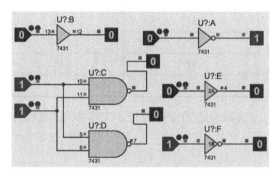

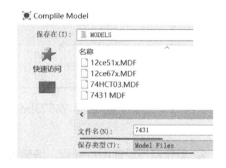

图 5-46　7431 的测试电路及仿真片段　　图 5-47　按默认路径保存内电路生成的模型文件

4．进入父页执行 Make Device 命令，加载模型文件，完成模型制作

分别选中刚制作的 7431 的 6 个组件，再执行 Make Device 命令，参考 5.2.3 节的制作方法，参考图 5-48 加载模型文件（MODFILE 属性），使其具有仿真功能。

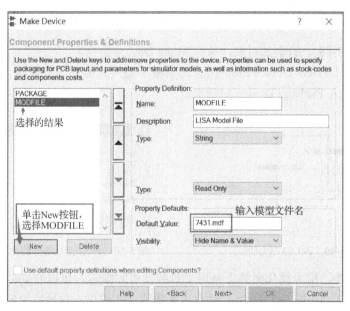

图 5-48　执行 Make Device 命令，添加 7431.MDF 文件

5.2.6　制作带总线引脚的器件（以 74LS373.BUS 为例）

一根总线引脚可以代替实物器件上的多个引脚，以 74LS373.BUS 为例，按照表 5-4 编辑引脚。引脚编号在可视化封装工具中完成。

表 5-4　编辑 74LS373.BUS 引脚

引 脚 名 称	引 脚 序 号	电 气 类 型	引 脚 显 示
D[0..7]		IP	Yes
Q[0..7]		OP	Yes
OE	1	IP	Yes
LE	11	IP	Yes
GND	10	PP	No
VCC	20	PP	No

参考 1.2.2 节新建工程 74373bus.pdsprj，选择合适的保存路径，工程中包含原理图与 PCB。

1．制作模型原理图符号框，编辑引脚

（1）绘制原理图符号框及放置引脚

总线引脚必须使用 Bus pin ━，其他引脚为普通引脚 DEFAULT ━——。

（2）编辑引脚

按照图 5-49 所示编辑引脚，只定义引脚名和电气类型，总线引脚名必须包括总线代表的所有的引脚，如 D[0..7]。各引脚的电气类型见表 5-4。

2．执行 Make Device 命令，设置封装，完成原理图符号制作

（1）选中图 5-49 中的全部对象，执行 Make Device 命令。

（2）在 Make Device- Device Properties 对话框中输入元器件名及前缀，如图 5-50 所示。单击 Next 按钮进入 Package Device 对话框。

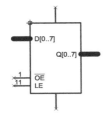

图 5-49　74LS373.BUS

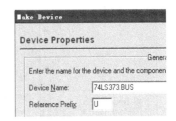

图 5-50　带总线元器件的命名

（3）设计封装。用可视化封装工具定义封装及引脚编号，可以看到总线上的每个引脚在引脚表中占一行，如图 5-51 所示。参考非总线的 373 模型，对所有引脚分配焊盘。操作完毕，单击 Assign Packages 按钮，返回封装设置对话框。

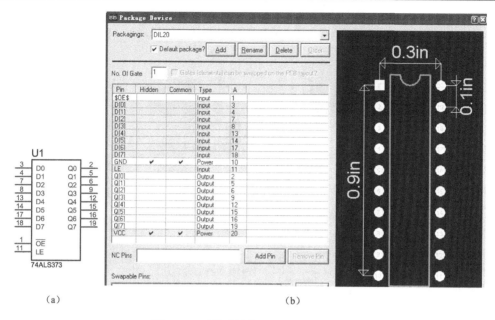

图 5-51　对带总线的元器件设计封装

3．完成模型制作

参考图 5-19～图 5-24 完成 74LS373.BUS 的制作，注意加载系统库中已存在的仿真模型文件 MODFILE 为 74XX373.MDF，使其具有仿真功能。

5.2.7　电源引脚处理

若电源引脚可见，在电路中将其接入电源，虽然一目了然，但当图中有多个 IC 时，将带来不便。

隐藏电源引脚，默认同名电源网络相连。隐藏的 VCC 引脚连接到 VCC 网络，隐藏的 GND 引脚连接到 GND 网络。

隐藏电源引脚可根据用户属性与某个网络相连，例如：VCC = +5V，这将使隐藏的 VCC 引脚连接到+5V 的网络。

（1）在单组件元器件上建立隐藏引脚：按常规放置引脚，编辑引脚，取消 Draw body 选项，引脚名及编号显示的选项自动无效。在生成网表时，自动连接到与引脚名同名的网络。

（2）封装时创建引脚：按常规建立组件，但不要放置隐藏引脚，用可视化工具创建封装时，单击 Add Pin 按钮，将在编号表新加一行，在此行输入引脚名，如 VCC，然后分配引脚编号，如图 5-51 所示。在生成网表时，自动连接到与引脚名同名的网络。

（3）用户属性覆盖隐藏的引脚网络：选中有隐藏引脚的元器件，一般都是电源正引脚 VCC、地引脚 GND；用 PAT 工具定义属性（详情参考 3.2 节），格式为 PINNAME=NET，其中 PINNAME 为隐藏引脚的名称，NET 为想要该引脚连接的网络。如图 5-52 所示，选中元器件，按键盘 A 键，在 Property Assignment Tool 对话框的左上角输入 VCC=+6V；确认，则 U2、U5 都具有这一属性；如图 5-53 所示，对选中的 U3，通过 PAT 操作后具有 VCC=+12V 的属性。如图 5-54（a）、（b）所示，在设计浏览器中可看到相应的连接网络。

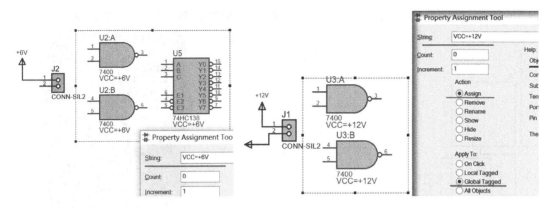

图 5-52　用 PAT 工具设置选中元器件的 VCC 为 6V　　图 5-53　用 PAT 工具设置选中元器件的 VCC 为 12V

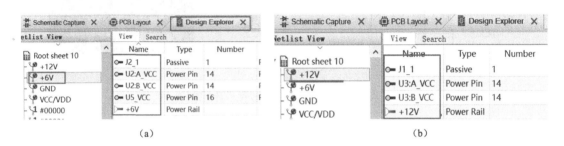

图 5-54　在设计浏览器中查看 6V、12V 的网络连接情况

5.2.8　元器件分解与重建

任何元器件都可用 Decompose（分解）命令分解为图符、引脚和属性文本。

1. 分解后编辑图形和引脚

放置元器件，选中元器件，单击图标 🔧，将元器件分解为 2D 图形、引脚、原点标记和有关元器件名称、前缀、封装、任何默认的元器件属性等文本。如图 5-55（a）所示是 BCD 数码管分解后的状态。根据需要添加、删除或对 2D 图形、引脚、原点标记进行编辑。选中元器件的所有对象，执行 Make Device 命令创建元器件。若同时选中了文本，可免去重新输入各属性。若元器件名与现有库中的同名或元器件已在当前电路中，将出现如图 5-55（b）、（c）所示的更新元器件库提示框：在图 5-55（b）中单击 Yes 按钮，将更新库元器件；在图 5-55（c）中单击 OK 按钮，将更新电路中元器件所有的实体对象。

2. 编辑元器件属性

选中元器件，执行 Make Device 命令，单击 Next 按钮，进入 Make Device-Component Properties Page 对话框，现有的属性都将显示出来。根据需要编辑各属性，单击 Next 按钮 4 次，最后将元器件存入库中。

3. 编辑封装

选取、放置、选中元器件，单击图标 🔧 启动封装工具，根据需要修改封装，单击 Assign Package 按钮，确认封装，返回元器件库。

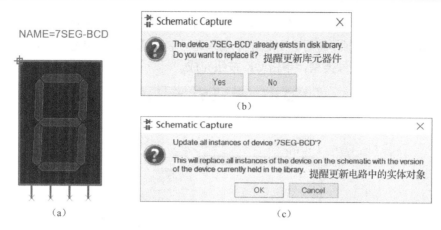

图 5-55　分解后编辑图形和引脚

注意：任何原理图设计文件中的元器件都是库元器件的一个实体对象，修改库元器件，不会自动到更新旧的电路文件。要更新，须打开工程，重新选取要更新的元器件，此时会提示是否更新；或在对象选择器中右击执行 Update 命令。

5.3　制作符号模型

5.3.1　制作图形符号

原理图支持直线、圆、弧、多边形等 2D 图形及文本类型。它们用来绘制无电气属性的常规图形，也用来创建元器件、引脚、终端、符号。

一个符号就是将一组 2D 图形作为一个单独对象，如用三条直线、一条弧线就可表示一个与门符号。符号只能包含图形对象，不能有元器件、电线等对象。

1．制作新图形符号

（1）选择图形类型及风格。单击 2D 图形按钮 ／ ■ ● ◗ ◖ A ⑤ ✛，在对象选择器中选择适当的图形风格（一般是元器件类 COMPONENT），若符号轮廓包括线和弧，并要填充，就用多边形模式 ◖◗。

（2）在编辑区绘制轮廓（任何图形都有一个固定的可编辑的外观，其编辑对话框中的 Follow Global 项未选中，该图形属性就可编辑，可参看 3.1.2 节）。

（3）定义图形原点。原点标记显示为一个带"十"字线的方框，它在原理图中表示器件放置或拖曳时鼠标指针在器件中的位置。单击绿色标记按钮 ✛，在对象选择器中单击原点 Origin ✛ 并放置到编辑区。若不设置原点，系统以图形中心为原点。系统中的标记符号如图 5-56 所示。

✛	✕	▢	LABEL	NAME	99	⬆	⬇	⊕
ORIGIN 原点	NODE 结点	BUSNODE 总线结点	LABEL 标签	PINNAME 引脚名	PINNUM 引脚号	INC 递增	DEC 递减	TOGGLE 反转

图 5-56　系统中的标记符号

（4）制作符号。选中所有图形，包括引脚符号，执行 Library→Make Symbol 命令，在弹出的 Make Symbol（制作符号）对话框中输入符号名，选择用户符号库"USERSYM"，如图 5-57 所示，选择符号类型，单击 OK 按钮完成。

图 5-57　Make Symbol 对话框

2．编辑现有的符号

对放置的符号分解（选中符号，单击图标 🔧）后可编辑。具体操作为：在原理图编辑区放置符号→选中符号→执行分解命令，将符号分解为图形和标记→对分解后的对象进行编辑→重新生成符号。

3．用现有符号组合成新符号

Proteus 允许一个符号包含其他的符号、图形，如一个与非门由一个与门符号和一个圆圈构成，但新的与非门与原与门符号无任何关联，若原与门符号改变或删除，并不影响由它构建的与非门符号。

5.3.2　制作终端

原理图中的逻辑终端符号如图 5-58 所示。用户也可制作终端符号，与一般制作符号的方法一样，但要放置一个结点 NODE ✕ 或总线结点 ▢ 标记，以表明终端连接点的位置。LABEL 标记表明终端名称的位置和方向。

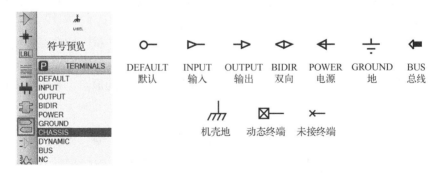

图 5-58　原理图中的逻辑终端符号

制作终端的步骤如下：

（1）选择适当的 2D 类型及风格，一般选直线类型、TERMINAL 风格。

（2）绘制终端，根据需要编辑图形。如图 5-59（a）所示。

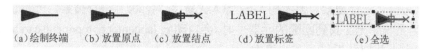

(a)绘制终端
(b)放置原点
(c)放置结点
LABEL
(d)放置标签
LABEL
(e)全选

图 5-59　制作 INPUT 终端

（3）单击 2D 图形模式中的绿色按钮，在对象选择器中单击原点、结点、总线结点、标签（LABEL）等并放置，如图 5-59（b）～（d）所示。

（4）选中所绘制终端的所有对象，如图 5-59（e）所示，执行 Make Symbol 命令，符号类型为 Terminal，如图 5-57 所示输入符号名“INPUT”，选择用户符号库 USERSYM，单击 OK 按钮完成，结果如图 5-59（a）所示。

5.3.3　制作引脚

主要的引脚类型如图 5-60 所示，有默认引脚、负电平引脚、正时钟引脚、负时钟引脚、总线引脚等。各式各样的引脚符号在 SYSTEM.LIB 中。

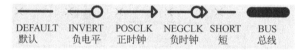

DEFAULT
默认
INVERT
负电平
POSCLK
正时钟
NEGCLK
负时钟
SHORT
短
BUS
总线

图 5-60　主要的引脚类型

用户也可制作引脚，步骤参考图 5-61。

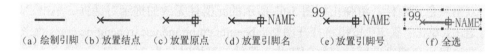

(a)绘制引脚
(b)放置结点
(c)放置原点
NAME
(d)放置引脚名
99
NAME
(e)放置引脚号
99
NAME
(f)全选

图 5-61　制作引脚步骤

（1）选择适当的 2D 类型及风格，一般选直线类型、PIN 风格。系统的总线引脚风格是 BUS WIRE 型。

（2）绘制引脚，根据需要编辑图形。

（3）单击绿色模式按钮，根据需要单击原点、结点、总线结点等并放置。

（4）在要放置引脚名称处放置 PINNAME 标记，在要放置引脚编号处放置 PINNUM 标记。

（5）选中所绘制引脚的所有对象，执行 Make Symbol 命令，符号类型为 Device Pin，输入符号名，选择用户符号库 USERSYM，单击 OK 按钮完成。

5.4　借网络搜索、导入元器件

Proteus 从 8.9 版起新增加了一个第三方 Samacsys 库元器件导入的功能。通过 Pick Devices（选取元器件）对话框，就可以直接从 labcenter.componentsearchengine.com 网站上搜索和导入元器件。导入的元器件不仅包含原理图符号，也包含 PCB 封装，而且，有些也包含 3D CAD 模型。到目前为止，该网站的元器件数量已经超过 1520 万个。下面以搜索"typec"型的 USB 接口为例说明操作方法。

（1）以关键字进行搜索。参考图 5-62 输入关键字"typec"进行搜索，Proteus 会优先搜索系统库，当系统库无法找到匹配的元器件时，会自动到 labcenter.componentsearchengine.com 网站上去搜索，并把结果显示在列表中。

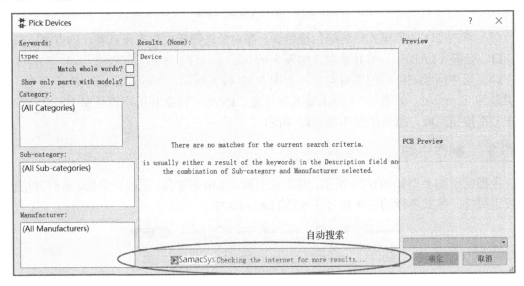

图 5-62　以"typec"为关键字搜索元器件

搜索的结果中有一些是灰色字符显示的，表示这些元器件还未创建完成，不能使用。此时，双击灰色元器件，将弹出如图 5-63 所示的元器件无效的提示对话框。单击"取消"按钮可退出，单击"确定"按钮将打开网站 labcenter.componentsearchengine.com，如图 5-64 所示，在这里可免费求助网站帮忙创建此元器件，平均时长为 24～48h。

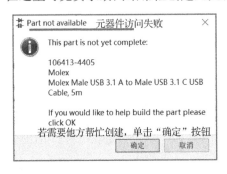

图 5-63　无效元器件提示框

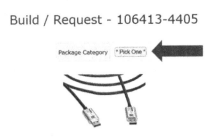

图 5-64　搜索到网站的结果

（2）双击黑色字符元器件将自动导入元器件的原理图符号和 PCB 封装，如果有 3D 模型，也会一并导入到系统库，下次就可以直接选用。双击图 5-65 中的"632723300021"所在行，弹出如图 5-66 所示的确认提示框。原理图元器件和相关的 PCB 封装都将进入用户库，也将被选入当前工程中。在大多数情况下，3D STEP 文件也将被导入。如果是第一次搜索，则需要填写如图 5-67 所示的登录信息，当然应该先注册一个免费账户。登陆的账户为注册时使用的邮箱。搜索结果如图 5-68 所示。

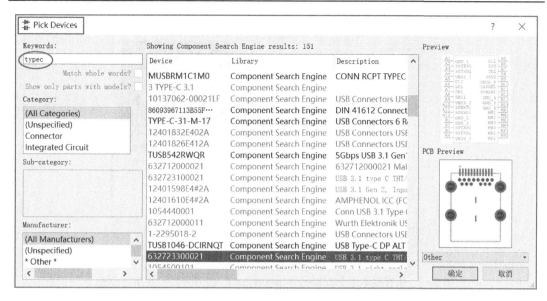

图 5-65　双击选取"632723300021"

图 5-66　导入元器件确认提示框

图 5-67　登录对话框

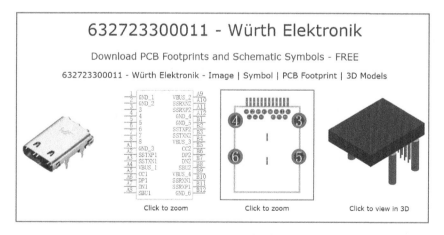

图 5-68　在网页上搜索到的元器件

（3）由菜单导入元器件的方法。

在原理图或 PCB 设计窗口中执行菜单命令 Library→Import Parts，弹出如图 5-69 所示的导入元器件对话框，单击左下角 Select File 按钮，打开事先下载的模型文件*.pdif，再单击 Import Part 按钮，根据向导一步一步操作即可。

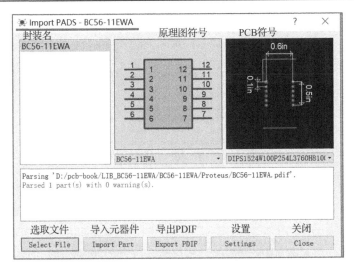

图 5-69　执行菜单命令 Library→Import Parts，打开导入元器件对话框

5.5　实践 5：4 排阻仿真模型制作

5.5.1　实践任务

制作一个有仿真功能的 4 排阻模型。

5.5.2　实践参考

1. 新建名为 ex5_4RX.pdsprj 的工程

参考 1.2.2 节新建工程，选择合适的保存路径，工程中包含原理图与 PCB。

2. 绘制 4 排阻模型的原理图符号框和设置引脚

在原理图设计窗口，参考图 5-70 绘制 4 排阻的原理图符号，参考表 5-2 设置引脚的属性。

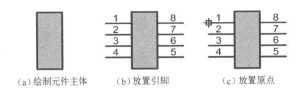

（a）绘制元件主体　　　（b）放置引脚　　　（c）放置原点

图 5-70　绘制 4 排阻原理图符号

2. 执行 Make Device 命令完成原理图符号制作

选中全部元器件符号，执行 Make Device 命令制作元器件。元器件命名为 RX4，元器件前缀为 RN，封装为"DIL08"（参考图 5-71 定义封装），存入用户库 USERDVC.LIB 中。

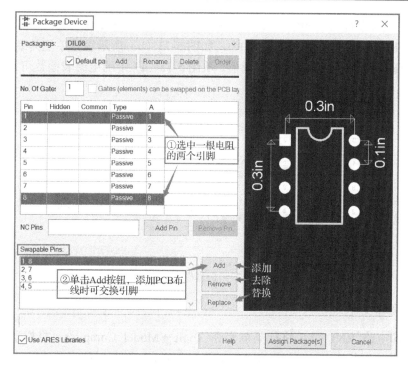

图 5-71　封装定义结果及添加引脚交换组

3．4 排阻模型的内电路设计

将新建 4 排阻模型的原理图符号 RX4 放置到原理图编辑区中，其编号自动为 RN1，对其双击或右击执行 Edit Properties 命令打开 Edit Component 对话框，选中 Attach hierarchy module 关闭对话框。对其右击，执行 Goto Child Sheet 命令，进入子页，设计如图 5-72（a）所示的内电路。放置 4 个电阻，设置其阻值 Resistance 为 "<VALUE>"，如图 5-72（b）所示。单击终端模式按钮 ▤，选择 "DEFAULT" 终端 ○— 并放置、连接，对终端添加网络标号，如图 5-72（c）所示。

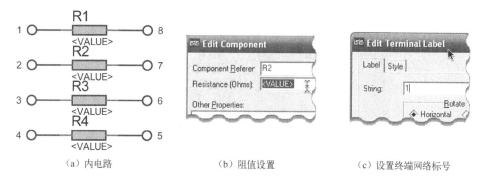

（a）内电路　　　　　　（b）阻值设置　　　　　　（c）设置终端网络标号

图 5-72　设计元器件仿真模型内电路

4．设计验证电路并进行 4 排阻模型的仿真验证

在子页右击选择 Exit to Parent Sheet 或按快捷键 PageUp 和 PageDown 返回父页。在父页设置 RN1 的阻值为 100Ω，如图 5-73（a）所示设计验证电路。选取需要的元器件

RESISTOR，阻值设置为 200Ω ；选择虚拟直流电流表，单击虚拟仪器按钮 ，在对象选择器中选择直流电流表（DC AMMETER），如图 5-73（b）所示设置单位为毫安。

　　单击仿真按钮 ，查看各路电流值。从图 5-73（a）中的电流表读数可以判断，RX4模型正确。

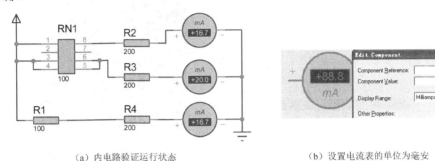

（a）内电路验证运行状态　　　　　　　　　　　　（b）设置电流表的单位为毫安

图 5-73　仿真模型验证

5．生成模型文件

　　返回内部电路 RN1 页，执行菜单命令 Tools→Model Compiler，将模型文件命名为RX4.MDF（默认路径在 Proteus 安装路径下的 MODELS 文件夹下）。

6．加载模型文件

　　返回父设计页，选中图 5-73（a）中的 RN1，再次执行 Make Device 命令，在 Make Device-Component Properties & Definitions 对话框中单击 New 按钮，如图 5-74 所示，在弹出的列表中选择"MODFILE"，填写模型文件名 RX4.MDF（若模型文件不在系统模型文件夹路径下，则需要输入完整的路径）。单击 Next 按钮，再单击下一步的 OK 按钮。至此，RX4 仿真模型创建完成。

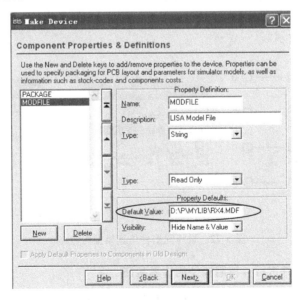

图 5-74　加载模型文件

第6章 原理图中各种图、表输出

本章主要介绍原理图中生成各种图形、报表和打印电路图。主要的报表如下：

（1）物料报表（Bill of Materials，BOM）；

（2）电气规则检查报表（Electrical Rule Check，ERC）；

（3）网络列表（Netlist），以下简称网表。

打开第 4 章的工程文件 ex4-1-flow-2-page.pdsprj，在此基础上介绍以上 3 种报表。

6.1 物料报表（BOM）

BOM 是制造特定最终产品所需的原材料、组件和元器件列表。它主要包括元器件编号、名称、数量、封装等。它还可能具有制造商或供应商名称、其他功能列和注释部分，是客户和制造商之间的关键链接，提供了有关采购项目的详细信息。

6.1.1 生成 PDF、Excel、ASCII 码文本等格式的 BOM

Proteus 8 中的 BOM 是一个顶级应用程序模块，即可将报表拖到 Proteus 窗口外，报表将在新的 Proteus 窗口显示，也可将其再拖回到窗口合并。它列出了当前设计中使用的所有组件及其指定属性。报表可编辑并实时更新显示，还可对报表增加新的元器件以备用或配套其他元器件，但新增元器件不会出现在 PCB、设计浏览器中。

如图 6-1 所示，单击工具按钮$，原理图设计窗口出现 $ Bill of Materials × 标签页，随之出现与 BOM 相关的命令按钮 ，这些命令也可以如图 6-2 在 Generate 菜单下找到，可以生成 PDF、Excel、ASCII 文本等格式的 BOM。

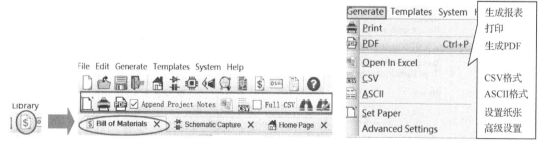

图 6-1　单击 BOM 按钮打开 Bill of Materials 标签页　　　　图 6-2　Bill of Materials 标签页

中的 Generate 菜单

在 Bill of Materials 标签页下，如图 6-3 所示，左侧为 BOM 模板编辑区，右侧为 PDF 风格的 BOM 视图及 BOM 属性编辑区。

1. 生成*.PDF 格式的 BOM

如图 6-1 所示，在 Bill of Materials 标签页，单击，弹出如图 6-4 所示的 Export to PDF

对话框，保存路径默认与工程路径一样，也有默认的文件名，可根据需要修改。生成的 PDF 格式的 BOM 如图 6-5 所示，文件后缀为.PDF。

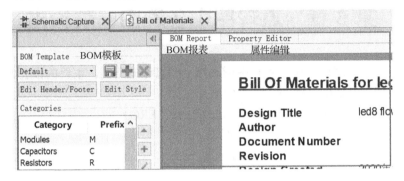

图 6-3 Bill of Materials 标签页布局

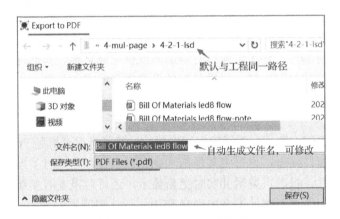

图 6-4 Export to PDF 对话框

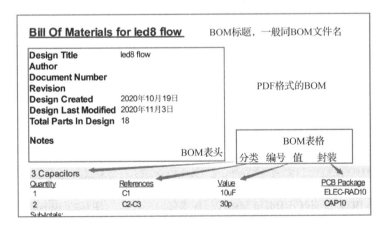

图 6-5 生成 PDF 格式的 BOM（部分截图）

2．生成*.CSV 格式的 BOM

紧凑的逗号分隔变量（Compact Comma-Separated Variable，CSV）格式是一种流行的数据交换格式。文件后缀为.CSV。一般的 CVS 文件第一行是以逗号分隔的属性名［如 Category（分类）、Reference（编号）、Value（值）等］，如图 6-6（a）所示，其余是逗号分隔的清单信息（数量、编号、值等）；信息中含有逗号的，自动外加双引号。

如图 6-1 所示，在 Bill of Materials 标签页，单击 **CSV**，在弹出的保存文件对话框设置保存路径与文件名，打开它时为微软的 Excel 形式，如图 6-6（b）所示的紧凑型的 Excel 格式的 BOM；若勾选了 **CSV** ☑ Full CSV，则生成如图 6-6（c）所示的展开型的 BOM。

```
📋 Bill Of Materials led8 flow - 记事本
文件(F) 编辑(E) 格式(O) 查看(V) 帮助(H)
Category,Quantity,References,Value,PCB Package
Capacitors,1,C1,10uF,ELEC-RAD10
Capacitors,2,C2-C3,30p,CAP10
Resistors,1,R1,10k,RES40
Integrated Circuits,1,U1,AT89C51,DIL40
Diodes,8,D1-D8,LED-GREEN,led
Diodes,3,D9-D11,led,
Miscellaneous,1,RN1,300,DIL16
Miscellaneous,1,X1,CRYSTAL,XTAL18
```

（a）以记事本打开紧凑型CSV格式BOM

A	B	C	D	E
Category	Quantity	References	Value	PCB Package
Capacitors	1	C1	10uF	ELEC-RAD10
Capacitors	2	C2-C3	30p	CAP10
Resistors	1	R1	10k	RES40
tegrated Circui	1	U1	AT89C51	DIL40
Diodes	8	D1-D8	LED-GREEN	led
Diodes	3	D9-D11	led	
Miscellaneous	1	RN1	300	DIL16
Miscellaneous	1	X1	CRYSTAL	XTAL18

（b）以Excel打开紧凑型CSV格式BOM

A	B	C	D
Category	References	Value	PCB Package
Capacitors	C1	10uF	ELEC-RAD10
Capacitors	C2	30p	CAP10
Capacitors	C3	30p	CAP10
Resistors	R1	10k	RES40
Integrated Circuits	U1	AT89C51	DIL40
Diodes	D1	LED-GREEN	led
Diodes	D2	LED-GREEN	led
Diodes	D3	LED-GREEN	led
Diodes	D4	LED-GREEN	led
Diodes	D5	LED-GREEN	led
Diodes	D6	LED-GREEN	led
Diodes	D7	LED-GREEN	led
Diodes	D8	LED-GREEN	led
Diodes	D9	led	
Diodes	D10	led	
Diodes	D11	led	
Miscellaneous	RN1	300	DIL16
Miscellaneous	X1	CRYSTAL	XTAL18

（c）以Excel展开型CSV格式BOM

图 6-6　生成 CSV 格式的 BOM

3. 生成*.txt 格式的 BOM

如图 6-1 所示，在 BOM 标签页执行菜单命令 Generate→ASCII，在弹出的保存文件对话框设置保存路径与文件名，生成如图 6-7 所示的文本格式的 BOM。文件后缀为.TXT。ASCII 码格式的 BOM 是简单的 ASCII 文本文件，以空格分隔列信息，这种文件易发送，但不太美观。

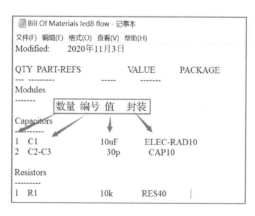

图 6-7　ASCII 码文本格式 BOM

6.1.2　设置 BOM 内容与格式

BOM 包含了当前设计中有编号的全部元器件，便于元器件统计、采购。在层次电路中，若某子页设置为非物理页，则该页元器件不输出到 BOM。

在 BOM 中，可以增删、排序、修改元器件分类、属性域；还可编辑各部分呈现的外观风格。

1. 元器件分类设置

（1）分类名：一般是元器件类型，如模块（Modules）、电阻（Resistors）、电容（Capacitors）、集成电路（Integrated Circuits）、二极管（Diodes）、杂类（Miscellaneous）等。

（2）分类前缀：即元器件类型编号的前导符号，如电阻一般以 R 为前缀。可对每一个分类设置 4 个前缀，如电阻类，不仅以 R 为编号前缀，可能也以 RV 为编号前缀（可变电阻）。在报表中默认将相似的编号，如 R1、R2、R3 等归为一组，显示为 R1-R3（格式：第一个编号-最后一个编号）。

（3）归入杂类：每个配置脚本都必须包括 Miscellaneous 类，所有未归类的元器件自动归为该类，也可将其他的类划入该类。

如图 6-8 所示，Bill of Materials 标签页的左侧是模板设置区，其中上部分为分类设置，可单击➕或✎打开 Edit BOM Category 对话框，可设置分类的名称及前缀，且前缀最多可设置 4 个；如图 6-8 中设置了分类名称为 switch，其前缀为 swt，单击对话框右下角的 OK 按钮，则新的分类马上出现在左侧的分类框中。单击✖，可删除光标下的分类。单击▲或▼，可上移或下移光标下的分类。

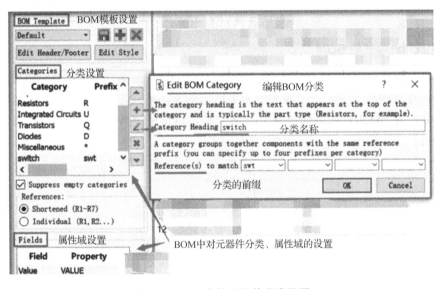

图 6-8　BOM 中的元器件分类设置

2. 元器件属性设置

Bill of Materials 标签页的左侧模板设置区的下部分为属性域，其中的按钮功能如图 6-9（a）所示，单击➕或✎打开如图 6-9（b）所示 Edit BOM Field 对话框。

（1）域属性：可修改或新增域属性，属性名可通过单击▾从下拉列表中选择（见图 6-9（c）），也可单击 New 按钮新建。还可对属性设置其在 BOM 中所在列的标题（表头），可与属性名相同，要求英文，避免动名词式的标题。如 6-9（b）所示，新增属性名为

"PACKAGE"，其列标题为 "PCB Package"，结果可参考图 6-5。

（2）域值修饰：在域属性 Edit BOM Field 框的第二部分，为域属性设置任意文本的前缀或是后缀；若属性值表示价格 Cost，则可能要设置如$、£的货币符号作为前缀。

（3）输出小计/总计：选中 Output sub-totals/totals for this field，BOM 生成器将分析该域值的浮点值（忽略前、后缀域的符号），对每一分类显示小计，对所有分类进行总计。对默认值也处理，不能处理的值视为 0；能被处理的必须是浮点值，属性值自身在数值前、后有非数字的符号，如 "$10.00"，不能处理；若设置前缀域为 "$"、值为 "10.00"，则可处理。另外，可在图 6-9（c）的底部设置小数的位数。

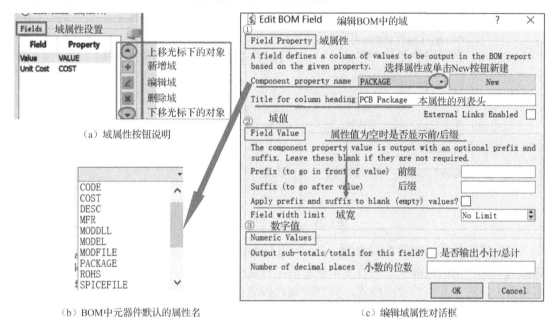

图 6-9　BOM 的域属性设置

3. BOM 风格设置

风格编辑中可设置 BOM 中不同内容的字体及各种修饰（如粗体、下画线、字色等）。这个对话框包含了很多控件，功能与操作类似 Word。

如图 6-10 所示，在 BOM 模板区单击 Edit Style 按钮，弹出 Style Editor 对话框，单击右上角的 ▼ 可选择风格编辑对象。在图 6-10 中选择 Main table odd row entry，对奇数行的字体、间距及对齐方式、背景及边框进行设置。编辑结果即刻在 BOM 编辑区可见。

4. BOM 高级设置——列宽

在 BOM 标签页，执行菜单命令 Generate→Advanced Settings，弹出 Advanced BOM Settings 对话框，该对话框提供了一些对列布局和其他杂项的额外控制。

（1）百分比式：如图 6-11 所示，在 Pretty Output 选项下，可手动调整列宽，主要对 BOM 编辑区预览的所见即所得的视图和 PDF 格式的 BOM 有效。可以手动修改列宽，为每一列输入屏幕宽度（纸张大小）的百分比。系统自动从左向右工作，最右侧一列不能手动修改，而在其他任一列被修改时最右列自动此消彼长式地随之修改，以维持各列宽占比之和为 100%。

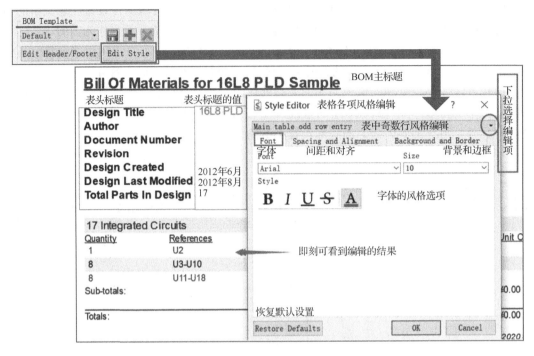

图 6-10　BOM 的风格设置

（2）字符数式：如图 6-12 所示，在 Ascii Output 选项下，列的宽度是由列的字符数量决定的，而不是由页面大小的百分比决定的。列宽至少与标题文本一样宽。超出列宽的字符将丢失。对于其他的输出格式，列宽与属性值字符数一致。

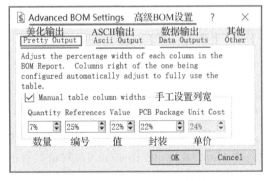

图 6-11　Pretty Output 格式的列宽设置

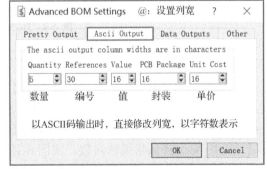

图 6-12　Ascii Output 格式的列宽设置

5．BOM 模板的建、删、存、导入、导出等操作

BOM 模板文件的后缀为.BOMT。如图 6-13（a）所示，在 Bill of Materials 标签页的左侧模板设置区的顶部，可选择已有模板，或保存当前模板，也可新建模板或删除当前模板。另外，还可以通过菜单 Templates 导入已有模板或 Proteus 旧版本模板［见图 6-13（b）］；或导出另存为 BOM 模板；还由此菜单可恢复为默认模板。

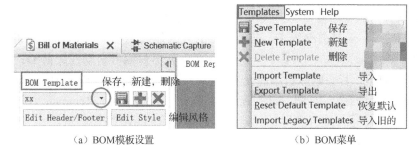

（a）BOM模板设置　　　　　　　　　　　（b）BOM菜单

图 6-13　BOM 模板设置及 BOM 菜单

6．对 BOM 添加属性

如图 6-14 所示，在 BOM 编辑区左上角单击 BOM Report 标签页可预览 PDF 格式的 BOM；若单击 Property Editor 标签页，可对 BOM 某些可编辑内容进行修改，如单击 Unit Cost，还可额外添加元器件以备用。尤其当一个元器件有多个物理部件时，如用到熔断器，电路中只有熔断器，实际安装时必须配备熔断器座子，座子便可由此处添加到元器件清单中，但不会出现在 PCB、设计浏览器中。

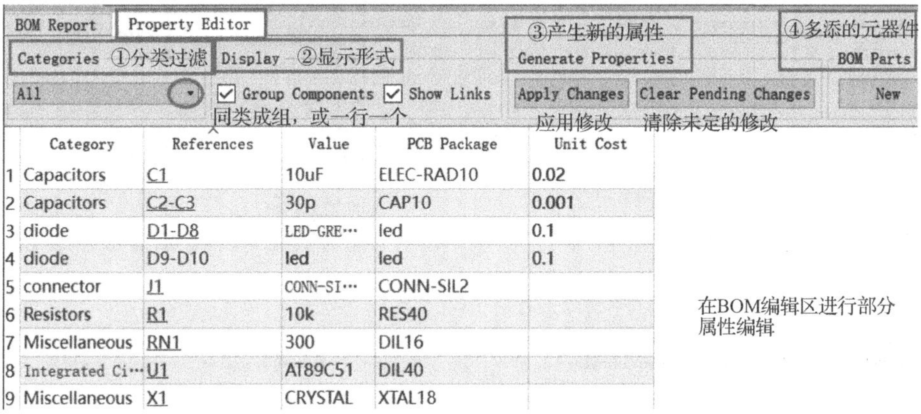

	Category	References	Value	PCB Package	Unit Cost
1	Capacitors	C1	10uF	ELEC-RAD10	0.02
2	Capacitors	C2-C3	30p	CAP10	0.001
3	diode	D1-D8	LED-GRE···	led	0.1
4	diode	D9-D10	led	led	0.1
5	connector	J1	CONN-SI···	CONN-SIL2	
6	Resistors	R1	10k	RES40	
7	Miscellaneous	RN1	300	DIL16	
8	Integrated Ci···	U1	AT89C51	DIL40	
9	Miscellaneous	X1	CRYSTAL	XTAL18	

图 6-14　BOM 配置脚本导入/导出

在图 6-14 的 Property Editor 标签页下，可进行以下 4 种操作：

（1）根据分类进行过滤显示：单击图 6-14 中 All 下拉列表，在弹出的列中选择系统默认的分类，如图 6-15 所示，选择 Capacitors，视图中只留下电容，即过滤掉其他未选的元器件，只显示选中的电容。

（2）成组显示：若选中图 6-14 中的 ☑ Group Components ，则同类元器件成组在一行显示，如"C2-C3""D1-D8"等；若不选中，则如图 6-15 所示一个元器件占一行。

其中分类和显示只改变当前 BOM 视图的显示效果。

（3）产生新的属性：如图 6-14 所示，对非元器件模块中的属性（如 Unit Cost）的值可以编辑，编辑后可单击 Apply Changes 按钮，以确定应用；单击 Clear Pending Changes 按钮，清除修改。

（4）添加额外元器件：如要在 BOM 多加两个 LED 以作备用，如图 6-16 所示在 BOM 编辑区 Property Editor 选项卡下单击右上角的 New 按钮，弹出 BOM Part Creator 对话框，可依现有元器件得到多个复制体，图 6-16 中选择了二极管 Diode 中的 D1 作为父元器件，设置复制数量为 2、编号前缀为 D、值为 led 的复制体属性，单击 Create 按钮，则可看到视图中增加一项 `4 Diodes    D9-D10    led` ，元器件编号自动在之前 D1～D8 的基础上调整为 D9～D10。若要删除新添的元器件，单击 BOM 编辑区 Property Editor 选项卡右上角的 Remove 按钮，如图 6-17 所示，弹出 BOM Part Remover 对话框，单击 `BOM Part  D9  ▼` ，选择删除的元器件，再单击 Remove 按钮即可。

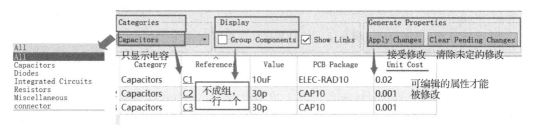

图 6-15　选择电容分类、取消元器件成组的显示效果

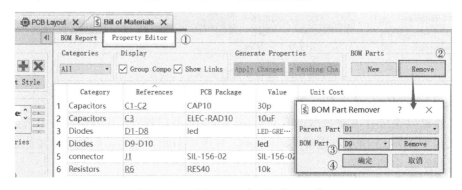

图 6-16　对 BOM 添加额外元器件

图 6-17　删除 BOM 中添加的元器件

6.2　电气规则检查报表（ERC）

在原理图中通过检查连接到每个网络的所有引脚类型来发现设计中的错误。这些错误可能是：①某个输出引脚连接到其他的输出引脚会造成信号冲突；②连接在一起的输入没有驱动源；③元器件编号重复，导致不同元器件无法区分，等等。终端也是有电气类型的，因此，一个输入终端应该连接到为它提供驱动源的输入引脚上。

6.2.1　ERC 操作与保存

在原理图设计窗口单击工具按钮💥或执行菜单命令 Tool→Electrical Rules Check，可生成电气规则检查报表。报表内容显示在一个文本视窗中，如图 6-18 所示。单击左下角的 Clipboard 按钮，可将检查结果复制到剪贴板中；或单击 Save As 按钮，保存为.ERC 文件。文件名及路径默认同工程。

图 6-18　ERC 检查报表视窗

6.2.2　ERC 错误信息

ERC 检查首先是网表编译，若发现问题将会给出警告或错误的信息列表。主要有两种类型的错误：

（1）互连的网络导致竞争，如两个输出的驱动方向不同，导致大电流。

（2）互连的网络无驱动源。一个网络只包含输入引脚，将引起 UNDRIVEN 错误。

第一类的错误见表 6-1，表中各关键字的含义见表 6-2。

表 6-1　ERC 检查第一类错误规则表

	PS	IP	OP	IO	TS	PU	PD	PP	GT	IT	OT	BT	PR
PS	✓	✓	✓	✓	✓	✓	✓	✓	✓	✓	✓	✓	✓
IP	✓	✓	✓	✓	✓	✓	✓	✓	✓	✓	✓	✓	✓
OP	✓	✓	⊗	⚠	⊗	⊗	⊗	✓	✓	⊗	✓	⚠	⊗
IO	✓	✓	⚠	✓	✓	✓	✓	⚠	✓	⚠	✓	✓	⚠
TS	✓	✓	⊗	✓	✓	✓	✓	⊗	✓	⊗	✓	✓	⊗
PU	✓	✓	⊗	✓	✓	✓	✓	⚠	✓	⊗	✓	✓	⊗
PD	✓	✓	⊗	✓	✓	✓	✓	⚠	✓	⊗	✓	✓	⊗
PP	✓	✓	✓	⚠	⊗	⚠	⚠	✓	✓	✓	✓	⚠	✓
GT	✓	✓	✓	✓	✓	✓	✓	✓	✓	✓	✓	✓	✓
IT	✓	✓	⊗	⚠	⊗	⊗	⊗	✓	✓	⊗	✓	⚠	⊗
OT	✓	✓	✓	✓	✓	✓	✓	✓	✓	✓	✓	✓	✓
BT	✓	✓	⚠	✓	✓	✓	✓	⚠	✓	⚠	✓	✓	⚠
PR	✓	✓	⊗	⚠	⊗	⊗	⊗	✓	✓	⊗	✓	⚠	⚠

✓No Warning or Error：无警告或错误。⚠Warning lssued：警告。⊗Error lssued：错误。

表 6-2　ERC 检查信息中关键字的含义

关　键　字	含　　义	关　键　字	含　　义	关　键　字	含　　义
PS	无源	TS	三态引脚	GT	普通终端
IP	输入引脚	PU	上拉引脚	IT	输入终端
OP	输出引脚	PD	下拉引脚	OT	输出终端
IO	输入/输出	PP	电源引脚	BT	双向终端
OK	无警告	PR	电源终端	PT	无源终端
wn	警告	er	错误		

6.3　网表

网络是一组连接在一起的引脚，其中涉及引脚所属的元器件、引脚名称、引脚电气类型和引脚编号。网表就是电路中所有的网络列表，描述元器件间连接关系的文本文件，是电路原理图与 PCB 间的桥梁。

在原理图设计窗口执行菜单命令 Tool→Netlist Compiler，启动网表编译器，将合并所有的同名网络。有相同网络名的电线、终端、总线间无须连线即可实现电气连接，使电路设计更简捷。

虽然国际上有一个较为通用的网表格式 EDIF，但非常复杂，用处不大，Proteus 用自己的网表格式 SDF（Schematic Description Format，简图描述格式）。SDF 是紧凑、可读性强、特别容易处理的格式，并可转换到常用的其他格式网表文件。当完全在 Proteus 中工作时，用户不需要知道网表的格式，可当需要导出并读入到第三方 PCB 布局应用时再了解。

原理图将自动创建和维护一个网表，Proteus 将自动读取、管理和验证网表。

6.3.1　网络名规则

网络名可由字母、连接符和下画线组成，大、小写不敏感，建议不要使用!、*等符号。

网络名是通过对电线或是逻辑终端标注而得到的。当多个不同名网络连接在一起时，网表按以下优先级顺序选取网名作为网表中的网络名：

电源、电源终端和隐藏的电源→双向终端→输出终端→输入终端→通用终端→总线输入&线标签。

若一个元器件的多个引脚名称一样，则认为其内部互连。这在有多个电源或地线的元器件中较常见。同时这也给设计电路带来方便，如画按键开关、LED 阵列等矩阵连线。

6.3.2　全局网络

根页的网络标号为全局网络，即根页上的同名网络是互连的。子页电路中的网络只在子电路中有效，但可将子电路中的网络设为全局网络，实现根页与子页同名网络互连。全局网络的格式为

!网络名

例如，标以!aaa 的终端与其他任何!aaa 的终端相连，也与根页上只标 aaa 的终端相连。

除非取消了 Edit Design Properties（编辑设计属性）对话框中的全局电源网选项

Global Power Nets？ □，电源网络默认是全局网络，无须"!"。未命名的电源、地线终端默认为 VCC、GND 网络。

新建一个工程，参考图 6-19，在空的设计页（默认的页名为 ROOT10）上放置电阻，编号为 R1，从 R1 的一个引脚画线并放标签 aaa；在本页放置一个子电路，命名为 SUB1，在子页 SUB1 上放置电阻 R3，从 R3 的一个引脚画线并放置全局网络标签!aaa；单击📇，新建一个根页（当前默认的页名为 ROOT30），在其上放置电阻 R10，从 R10 的一个引脚画线并放标签 aaa。

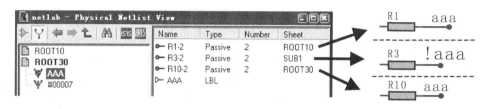

图 6-19　在设计浏览器中查看全局网络

根页 ROOT10 上标有 aaa 的 R1 引脚与另一个根页 ROOT30 上标有 aaa 的 R10 的引脚相连，也与子页上标有!aaa 的电阻引脚相连。单击📇打开设计浏览器，选择网络模式，在左侧导航栏单击 AAA 网络，右侧信息栏显示出网络上所有的引脚及其所在的页面。

6.3.3　电源网络

1．查看隐藏的电源引脚

元器件库中的很多集成电路隐藏了电源引脚。如图 6-20 所示，在 Edit Component 对话框中单击 Hidden Pins 按钮，可查看和编辑元器件隐藏引脚的网络名称。网表生成时产生一个以该引脚名为网络名称的电源网络，如 7400 会产生两个电源网络：VCC、GND，其名称分别取自 7400 的 14 脚和 7 脚。VCC、GND 的电压分别默认为+5V 和 0V。

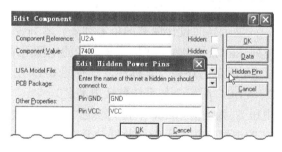

图 6-20　编辑隐藏引脚的网络

2．电源逻辑终端

如图 6-21 所示，对与电源逻辑终端相连的对象提供电源网络，电源↑代表+5V、地⏚代表 0V。

3．将隐藏引脚连接到不同的网络

有时想将隐藏的电源引脚连接到不同的网络，可在载有隐藏电源引脚的部件中自定义

属性，如图 6-22 所示，对 7400 添加属性：VCC=VCC1，如此 14 脚就与 VCC1 相连（此处 VCC1 设置为+6V）。注意，在多组件如 7400 中，要对每个门电路添加这一属性。

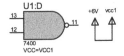

图 6-21　电源逻辑终端　　　　　　　图 6-22　电源网络互连

4．电源配置

执行菜单命令 Design→Configure Power Rails，弹出如图 6-23 所示 Power Rail Configuration（电源配置）对话框，可自定义电源网络。

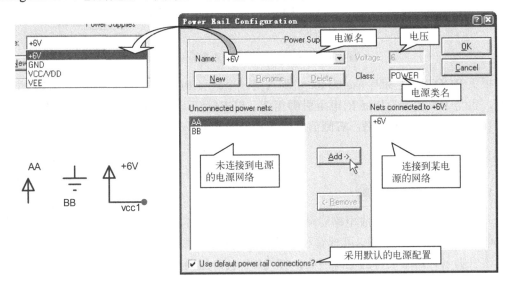

图 6-23　Power Rail Configuration 对话框

（1）Name（电源名）：显示当前设计现有的电源列表。本列表包含默认的电源、电路中定义的电源、由此下拉列表添加的电源。连接到某电源的电源网络显示在对话框右下角。例如，如果有图 6-23 左下角所示的终端及其标注，则有图 6-23 左上角所示的电源名（如+6V、GND、VCC/VDD、VEE，后三个是系统默认电源名）。

（2）Voltage（电源电压）：为当前 Name 下拉列表选中的电源设置电压，在电路中明确定义的电源（如标为+6V 的电源终端）不能由此框改变，此时该框无效。

（3）Class（电源类别）：设置当前选中电源的类别，所有的电源默认为 POWER 类。可输入自定义电源类名。

（4）Unconnected power nets（未连接的电源网络）：该框列出当前电路中所有未绑定到电源的电源网络，如图 6-23 左下角对电源终端设置了非数值的电源标签 AA、BB。从 Name 下拉列表中选中想要的电源，在本列表中单击某网络名"AA"，如图 6-23 所示，再单击框中间的 Add 按钮将网络添加到右侧电源列表中，与当前 Name 下拉列表的电源相连，则电源 AA 与+6V 电源连接。电路设计中不应该有未连接的电源网络。

（5）Nets connected to XX（网络连接到电源名）：本框列出与 Name 下拉列表中的电源

相连的所有电源网络。可添加其左侧未连接的电源网络到本框，或删除本框电源网络到左侧成为未连接网络。

默认的电源配置如表 6-3 所示。GND 电源不可重命名或删除，它的电压固定为 0V。

表 6-3　默认的电源配置

POWER SUPPLY	VOLTAGE	NET BINDINGS	STRATEGY
VCC	5.0	VCC，VDD	POWER
VEE	−5.0	VEE	POWER
GND	0	GND，VSS	POWER

5．创建电源网络

（1）在电路中自定义电源网络

如图 6-24 所示，对电源终端↑放置标号+5V、−12V 就代表该电压值的电源网络。由此创建的电源网络不能在 Power Rail Configuration 对话框中重命名或删除，电压也不能改变，但可以编辑它们的电源类名 Class。

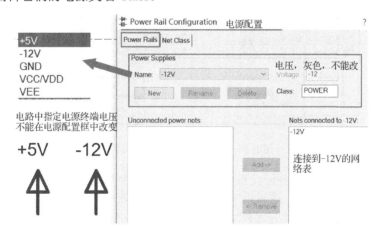

图 6-24　在电路中通过电源终端创建新的电源

在电路上也可定义网络绑定，例如，想要 VCC、VDD 连接到+3V，如图 6-25 上方所示，只要将标有 VCC、VDD、+3V 的终端连接在一起即可。在 Power Rail Configuration 对话框中可看到+3V 的电源与网络+3V、VCC 相连。

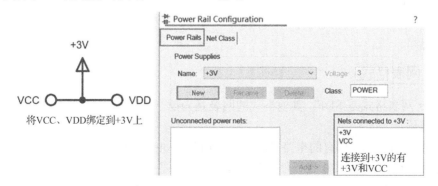

图 6-25　新建+3V 电源并与默认电源绑定

（2）在 Power Rail Configuration 对话框中创建电源网络

单击图 6-25 右侧 Power Rail Configuration 对话框中的 New 按钮，在弹出的对话框中输入电源名、电压值，单击 OK 按钮确认。此时它未与任何电源网络连接。

6.3.4 网表编译器设置

执行菜单命令 Tool→Netlist Compiler，弹出如图 6-26 所示的 Netlist Compiler（网表编译器）对话框。一般情况下按默认的设置即可。可对一个设计中所有的页或根页或某个页生成一个网表。

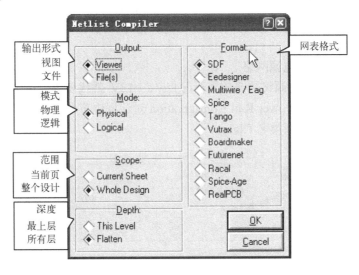

图 6-26 Netlist Compiler 对话框

（1）Output（网表输出形式）：以文本视图形式 Viewer 供查看，或输出为文件保存。

（2）Mode（网表模式）：逻辑或物理模式。逻辑网表用引脚名称，而物理网表采用引脚编号。在物理网表中多组件元器件如 7400 将成组为一个元器件，如 U1，而逻辑网表中还保持各个分离的组件，如 U1 : A、U1 : B、U1 : C、U1 : D 等。逻辑网表用于仿真，物理网表适用于 PCB 设计。

（3）Scope（范围）：默认的范围是整个设计，或可选择只输出当前设计页，如只想从子页提取网表。

（4）Depth（深度）：默认的深度是包含整个设计深度，为 Flatten，父页、子页统统输出。This Level 表示子页内容不输出到网表，不参与 PCB 设计，此时子页中往往是用于仿真目的的电路。

6.3.5 网表格式

Proteus 网表格式是 SDF。其他格式的网表是为配合第三方 PCB 软件，建议查看相关软件的最新信息。

（1）SDF：Proteus 自有的电路描述格式，用于 Proteus 的仿真及 PCB 设计，易于读入并处理为其他格式，对 PCB 设计使用物理模式。

（2）Boardmaker：应用于 Tsien Boardmaker II；若文件由网表编译器生成，则用户属性 PACKAGE 用于封装名；若想用于不同的场合，必须从脚本文件中启用网表生成器；使用物理模式。

（3）Eedesigner：EE Designer III 的网表格式；用户属性 PACKAGE 用于封装名；使用物理模式。

（4）Futurenet：Dash design tools 使用的网表格式，也是流行的网表转换器通用格式；对引脚列表使用物理模式，对网表使用逻辑模式。

（5）Multiwire/Eag：Multiwire 网表格式，也用于 EAGLE PCB 设计；文件格式不包含封装数据；使用物理模式。

（6）Racal：RACAL 网表格式，由 RedBoard、CADSTAR 等应用；用户属性 PACKAGE 用于封装名；创建以 CPT、NET 为扩展名的两个文件；使用物理模式。

（7）Spice：SPICE 网表模式，也适用于 P-Spice；地线网络为结点 0，未命名的网络结点以 1000 开始，数字网络直接应用；文件 SPICE.LXB 可重命名为 SPICE.LIB，以获得 SPICE 兼容的模块集；使用逻辑模式。

（8）Spice-AGE：SPICE-AGE 网表格式，用于工程师模拟仿真器（由 Proteus 生成可直接使用），SPICEAGE.LXB 可重命名为 SPICEAGE.LIB，以获得 SPICE-AGE 兼容的模型集。

（9）Tango：Tango 网表格式，在 PROTEL 等中使用，也是个较好的通用格式；用户属性 PACKAGE 用于封装名；使用物理模式。

（10）Vutrax：VUTRAX 网表格式。

（11）RealPCB：与 VUTRAX PCB 设计软件一起使用的网表格式；用户属性 PACKAGE 用于封装名，使用物理模式。

6.3.6　SDF 网表实例

打开 4.2 节的 ex4-2-flow-2-page.pdsprj，其物理模式的 SDF 格式网表视窗如图 6-27 所示，两种形式表示的网络是一致的。

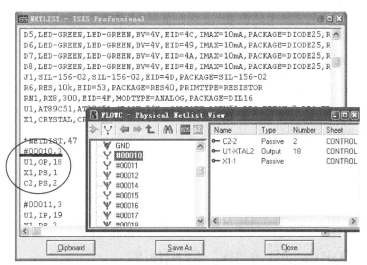

图 6-27　ex4-2-flow-2-page.pdsprj 的 SDF 格式网表、用设计浏览器查看网络

以下是 ex4-2-flow-2-page.pdsprj 物理模式 SDF 格式网表，"//"后的部分为注释。

```
ISIS SCHEMATIC DESCRIPTION FORMAT 8.0
======================================
Design:   FLOW-2-page.pdsprj
Doc. no.: <NONE>
Revision: <NONE>
Author:   <NONE>
Created:  2020/6/19
Modified: 2020/6/19
*PROPERTIES,0                          //属性，数量
*MODELDEFS,0                           //模型，数量
*PARTLIST,16                           //元器件，数量
//元器件信息：  编号，元器件名，值，单价，编号前缀，封装
C1,CAP-ELEC,10uF,COST=0.02,EID=C,PACKAGE=ELEC-RAD10
X1,CRYSTAL,CRYSTAL,EID=52,FREQ=1MHz,PACKAGE=XTAL18
...
*NETLIST,47                //网络总数
#00010,3                   //网络#00010，引脚数目 3[，网络类名]
U1,OP,18                   //元器件编号 U1，引脚电气类型 OP，引脚号 18
X1,PS,1
C2,PS,2
...
VCC/VDD,14,CLASS=POWER     //网络 VCC，引脚数目 14，电源类
VCC,PT
VCC/VDD,PR
D1,PS,A
...
D2,PS,A
J1,PS,1
U1,PP,40
U1,IP,31
C1,PS,+
```

6.3.7　常见的网表错误

生成网表时可能会产生各种错误，显示在一个弹出的文本视窗中。常见的错误有：

（1）元器件重名，如 ⊗ Duplicate part reference: C? [C?]，表示有多个元器件编号为 C？。每个元器件必须有唯一的编号。

（2）多组件元器件的组件属性冲突，如 U1:A 封装定义为 DIL14，而 U1:B 封装定义为 SO14。

（3）电源网络连接电源失败，一般是由于电路中的元器件有隐藏的电源引脚，但未定义要连接到哪个电源，在 Power Rail Configuration 对话框中处理这个问题。

6.4　导入/导出电路图剪辑、导出图案

执行菜单 File 的下级命令，可对工程文件可以进行新建、保存、打开、另存为等操作，如图 6-28 所示，还可将原理图、PCB 图全部或局部导出为剪辑文件，再将其导入其他工程

的原理图或 PCB 中，省去同一电路重复设计，以及可将电路图导出为位图、图元、PDF
等格式的图形。Proteus 对屏幕、打印机等提供标准的 Windows 驱动，支持单色及彩色打印。

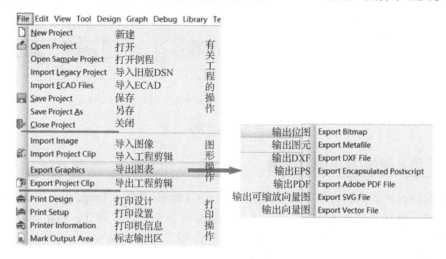

图 6-28　**File** 菜单及导出图表的类型.

6.4.1　原理图可生成的主要文件类型

Proteus 原理图可以生成以下主要文件类型：

（1）模板文件（.DTF）。

（2）备份文件（.pdsbak）：保存覆盖现有的原理图设计文件时会自动产生备份。

（3）剪辑文件（.pdsclip）：选中设计图的一部分，可导出（Export）为一个剪辑文件；
还可导入（Import）一个剪辑文件到当前的原理图设计中。

（4）模块文件（.MOD）：module，在子页中执行菜单命令 Design→Edit Sheet Properties，
在弹出的对话框中选中 External .MOD file? ☑ ，单击 OK 按钮生成模块文件。

（5）库文件（.LIB）：包括元器件文件和符号库文件。

（6）网表文件（.SDF）：Proteus 自定义格式的网表文件。

Proteus 仿真系统还有其他的文件类型，具体的请查软件的帮助文件。

Proteus 的电路原理图设计文件可保存为 Windows 位图、图元、DXF 和 EPS 等格式的
图形文件，其中位图、图元格式可输出到剪贴板。

6.4.2　导入/导出电路图剪辑

将电路设计中选中的部分电路导出为一个块文件.pdsclip，以后可将它导入其他电路设
计中，省去重复设计相同电路的工作。若不选中对象，则导出整个当前页。

（1）导出：打开第 4 章的工程文件 ex4-2-flow-2-page.pdsprj，如图 6-29（a）所示，选
中振荡电路、复位电路并右击选择快捷菜单中的 Export Project Clip，在弹出的文件保存框
中选择路径、输入文件名（如 osc-rst）后保存。将生成一个 osc-rst.pdsclip 的剪辑文件。

（2）导入：执行菜单命令 File→Import Project Clip，选择刚才的剪辑文件 osc-rst.pdsclip，
则在原理图编辑区光标下出现如图 6-29（b）的图影，图影随光标移动，在合适的地方单
击，则如图 6-29（c）所示成功导入。

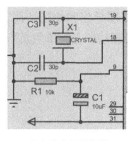

（a）选中局部电路

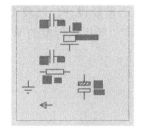
（b）导入，移动光标

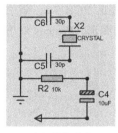
（c）导入成功

图 6-29　导出、导入剪辑

6.4.3　导入图像/导出电路图表

在原理图设计窗口执行菜单命令 File→Import Image 可导入 bmp、jpg、png、SVG 等格式的图形。执行菜单命令 File→Export Graphics 可导出位图、图元、PDF 等 7 种格式的图表文件。其中位图和图元格式的还可输出到剪贴板，再粘到 Word 中方便写文章。图元格式的图表在文件大小、清晰度上均优于位图。

导出的各种图表文件默认路径及文件名与工程文件相同，当然也可以更改。

1．导出位图到剪贴板或*.BMP 文件

打开 Proteus 安装路径下的 SAMPLES\Graph Based Simulation\1618.pdsprj，执行菜单命令 File→Export Graphics→Export Bitmap，弹出如图 6-30 所示的对话框，在此可对位图输出做以下设置。

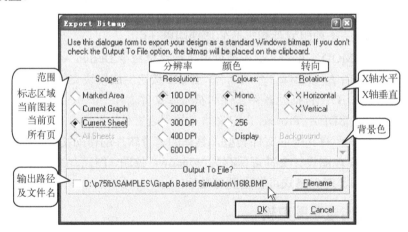

图 6-30　位图输出设置

（1）Scope（范围）：有 4 个选项，分别如下。

Current Sheet（当前页）：输出当前页面上所有的对象，如图 6-31 所示。

Current Graph（当前图表）：输出原理图中的仿真图表，如图 6-32 所示。

Marked Area（标志区域）：只有在设置了输出区域并且图表非最大化时才有效。执行菜单命令 File→Mark Output Area，在编辑区分别单击要输出的方框区域对角顶点，如图 6-33（a）、（b）所示，框内有背景色出现，该框内为标志的输出区域。取消区域设置，再执行菜单命令 File→Mark Output Area，在编辑区右击即可。

All Sheets（所有页）：在多页设计中该项有效。

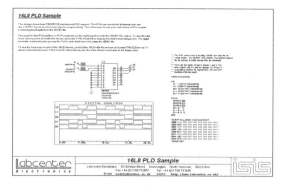
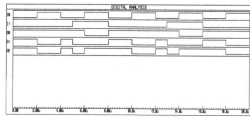

图 6-31　输出当前页　　　　　　　　图 6-32　输出当前图表

（2）Resolution（分辨率）：可设置为 100DPI（Dot Per Inch）到 600DPI。图形占用的存储量以分辨率平方的比例增长，如从 100DPI 调到 600DPI，存储量将是 100DPI 的 36 倍。100DPI 的 256 色位图每平方英寸需要 10KB 的存储量，若是 16 色，需要 5KB。

（3）Colours（颜色）：Mono.（单色）；16 色；256 色；Display（与显示适配器一样的位图格式输出）。非单色时，背景色有效，可设置输出图形的背景色。

（4）Rotation（转向）：X Horizontal（X 轴水平）；X Vertical（X 轴垂直）。

（5）保存路径及文件名：选中图 6-30 左下角的复选框，将输出为位图文件，否则输出到剪贴板。单击右下角的 Filename 按钮，可选择图形输出路径及文件名。区域输出样例如图 6-33（c）和图 6-34 所示。

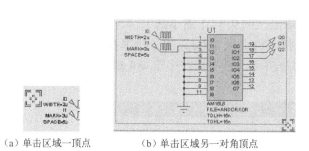
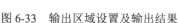
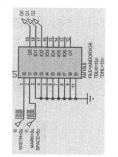

（a）单击区域一顶点　　　（b）单击区域另一对角顶点　　　（c）区域、显示色、X 轴垂直输出

图 6-33　输出区域设置及输出结果

2. 导出图元到剪贴板或*.EMF 文件

执行菜单命令 File→Export Graphics→Export Metafile，弹出如图 6-35 所示对话框，在此可设置图元图形的范围（Scope）、颜色选项（Options）、转向（Rotation）。范围及转向可参考位图输出相关项。若选中 Colour Output，背景选项 Erase Background 自动有效，将输出背景色。取消选中 Erase Background，则输出为透明图元，无背景色。

选中图 6-35 底部的输出到文件复选框，将输出为图元文件，否则输出到剪贴板。图元格式文件比其他图形格式的占用存储空间小、缩放不失真、输出与设备无关，所以比位图有优势。直观上看，图元格式图形比位图要清晰，如图 6-36 所示。

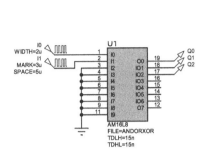

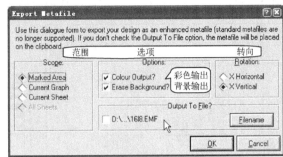

图 6-34　区域、白色背景、X 轴水平输出　　　　图 6-35　图元输出设置

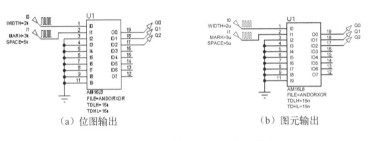

（a）位图输出　　　　　　　　　　（b）图元输出

图 6-36　区域、单色、X 轴水平输出

3．导出*.DXF、*.EPS 文件

（1）导出 DXF 文件：DXF 格式用于输出到机械 CAD 应用程序（最好使用剪贴板图元转换到基于 Windows 的 CAD 程序）。执行菜单命令 File→Export Graphics→Export DXF File，弹出如图 6-37 所示对话框。同以上两种输出格式一样，可设置输出范围（Scope）、比例（Scale）、转向（Rotation）。可以将输出比例从 1：1 缩小到 1：4，这样一来，在名义上 A2 纸上输入的图纸就可以在 A4 激光打印机上以 300dpi 的分辨率打印出来。显然，如果要保持清晰度，打印机必须有足够的分辨率。不支持在多个 A4 或其他小页面上打印大型图纸。

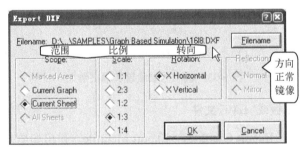

图 6-37　DXF、EPS 输出设置

（2）导出 EPS 文件：执行菜单命令 File→Export Graphics→Export Encapsulated Postscript 打开与图 6-37 类似的输出设置对话框。EPS 文件是可以嵌入到另一个文档中的 Postscript 文件的一种形式。对基于 Windows 的出版业工作者来说，图元文件表现更好。

4. 导出*.PDF、*.SVG 文件

（1）导出 PDF 文件

执行菜单命令 File→Export Graphics→Export PDF File，弹出如图 6-38 所示对话框。同图元格式一样，可设置输出范围（Scope）、选项（Options）、转向（Rotation）；若选中 ☑Launch PDF Viewer? ，则单击 OK 按钮后，自动打开新生成的 PDF 文件。

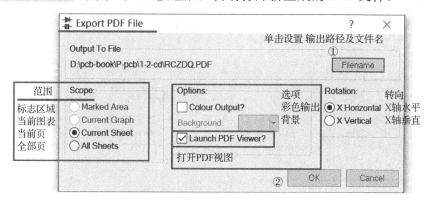

图 6-38　PDF 输出设置

（2）导出 SVG 文件

可缩放向量图形（Scalable Vector Graphics，SVG）是一种基于 XML 的二维图形矢量图像格式，支持交互性和动画，可对它们进行搜索、索引、脚本和压缩。作为 XML 文件，还可以使用任何文本编辑器创建和编辑 SVG 图像。

执行菜单命令 File→Export Graphics→Export SVG File，打开如图 6-39 所示对话框，各项设置参看位图及 PDF 的设置。若选中 ☑Launch Viewer? ，单击 OK 按钮后将在网页下打开视图。

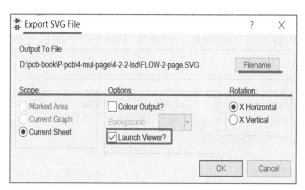

图 6-39　SVG 输出设置

5. 导出向量文件*.HGL

执行菜单命令 File→Export Graphics→Export Vector File，弹出如图 6-40 所示对话框。同 DXF、EPS 格式一样，可设置输出范围（Scope）、比例（Scale）、转向（Rotation）；只输出文件*.HGL。

向量输出要选择输出设备（Device），有 4 种可选：HPGL、HPGL（CTO）、HI-80、DPML。

（1）HPGL：以标准的惠普图形语言（Hewlett Packard Graphics Language）格式输出，原点默认为左上角。

（2）HPGL（CTO）：以惠普图形语言 CTO 格式输出，假设原点在中心。

（3）HI-80：以 HI-80 格式输出，该格式与多数的 Epson 绘图仪兼容。

（4）DPML：以 DPML 格式输出，与 Houston 绘图仪系列兼容。

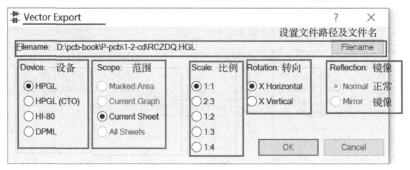

图 6-40　向量输出设置

6.5　打印输出

电路图可输出到绘图仪、彩色打印机等 Windows 打印设备。

6.5.1　设置纸张、打印机

执行菜单命令 File→Print Setup，弹出如图 6-41 所示的"打印设置"对话框。"名称"的下拉列表与计算机安装的打印机驱动程序有关，单击右上角的"属性"按钮，弹出"打印机设置"对话框，内容因打印机而异，可参考 Word 的打印机设置。而在纸张设置中可设置纸张大小、来源、方向。

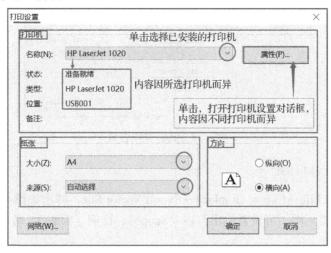

图 6-41　打印机与纸张设置

6.5.2　打印设置

执行菜单命令 File→Print Design，弹出图 6-42 所示 Print Design 对话框，在此可设置打印内容、比例、补偿因子，且在右侧预览框中可看到设置的效果。

1．打印内容（What To Print）

打印内容可设置为标志的区域、当前图表、当前页、所有页，参看 6.4.3 节。所有页包括根页和子页，该项只有在无最大化的图表时才有效，且该项没有相应的打印预览，所有页面定位在可打印区域中心。若选择当前页，则对每一页分别进行详细的定位和打印。

2．比例（Scale）

对输出区域指定合适的比例，打印预览将自动更新显示。有 1:1 和缩小比例 3:2（缩小到 2/3）、2:1（缩小到 1/2）、3:1（缩小到 1/3）、4:1（缩小到 1/4）等。

Fit to page：同时自动选中 ☑ Only shrink to fit?，默认缩小设计以适应页面大小。要放大较小的设计，必须取消选项 ☐ Only shrink to fit?。

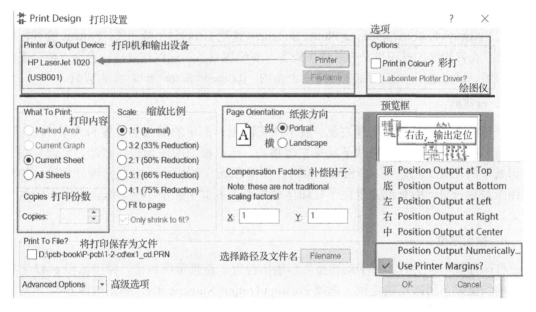

图 6-42　打印设置

3．图纸方向（Page Orientation）

图纸方向默认为纵向 Portrait。选择 Landscape 时为横向。

4．补偿因子（Compensation Factors）

补偿因子缩放图形的绝对坐标，而不影响相对大小。例如，如果在坐标(5,5)处绘制了一条长度为 10 个单位的线，并设置 x 补偿值为 0.6，y 补偿值为 0.5，那么这条线实际上将输出到坐标(3,2)处，长度（10 个单位）不会受到影响。因此，这些参数的目的是使关键设计在尺寸上具有足够的精度。

5．保存打印（Print To File）

把打印输出为文件保存，路径及名称默认为与工程文件一样。

6．高级选项（Advanced Options）

单击图 6-42 左下角的 Advanced Options ▼ 下拉列表，弹出如图 6-43 所示彩打与绘图仪使能选项。这两项分别对应图 6-42 右上角的 Options 两个选项有效。这些选项优先于打印机给 Proteus 的信息，建议谨慎使用。

（1）Always Enable Colour Options：彩色打印。对不支持彩色输出的设备毫无意义，不建议启用。当选中此项时，Proteus 会弹出警告信息，也会告知您的打印机是否支持彩色打印。确定要彩打，则选中图 6-42 右上角 □ Print in Colour?。

图 6-43　打印高级选项设置

（2）Always Enable Labcenter Plotter Support：选用 Labcenter 绘图仪。Proteus 会弹出警告信息，会告知您的打印机是否是绘图设备。非绘图设备不建议选此项，否则可能是变形走样的图。确定选用绘图仪后图 6-42 右上角的 □ Labcenter Plotter Driver? 变为有效。

7．预览框

预览框在打印设置框的最右侧，显示原理图相对指定的纸张的位置和大小，随打印配置随时刷新。在预览框中按下鼠标左键移动，预览框中的图形跟随移动，可调整图在打印纸中的位置。当选中 All Sheets 项时，所有页面应该大小、方向一致，此时只能预览图纸最后一页，所有纸张定位于打印区域中心。多页中大小不一、纸张方向不一时无预览。

8．输出定位

打印位置不理想时，可手动调整图形输出位置。在预览框右击，弹出如图 6-42 右侧所示的快捷菜单用来精确定位。选择 Position Output Numerically，弹出如图 6-44 所对话框，输入可打区域与输出区域的距离（参看图 6-45），这是绝对定位。调整一侧的距离，相对的另一侧会自动调整。还有上、下、左、右、左上角、左下角、右上角、右下角、中心 9 个方位的自动调整按钮。也可按下鼠标左键拖动来调整输出位置。若选择了图 6-42 中的缩放比例为 Fit to page，则只有 Position Output Numerically 有效，且只能单击图 6-44 中的 9 个按钮调整位置。

若取消选中图 6-42 预览区快捷菜单中的输出定位选项 Use Printer Margins，自定义的边距将从纸边沿算起而非从可打印区算起，这样可能导致图形超出可打印区而打印失败。

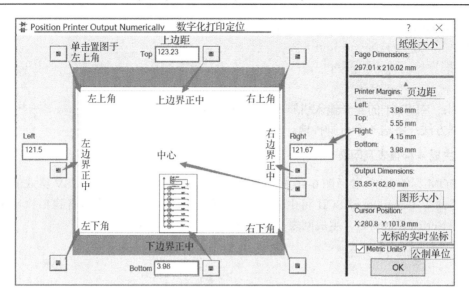

图 6-44　数字化边距设置及定位

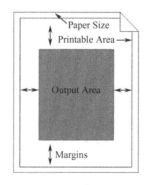

图 6-45　边距示意图

6.6　实践 6：生成数字彩灯的各种报表文件

6.6.1　实践任务

在第 1 章 1.3 节设计的数字电路彩灯装置设计文件 ex1_cd.pdsprj 的基础上，①生成 4 种格式的 BOM 报表、网表，并进行 ERC 检查；②将其中的 555 振荡电路导出为电路剪辑，再导入查看；③导出位图、PDF、图元、SVG 格式的图表。

6.6.2　实践参考

1. 进行 ERC 检查

单击工具按钮 ，弹出 ERC 检查报告，会发现有如下的错误信息：

```
...
UNDRIVEN: U3,D0 (Input)
```

```
UNDRIVEN: U3,D1 (Input)
UNDRIVEN: U3,D2 (Input)
UNDRIVEN: U3,D3 (Input)
...
```

原因：74LS161 的 4 个输入引脚悬空，没有驱动。

处理方法：将这 4 个引脚接地。

2. 生成 4 种报表及网表

在 BOM 标签页下，参考图 6-46 操作相应的工具按钮可生成 .PDF、.CSV 格式的 BOM，执行菜单命令 Generate→ASCII 可生成.TXT 格式的 BOM。在原理图设计窗口执行菜单命令 Tool→Netlist Compiler，生成网表文件，结果如图 6-47 所示。

图 6-46　与 BOM 相关的操作命令　　　　　　图 6-47　生成的网表及各类 BOM

4. 导出图表、导出/导入剪辑

在原理图设计窗口选中 555 振荡电路并右击选择快捷菜单中的 Export Project Clip，选择默认路径、保存为 osc-555.pdsclip。执行菜单命令 File→Import Project Clip，再将其导入，结果如图 6-48 所示。

执行菜单命令 File→Export Graphics，选择 Export Bitmap、Export Metafile、Export PDF File、Export SVG File，输出结果如图 6-49 所示。

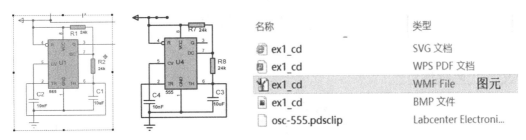

图 6-48　选中电路导出为剪辑再导入的结果　　　　　图 6-49　导出的各类图表

第 7 章　PCB 基本设置及模板设计

PCB 设计是 Proteus 另一重要功能模块。它可与原理图设计、设计浏览器、3D 预览等功能模块实时互动。它功能强、性能优、操作便捷、互动性好、人性化强，是一般电子产品 PCB 设计工具中的佼佼者。本章叙述 PCB 设计前的准备工作，如系统全局设置、模板设计等。

7.1　PCB 设计窗口

7.1.1　打开 PCB 设计窗口

单击按钮 ，打开 PCB 设计窗口，如图 7-1 所示，结构、布局与原理图设计窗口一样。预览区、对象选择器、编辑区等应用操作与原理图设计窗口中的相应操作一样。

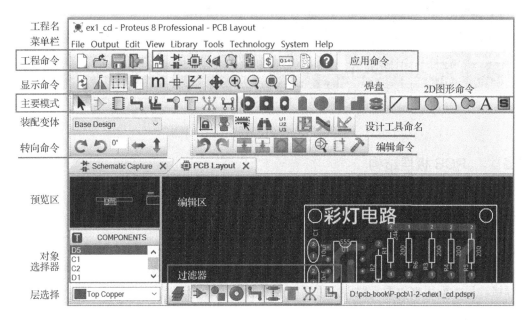

图 7-1　PCB 设计窗口

7.1.2　主要操作模式

进行 PCB 设计时经常使用的主要操作如图 7-2 所示。单击某个模式按钮，按钮下陷表示处于该模式，可将该模式下的各种对象放置到编辑区中进行移动、编辑、转向等操作。

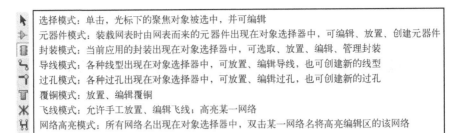

选择模式：单击，光标下的聚焦对象被选中，并可编辑	
元器件模式：装载网表时由网表而来的元器件出现在对象选择器中，可编辑、放置、创建元器件	
封装模式：当前应用的封装出现在对象选择器中，可选取、放置、编辑、管理封装	
导线模式：各种线型出现在对象选择器中，可放置、编辑导线，也可创建新的线型	
过孔模式：各种过孔出现在对象选择器中，可放置、编辑过孔，也可创建新的过孔	
覆铜模式：放置、编辑覆铜	
飞线模式：允许手工放置、编辑飞线；高亮某一网络	
网络高亮模式：所有网络名出现在对象选择器中，双击某一网络名将高亮编辑区的该网络	

图 7-2　主要操作模式功能

7.2　PCB 板层结构及术语

印制电路板（Printed Circuit Board，PCB），由绝缘基板和附在其上的印制导电图形（元器件焊盘、过孔、铜膜导线）及图文（元器件轮廓、型号、参数）等构成，如图 7-3 所示。它的作用是支撑、定位元器件，实现电路板上各元器件间的电气连接。

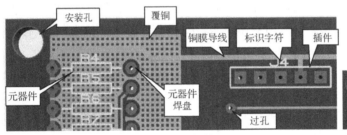

（a）未装配元器件的PCB

（b）已装配元器件的PCB

图 7-3　PCB 样例

7.2.1　PCB 板层结构

从板层结构上分，印制电路板常见的有单面板（Single Layer PCB）、双面板（Double Layer PCB）和多层板（Multi Layer PCB）。

1．单面板

单面板如图 7-4（a）所示，电路板一面覆铜，另一面没有覆铜，覆铜的一面用来布线及焊接，另一面用来放置元器件。单面板成本低，适用于设计比较简单的电路。

2．双面板

双面板是顶层（Top Layer）、底层（Bottom Layer）都有覆铜的电路板，双面都可以布线，如图 7-4（b）所示。元器件一般放在顶层，顶层也称为元器件面，底层为焊接面。两面的导电图形靠过孔实现电气连接。双面板适用于设计较复杂的电路。

3．多层板

多层板是由交替的导电图形层及绝缘材料层叠压黏合而成的电路板。除电路板顶层和底层两个表面有导电图形外，内部还有一层或多层相互绝缘的导电层，各层之间通过金属化过孔实现电气连接。如图 7-4（c）所示为 4 层板。多层板适用于设计更复杂的电路。

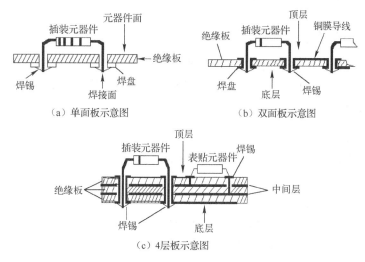

（a）单面板示意图　　　　　（b）双面板示意图

（c）4层板示意图

图 7-4　PCB 层结构

7.2.2　Proteus 的 PCB 设计中的层

　　整个电路板包括顶层（Top）、底层（Bottom）、中间层。层与层之间是绝缘层，绝缘层用于隔离电源层和布线层。

　　PCB 支持 16 个铜箔层、2 个丝印层、4 个机械层、1 个板界层、1 个禁止布线层、2 个阻焊层和 2 个锡膏层，如图 7-5 所示。

　　（1）铜箔层：用来放置铜膜走线，包括顶层铜箔层（Top Copper）、底层铜箔层（Bottom Copper）和 14 个内层（Inner 1～Inner 14）。

　　（2）机械层（Mech 1～Mech 4）：一般用于设置电路板的外形尺寸、数据标记、对齐标记、装配说明及其他机械信息。

　　（3）板界层（Board Edge）：在该层绘制一个封闭区域，作为板边界，在该区域外是不能布局和布线的。

　　（4）禁止布线层（Keepout）：用来定义在电路板上禁止放置元器件和布线的区域。在该层绘制一个封闭区域作为非布线区，在该区域内是不能布线的。

　　（5）丝印层：放置印制信息，如元器件的轮廓、元器件的编号或其他文本信息。有顶层丝印层（Top Silk）和底层丝印层（Bottom Silk）。

　　（6）阻焊层：主要用于丝网漏印板，在印制电路板上布上

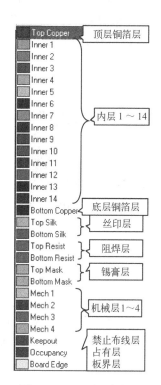

图 7-5　PCB 设计中的层

铜膜导线后，还要在上面的非焊点处印上一层阻焊层，将铜膜导线覆盖住。阻焊层不粘焊锡，甚至可以排开焊锡，可以防止在焊接时焊锡溢出造成短路。阻焊层有顶层阻焊层（Top Resist）和底层阻焊层（Bottom Resist）。

　　（7）锡膏层：用于产生表面安装所需的专用锡膏，以粘贴表面贴装元器件，有顶层（Top Mask）和底层（Bottom Mask）。

7.2.3　封装类型及其他对象

元器件的封装由元器件的投影轮廓、引脚对应的焊盘、元器件编号和标注字符等组成。不同的元器件可以有相同的封装，如 7400、7402、7404 可用同一种双列直插封装 DIL14。同一元器件也可以有多种封装。

1. 封装类型

封装分为通孔插装式（Through Hole）和表面贴装式（Surface Mount Technology，SMT，以下简称表贴）两类。

（1）通孔式封装：这类元器件在焊接时引脚从顶层元器件的焊盘通孔贯通整个电路板到底层。例如，电阻、电容、三极管、部分集成电路的封装。

（2）SMT 封装：焊接时元器件与其焊盘在同一层。

2. 元器件封装的命名

元器件封装的编号规则一般为元器件分类+焊盘距离（或焊盘数）（+元器件外形尺寸）。

如图 7-6 所示为几种封装示例。

CAP10：如普通电容的封装，CAP 表示电容类，10 表示两个引脚间距为 100mil。

CONN-DIL8：接插件封装，CONN 表示插件类，DIL 表示双列通孔式，8 表示 8 个焊盘。

0402：表贴元器件的封装，两个焊盘，焊盘间距为 36th，焊盘大小为 20th×30th。

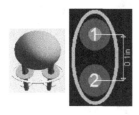

（a）通孔式 CAP10　　　　　　（b）通孔式 CONN-DIL8　　　　　　（c）表贴式 0402

图 7-6　封装示例

3. 焊盘

焊盘（Pad）的主要作用是通过引脚来固定元器件，每个焊盘对应一个引脚，在焊盘部位放置引脚和融化的焊锡，冷却后焊锡凝固从而将元器件牢牢固定在板上。

4. 过孔

在各层需要连通的导线交汇处钻一个公共孔即为过孔（Via）。过孔有 3 种：

（1）通孔，如图 7-7 所示，从顶层贯穿到底，穿透式过孔；

（2）盲孔，如图 7-8 所示，从顶层通到内层或是从内层通到底层的盲过孔；

（3）埋孔，内层间隐藏的过孔。

图 7-7　通孔示意图

图 7-8　盲孔示意图

5．导线与飞线

导线（Track）：有电气连接意义的铜膜走线，用于连接各个焊盘，传递各种电流信号。

飞线（Ratsnest）：在 PCB 编辑区焊盘间存在电气连接关系，但未布线时默认以亮绿色细线表示的形式上连线。飞线在手工布线时可起引导作用，以方便手工布线。飞线在导入网络表后生成，而飞线所指的焊盘间一旦完成实质性的布线，飞线就自动消失。当布线未通时，飞线不消失。所以可以根据电路板中有无飞线来大致判断电路板是否已完成布线。

6．覆铜

覆铜（Zone）可以有效屏蔽信号，提高电路板的抗电磁干扰能力，如图 7-9 所示。

7．安全间距

安全间距（Clearance）是铜线与铜线、铜线与焊盘、焊盘与焊盘、焊盘与过孔之间的最小距离。

8．颈缩

颈缩（Neck down）是指当导线穿过较窄的区域时自动减缩线宽，以免违反设计规则，如图 7-9 所示，导线为了在两焊盘间安全通过而缩减了宽度。

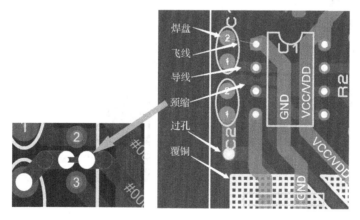

图 7-9　焊盘、飞线、导线、颈缩、过孔、覆铜的示意图

7.2.4　设计单位说明

设计单位可以是英制毫英寸（th）或公制毫米（mm），单位说明见表 7-1。

表 7-1　单位说明

符　号	名　　称	符　号	名　　称
in	英寸	m	米
th	毫英寸，10×10^{-3}in	cm	厘米，10×10^{-2}m
mm	毫米，10×10^{-3}m	m	微米，10×10^{-6}m
1in=1000th=25.4mm　　　1mm=40th			

7.3　PCB 设计的系统设置

PCB 设计窗口的 System 菜单如图 7-10 所示。选择相应命令可设置显示选项、工作环境、过滤器、快捷键等。选择 Restore Default Settings 可恢复默认设置。

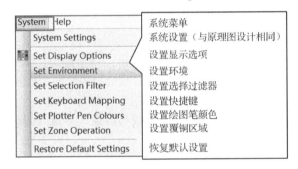

图 7-10　System 菜单

7.3.1　设置工作区

工作区即编辑区中蓝色框内的部分，如图 7-11 所示。执行菜单命令 Technology→Set Board Properties，弹出如图 7-12 所示对话框，可直接输入宽度、高度的数值，或单击上、下箭头按钮进行递增、递减式调整。最大的宽、高可达 10m。工作区默认的设置为 12in×10in。

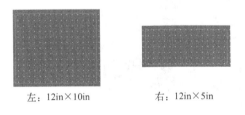

左：12in×10in　　　　右：12in×5in

图 7-11　工作区示例

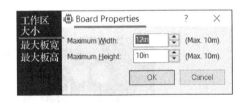

图 7-12　工作区设置

7.3.2　设置引脚提示

执行菜单命令 System→Set Environment，弹出如图 7-13（a）所示对话框，可设置引脚信息提示的延迟时间、触发显示的方式等。

（1）提示延时：设置当光标悬停在引脚上时，延时指定时间后引脚细节再显示。该值设置范围为 0～5000。在此字段中输入 0 将不显示引脚提示，如图 7-13（b）所示。

（2）提示延时非 0 时，在延迟设置的毫秒时长后引脚提示形式为"元器件编号：引脚号"，如图 7-13（c）左边的 C2:1。若还选中 `Display long pin tips?` ☑ ，则将显示引脚完整的信息，内容与图 7-13（c）底部状态栏显示光标下对象信息一样。

（3）其他引脚提示的触发方式：光标悬停+Shift/Ctrl。在提示延时非 0 时，选中 `Shift key is down?` ☑ ，光标悬停在引脚上并按下 Shift 键，显示引脚提示；若是选中 `CTRL key is down?` ☑ ，光标悬停在引脚上并按下 Ctrl 键，显示引脚提示；两项同时选中，两键同时按下，引脚提示才会显示。

（4）可移动组件焊盘：选中 `Component pads can be moved?` ☑ ，可在选择合适的焊盘模式时移动单个元器件焊盘。这可能非常有用，但也有潜在的危险，因此默认情况下禁用。

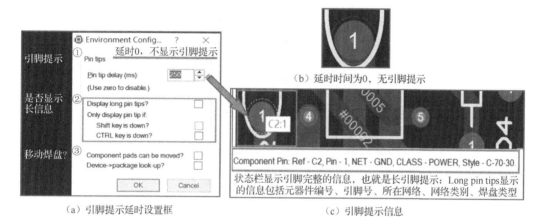

（a）引脚提示延时设置框　　　　　　（c）引脚提示信息

图 7-13　执行菜单命令 System→Set Environment 设置引脚提示

7.3.3　设置显示选项

执行菜单命令 System→Set Display Options，弹出如图 7-14 所示 Set Display Options（设置显示选项）对话框，可选择 Windows GDI 等 4 种图形模式，可设置当前层、背景层、阻焊层和锡膏层的不透明度，可设置自动平移动画、高亮动画中的相关选项。

（1）图形模式：Proteus 会自动检测计算机显卡支持哪种图形模式，并给出结果。例如，图 7-14 顶部的 `Your graphics card reports that it supports Open GL in hardware.` 说明显卡支持 Open GL。

Open GL 模式通常使用较少的内存，尤其是在 3D 查看器中。这对于接近内存限制的大型项目来说非常有好处。

（2）不透明度：选择板上不同图层的不透明度，调整这些值会影响它们显示的突出度。

（3）自动平移动画：控制板子平滑平移。

平移距离：设置移动的距离。

平移步数：滚动的平滑度（步数越多，滚动越平滑）。

平移时间：决定平移的速度，根据个人喜好设置。

（4）高亮动画：当光标被放置在一个对象上时它的显示状态，如图 7-15 所示，部分对象周围会出现轮廓虚线。

捕捉速度：当光标被放置在对象上时，物体高亮显示的速度。

释放速度：一个对象高亮消失的速度。

（5）多重采样：在显卡支持的情况下，允许更改显示器上文本的抗锯齿效果。

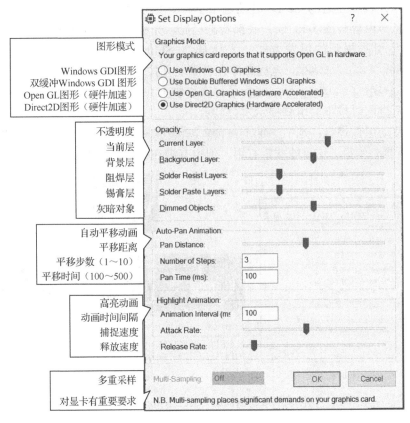

图 7-14　PCB 设计窗口的显示设置

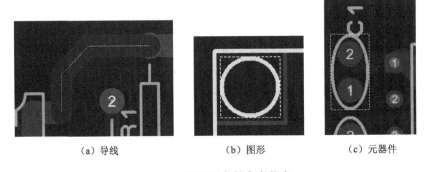

（a）导线　　　　　　　　　（b）图形　　　　　　　　　（c）元器件

图 7-15　不同对象的高亮状态

7.3.4　设置选择过滤器

执行菜单命令 System→Set Selection Filter，弹出如图 7-16 所示选择过滤器设置对话框，可在顶部的组合框中选择操作模式并设置该模式下的过滤器状态。打"√"的，表示该对象有效。如图 7-16 所示，为布线放置模式，元器件引脚、导线及过孔有效。

简便的方法是直接操作 PCB 设计窗口底部状态栏中的过滤器图标：

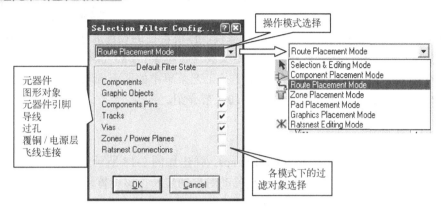

图 7-16　设置过滤器

7.3.5　设置快捷键

执行菜单命令 System→Set Keyboard Mapping，弹出如图 7-17 所示对话框，按 4 个步骤设置 PCB 中的快捷键，与原理图设计中设置快捷键类似，可参考 2.1.4 节。快捷键可设置为单个字母键，也可设置为与 Ctrl、Shift 和 Alt 键的任意组合，如 Ctrl+X、Ctrl+Alt+T、Shift+Ctrl+1 等。

图 7-17　设置快捷键

7.4 设计一个 PCB 模板：pcb-2-layer.ltf

原理图有模板，PCB 也有模板，可以承载、体现自己的设计风格。创建 PCB 模板按以下 3 个步骤：（1）定义工艺数据；（2）定义物理板框架；（3）保存模板。

存储在模板文件中的工艺数据块基本上是工艺菜单中的所有选项。

设计规则暂时采用默认的。详情将在 10.2 节介绍。

7.4.1 设置网格

执行菜单命令 Technology→Set Grid Snaps，弹出如图 7-18 所示对话框，左边、右边分别设置英制、公制网格间距，该间距也是移动对象的步长。该设置将反映在 View 菜单下。在左下角 Dot spacing 域设置网络在点状显示时的最小间距（单位：像素点）。

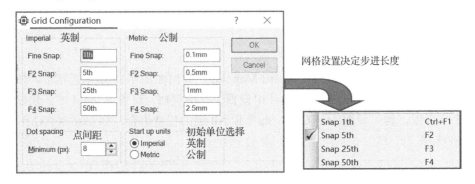

图 7-18 网格设置

7.4.2 设置层栈

执行菜单命令 Technology→Set Layer Stackup，弹出如图 7-19 所示 Edit Layer Stackup and Drill Spans 设置对话框，共有 3 个选项卡，在 Layers 选项卡下可修改层的名称、类型、材料等；在 Drill Spans 选项卡下设置孔深，而在 Board View 选项卡下可直观地预览板的层栈视图。

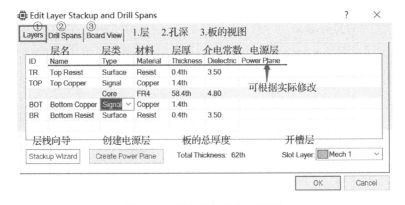

图 7-19 层栈及钻孔深对话框

（1）通过层栈向导设置各层的参数

单击图 7-19 左下角的 Stackup Wizard 按钮，打开如图 7-20 所示的层栈设置向导对话框，可设置铜箔层数、板型［内层对（Internal Pairs）；外层对（External Pairs）］、各层的厚度及表层和黏合层的介电常数。有 3 种厚度，分别为表面厚度、铜箔厚度和内核厚度。Proteus 只使用这些信息通过厚度计算长度匹配。它也被导出在 CADCAM 的自述文件提供给板制造商。因此，如果这与您的项目无关，可以安全地保留默认值。

① 板型：设置结果可在图 7-19 的 Board View 选项卡下预览到。板型对于双面板没差别，如图 7-20 的右侧所示。板型对于超过 2 层的板就不一样了。如图 7-21 所示，当 PCB 有 4 层铜箔层时，如果板型设置为 Internal Pairs（内层对），内核居中、上下对称添加黏合层；如果板型设置为 External Pairs（外层对），如图 7-22 所示黏合层居中、上下对称添加内核层；层栈结构在 Layers 选项卡下与 Board View 选项卡中的预览一一对应。

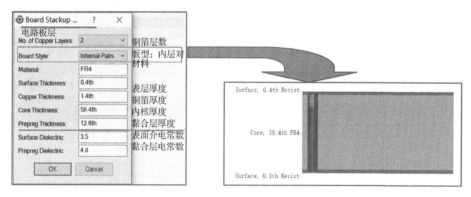

图 7-20　内层对 Internal Pairs 式的板型设置及结果预览

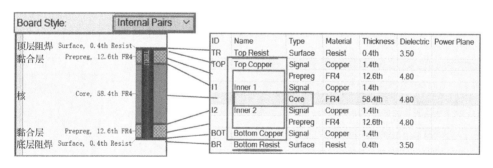

图 7-21　4 层布线板的内层对 Internal Pairs 式的板型结构

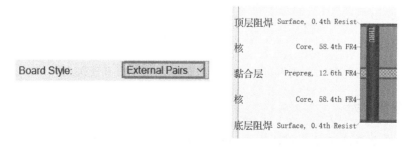

图 7-22　4 层布线板的外层对 External Pairs 式的板型结构

② 电介质的介电常数：有两个，一个是表面介电常数，另一个是黏合层的介电常数。Proteus 将这些信息导出到电路板制造商的 CADCAM 自述文件中。因此，如果它与您的项目无关，可以安全地保留默认值。

（2）孔深

孔深建立在（1）的层栈中各层的厚度基础上。对于双面板，孔深就是从顶层到底层的通孔。随着层数增加，可能会有几种不同的钻孔通道组合，例如图 7-23 所示 6 层板的孔深设置。板型为 Internal Pairs 的 6 层板的层栈及其预览视图如图 7-24 所示。

在 4 层及以上的板中自建孔深才有意义，单击图 7-23 左下角的 create from cores 按钮可创建一套孔深。但是如果自建的孔深在给定的标准技术下无法制造，Proteus 将会发出警告。大多是因为孔深有重叠的地方（如 top->inner3 + bot->inner2，inner2、inner3 重叠），Proteus 将在过孔放置期间自动使用所有指定的孔深，因此请确保删除所有无用的、有误的孔深。

图 7-23   设置孔深：6 层板，有一通孔、两个埋孔

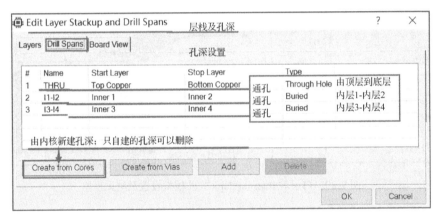

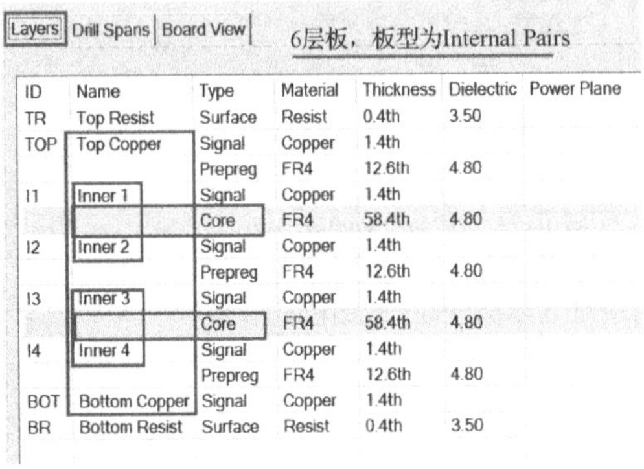

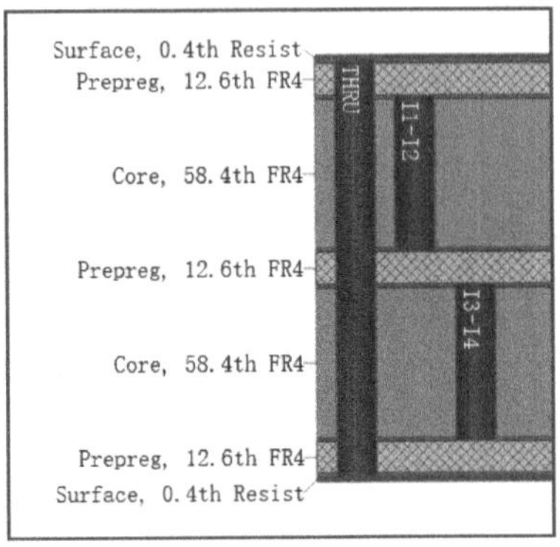

图 7-24   板型为 Internal Pairs 的 6 层板的层栈及其预览视图

7.4.3   设置层对

执行菜单命令 Technology→Set Layer Pairs，弹出如图 7-25（a）所示的 Edit Layer Pairs（设置层对）对话框。层对有两层层对和 3 层层对，如顶层、底层互为对方的层对对象。按空

格键可在层对的层间切换。

层对包涵了层之间的关联关系，层对中的层互为关联层，这是很有用的，例如布线时，双击光标将自动从当前层到它的关联层创建一个过孔，并切换到关联层布线。要更改层对，请从下拉列表 ⌄ 中选择一个期望与左侧文本标明的层相关联的层。

根据板层的不同，框中大部分内容都是灰色的，因为不能与层栈之外的层创建关联。此外，这里只显示信号层，因为不能在平面层上放置导线。如图 7-25（b）所示，双面板的顶层铜箔层和底层铜箔层构成一层对，且互为关联层。

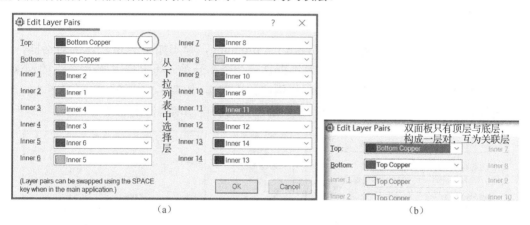

（a）　　　　　　　　　　　　　　　　　　　（b）

图 7-25　Edit Layer Pairs 对话框及双面板的层对

7.4.4　设置文本字体、宽、高、显示

执行菜单命令 Technology→Set Text Style，弹出如图 7-26 所示的对话框，可设置元器件编号、元器件值和图形对象的文本属性。各种文本字体初始默认为向量字体，可修改字高、字宽；若为非向量字体，将不能修改字宽。左下角的线宽对所有的线条有效。不同风格的文本效果如图 7-27 所示。

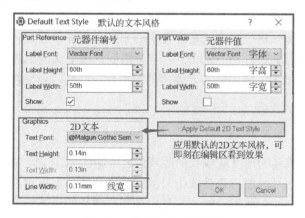

图 7-26　默认文本风格设置

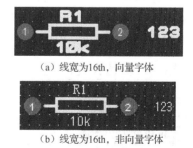

（a）线宽为16th，向量字体

（b）线宽为16th，非向量字体

图 7-27　不同的文本风格示例

7.4.5　设置泪滴

泪滴是添加在焊盘与连接导线连接处的小锥度，如图 7-28、7-29 所示。通常是在钻孔

过程中加入以防止钻断。一些工程师也会默认使用它们，以确保与焊盘的牢固连接，或为板的敏感部分增加机械强度（例如 BGA 上的球或连接器接触焊盘）。

好　　　　　　　坏　　　　　　　好

图 7-28　通孔焊盘的泪滴状态

图 7-29　表贴焊盘的泪滴状态

执行菜单命令 Technology→Configure Teardropping，弹出如图 7-30 所示的对话框。

☑ Enable teardrops.（允许泪滴）：复选框是一个全局开关，可以启用/禁用板上的泪滴。也可通过引脚属性对话框对某引脚强制启用或禁止泪滴，如图 7-31 所示。启用泪滴功能后，在布线时 Proteus 自动对焊盘、导线添加泪滴，且泪滴自动随修改的布线而更新。

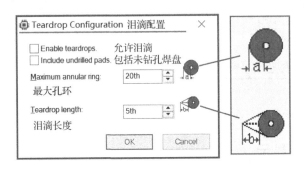

图 7-30　全局泪滴设置　　　　　　　　图 7-31　单个引脚的泪滴启用设置

☑ Include undrilled pads.（对非钻孔焊盘启用泪滴）：可以添加到 SMT 焊盘，以及金属化孔焊盘和过孔。

Maximum annular ring: ⎹20th⎹ ⧗ ［最大的环孔（1～200th）］：在孔的边缘和焊盘的边缘之间的铜箔上生成泪滴，可以设置一个最大的环形尺寸，在这个尺寸以下将生成泪滴连接。如果选择了对表贴焊盘施加泪滴，那么这个距离就是焊盘中心到最近的焊盘边。

Teardrop length: ⎹20th⎹ ⧗ ［泪滴长度（1～30th）］：从焊盘到形成泪滴的轨道的深度。如图 7-28 所示，如果泪滴的长度太大，将突破与之连接的导线形成凸起，为使连线美观应减少泪滴长度。

7.4.6　设置长度匹配

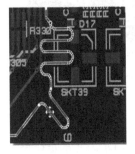

在设计具有较高的速度或较长的距离信号传输的 PCB 时，常用长度匹配以提高信号时序可靠性或信号的完整性。其基本思想是在较短的布线轨迹上加入蛇形曲线，延长它使其与较长的轨迹的长度匹配。如图 7-32 所示，长度是从焊盘中心到焊盘中心。

执行菜单命令 Technology→Configure Length Matching，弹出如图 7-33 所示的对话框，可指定蛇形线的最大、最小高度及优先高度、蛇形轨迹之间的宽度、转角的类型、长度公差等，暂时可保持默认值。

图 7-32　蛇形线示例

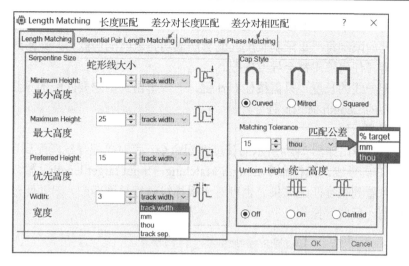

图 7-33　长度调整（匹配）对话框

（1）Serpentine Size（蛇形线高度与宽度）

尽可能相对于蛇形线宽（track width）尝试设置蛇形线尺寸。它将允许您为不同线宽的导线进行不同的调整操作而——单独配置蛇形线尺寸。

Proteus 将首先尝试布线的优先高度，若有障碍物可能导致高度减小，高度可能在优先高度和通过障碍物的最小高度之间变化。

宽度是蛇形线的平行线间距，这个值要非常小心地设置。如果过小，两线间的串扰耦合可能会使输出失真。

（2）Cap Style（转角类型）

如图 7-33 右上角所示，有圆角、斜角、直角，一般不选直角，因它会引起信号反射。

（3）Length Tolerance（长度公差）

长度公差是一个蛇形路线允许偏离它所匹配长度的目标路线的量。

如果需要进行大量的网络调优，并且有可能这样做，建议将其指定为目标长度的百分比 % target ，以便对所有的调优操作都保持相同的配置。

（4）Uniform Height（统一高度）

如图 7-33 右下角所示，统一高度有 3 种选项来控制沿着轨道的蛇形路线的形状。默认是关闭的（Off），如此蛇形线的灵活性最大，成功的概率也最大。这相当于一个不规则的蛇形，凸凹变化很难整齐，但有助于减少导线之间的耦合。

使用"统一高度"设置，将忽略和禁用最小和最大高度。统一高度将变为优先高度。

选择统一高度（On）：将把蛇形线钳制在一个单一的高度（优先高度）。整条蛇形线允许从轨道中心偏移，但不允许改变，这将需要一个更高的公差来实现长度匹配。

中心模式（Centred）：将迫使蛇形线高度固定在一个单一高度（优先高度），导致长度匹配最不灵活，因此在遇到障碍时最不可能成功。

（5）补充说明

当长度匹配成功时，状态栏上显示导线之间的增量。

如果长度匹配失败，因为优先高度的路由不够，那么将进行二次推移布线，使优先高度向最大高度增长。要知道，最大高度越大，平行的蛇形线高度差也就越大。

请注意，对话框中指定 Uniform Height 将影响这些设置，因为不允许设置避障变化。

高度和公差的限制将严重限制长度匹配算法成功完成匹配的能力。蛇形线不允许改变形状来绕过障碍，任何障碍都会导致失败。

要延长匹配导线的长度，只需按住 Ctrl 键，一一单击选中想要匹配的导线，然后执行右键快捷菜单中的 Length Match 命令。

（6）长度匹配示例

对导线右击，弹出如图 7-34 所示的长度匹配命令，可对单根导线匹配到目标长度，如图 7-35 所示，右击导线，执行命令 Length Matching→Input target length，输入目标长度，单击 OK 按钮可看到长度匹配结果。也可对多根导线进行长度匹配，对匹配过的导线可进行选中或是取消、反向等操作。

图 7-34　长度匹配命令

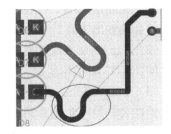

图 7-35　对单根导线进行长度匹配及结果

另还有差分对的相位匹配，如图 7-36 所示。当两个导线的长度相差超过规定的公差时，需要相位匹配。相位匹配的蛇形线位置取决于信号的方向，详情请参考 Proteus 帮助。

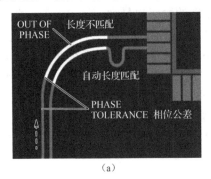
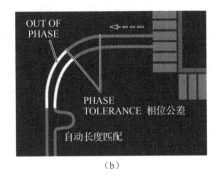

（a）　　　　　　　　　　　　　　　（b）

图 7-36　差分对的相位匹配

7.4.7　定义板框

板框可由板边、2D 图形和安装孔组成。图 7-37 中设置了一个简单的矩形板边框、用作安装 PCB 支架的 3mm 安装孔、一个 Labcenter 公司的 2D Logo。

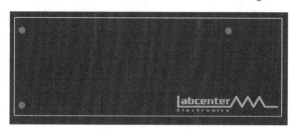

图 7-37　板框示例

还可以在模板中包含元器件、布线和其他对象。但放置元器件时要注意与原理图中的元器件编号一致性，这可能需要对布局进行大量的手工编辑编号。所以一般只设置如图 7-37 所示的一个空的板框。

7.4.8　保存模板文件

执行菜单命令 Technology→Save layout as Template，在默认的路径下保存板框为 pcb-2-layer.ltf 的模板文件。

在新建工程中，选择 pcb-2-layer.ltf 模板，模板上的图表、元器件、文本属性等都一一呈现。若是在打开的文件中，执行菜单命令 Technology→Apply Technology Data from Template，模板上的图表、元器件不会出现，其他设置将有效。这与在原理图设计中应用其他的原理图模板的表现是一样的。

7.5　实践 7：设计自己的 PCB 模板 mypcb-2-layer.ltf

7.5.1　实践任务

参考 7.3 节、7.4 节设计一个自己的 PCB 模板。

7.5.2　实践参考

参考 1.2.2 节新建工程，选择合适的保存路径，工程中包含原理图、PCB。

（1）参考 7.3.1 节，执行菜单命令 Technology→Set Board Properties，设置工作区的大小为 1in×1in。

（2）参考 7.3.3 节，执行菜单命令 System→Set Display Options，查看自己计算机的显卡性能。

（3）参考 7.4.1 节，查看网格设置；参考 7.4.2 节、7.4.3 节设置层栈、层对；参考 7.4.5 使能泪滴。

（4）参考 7.4.4 节，执行菜单命令 Technology→Set Text Style，如图 7-38 设置元器件编号及其值的字体及字高。

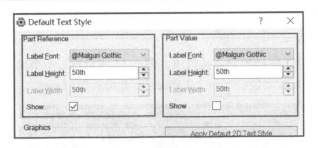

图 7-38　设置文本风格

（5）绘制板框。参考 2.2.1 节应用伪原点画大小为 70mm×50mm 的板框，并在四个角放置 M3 的安装孔，如图 7-39 所示。

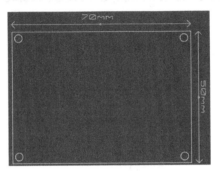

图 7-39　板框示例

（6）保存模板文件。执行菜单命令 Technology→Save layout as Template，选择路径，将板框保存为 mypcb-2-layer.ltf 模板文件。

第 8 章 PCB 设计可视化设置及各类对象的编辑

本章主要介绍 PCB 设计时的各种可视化的设置及各种对象的操作，如创建、编辑焊盘和过孔，布线及其编辑等，这是 PCB 设计的基础。所以，手工设计完成 555 时基电路 PCB 图是成功地学、用 Proteus PCB 设计的关键一步。

8.1 PCB 设计的基本环境

8.1.1 层的显示、颜色、切换

1. 层的显示与配色

单击工具按钮 ，或执行菜单命令 View→Edit Layer Colours/Visibility，弹出如图 8-1 所示的 Displayed Settings 框，在 Displayed Layers 选项卡内可设置层色及可见性，且在布局中实时更新；在 Thru-View Settings 选项卡内可设置透视。

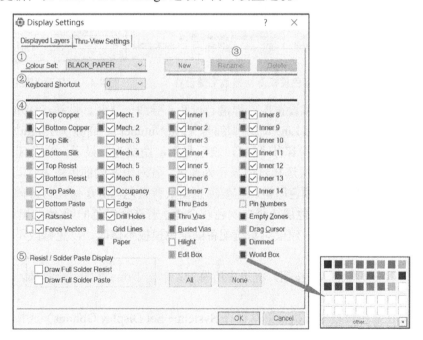

图 8-1　Displayed Settings 对话框及配色

（1）配色模板（Colour Set）。系统已提供了 3 个模板，分别是黑纸（黑色背景）、白纸（白色背景）、单色（灰色背景），显示效果如图 8-2 所示。这类似于 Windows 中 PPT 的配色。

本书 PCB 设计采用系统提供的黑纸配色方案。

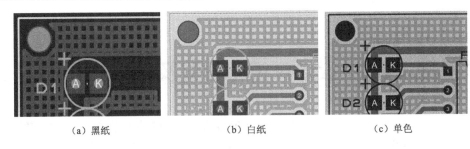

(a) 黑纸　　　　　　　(b) 白纸　　　　　　　(c) 单色

图 8-2　系统的配色模板

（2）对配色模板设置编号，如图 8-3 所示，从 Keyboard Shortcut 下拉列表选择 0～9 的数字。在 PCB 设计窗口中可直接按相应的数字键切换配色模板。

（3）新建配色模板。单击图 8-1 右上角的 New 按钮，在弹出的图 8-4 所示对话框中输入模板名称，也可重命名或删除自建的模板。

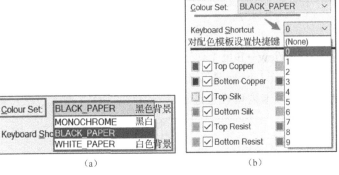

(a)　　　　　　　　　　　(b)

图 8-3　系统配备的 3 个配色模板及快捷数字键设置　　　图 8-4　对新建的配色模板命名

（4）层的显示及颜色。可设置层、焊盘、过孔、导线、飞线、钻孔（Drill Hole）、力向量（Vector）、网格线（Grid Line）、引脚编号（Pin Number）、高亮（Hilight）等的颜色。

单击各层左侧的复选框，若有"√"，表示显示，空白为不显示。当关闭了某层的显示时，该层在 PCB 设计窗口层选择器中显示为黑色。各对象左侧的色块表示其颜色，单击色块弹出色板，选取所需的颜色即可，但要注意图纸背景色与各层对比与协调，如果选择了浅色的纸（如白纸），对其他层选择二次色较合适，若选择深色的纸(比如黑纸)，其他层应该选择原色或深厚的颜色。建议对系统配备的配色模板不修改，以免修改不当造成显示失调。

单击图 8-1 右下角的 All 按钮，将选中所有层；单击 None 按钮，全不选，所有层都不显示。

（5）如果在显示设置中（执行菜单命令 System→Set Display Options）选择了 Open GL 或 Direct2D 的硬件加速模式下工作，则 Resist/ Solder Paste Display（阻焊/锡膏显示）选项有效，勾选 ☑ Draw Full Solder Paste ，允许在面板上打开这些层的显示，如图 8-5 所示将显示焊盘和过孔周围的阻焊和锡膏覆盖范围。还可如图 8-6 所示切换到（Thru-View Settings）透视选项卡并调整滑块改变这些层的显示透明度，增强阻焊层不透明度的效果如图 8-7 所示。

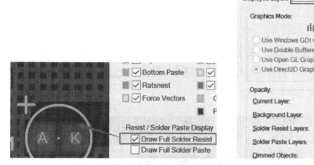

图 8-5　打开阻焊层的显示

图 8-6　层透视设置

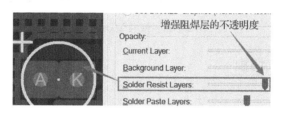

图 8-7　增强阻焊层不透明度的效果

2. 层的切换

在层选择器中用鼠标直接单击可进行层的切换操作；或用键盘来操作，键盘操作如下。

空格键：当前层对序列中的下一层。

PageDn：选择当前层的下一层。

PageUp：选择当前层的上一层。

8.1.2　选择过滤器

在选择操作中应用过滤器可包含或排除某些对象，如图 8-8（a）、（b）所示。

单击层过滤按钮可在所有层 和当前层 间切换；单击选线按钮可在框内选线 、延伸选线 间切换，如图 8-8（c）、（d）所示。

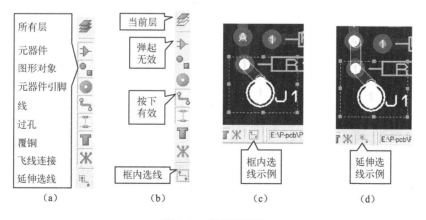

图 8-8　过滤器说明

8.1.3　状态栏

状态栏显示当前光标下对象的文本说明。如图 8-9 左下角，当前层为底层，但过滤器中为所有层，元器件、导线、焊盘等有效，所以当光标置于顶层导线上时，状态栏显示"Trace:Net=GND=POWER,Style=T60"。若在层选择框中选择底层，过滤器选择当前层，当光标置于顶层导线上时，状态栏中无该导线的信息。

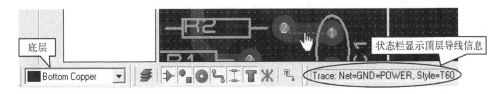

图 8-9　导线状态示例

8.1.4　网格、单位切换

1．切换捕捉网格

光标移动是平滑的，但对象布局、坐标显示是基于网格的，以捕捉网格单位 Snap 变化。View 菜单如图 8-10 所示。

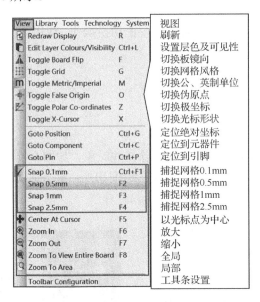

图 8-10　View 菜单

2．按 G 键切换网格显示风格

按键盘 G 键或单击工具按钮▥可使网格在关闭、方格和网点方式间切换，如图 8-11 所示。网格的大小在菜单 Technology→Set Grid Snaps 下设置，这与原理图设计中网格切换的操作一样。

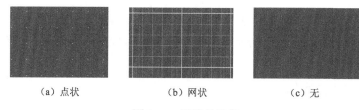

（a）点状　　　　　（b）网状　　　　　（c）无

图 8-11　网格的风格

3．按 M 键切换设计单位

单击工具按钮**m**或按键盘 M 键将使设计单位在公制单位（mm）和英制单位（th）间切换。设计单位将表现在网格、步进长度、坐标、尺寸线等。

4．设计窗口的放大、缩小操作

可按快捷键 F6、F7、F8 对设计进行放大、缩小、全局操作。

单击工具按钮，出现光标，将它移至需要放大的矩形区域一角单击，移动光标到对角再单击，则将该局部放大至整个窗口。

8.1.5　标准光标、原点、坐标

1．按 X 键切换光标形状

标准的光标形状是箭头，还有×、大"十"字形状，按键盘 X 键可进行切换。这与原理图设计中切换光标形状的操作一样。

2．系统原点、坐标

系统原点默认为工作区的中心，以"十"字靶心表示，如图 8-12 所示。相对于它的其他点的坐标为"系统直角坐标"，简称"坐标"；状态栏左下以黑色数字表示 X 坐标值和 Y 坐标值。

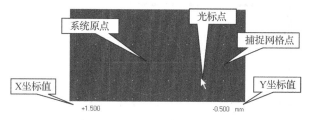

图 8-12　系统原点及捕捉点坐标

3．伪原点、伪坐标

为了准确放置对象、定位对象，可随时重新定义相对原点（称伪原点）。按键盘 O 键，以当前光标点为伪原点（若光标不在网格结点，则自动跳到最近的网格结点），此时状态栏坐标如图 8-13 所示由黑色变成洋红色，且为伪坐标（相对于伪原点的坐标）。

按 O 键可在原点、伪原点及坐标、伪坐标间切换。

4．按 Z 键切换极坐标

除直角坐标外还有极坐标。在坐标状态下，按 Z 键则进入以系统原点为极点的极坐标

状态；状态栏左下角用橙红色数字表示极径ρ，用蓝色数字表示极角θ，如图 8-14 所示。在伪坐标状态下，按 Z 键则进入以伪原点为极点的极坐标状态；状态栏左下角粉色数字表示极角θ、极径ρ。

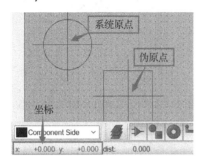

图 8-13　伪原点、伪坐标

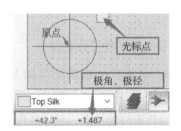

图 8-14　极坐标

8.2　PCB 设计中的各类对象编辑

PCB 设计中的对象有元器件、封装、导线、过孔、覆铜、飞线、焊盘、2D 图形等，有放置、选中、移动、删除、转向、替换、编辑、块等基本操作。有些基本操作（如选中、放置、块）与原理图设计中的操作基本一致，可参看 2.5 节。

8.2.1　编辑区右键快捷操作

1．右击对象的快捷菜单

对很多对象都可右击，从弹出的快捷菜单中选择相应的命令快速操作。电容封装的右键快捷菜单如图 8-15 所示。不同对象的右键快捷菜单有所不同。

图 8-15　电容封装的右键快捷菜单

2. 右击编辑区空白处的快捷菜单

右击编辑区空白处，弹出常用的编辑操作快捷菜单，如图 8-16 左侧所示，可进行放置、选择、复制等操作。带有 ▸ 的菜单项还有下级菜单，光标置于该项上会弹出下级菜单。例如，移动光标到 Place 选项上，则弹出放置的下级菜单，列出所有可放置对象。

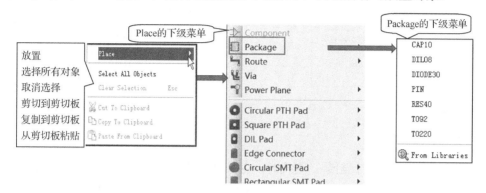

图 8-16　右击编辑区空白处的快捷菜单

8.2.2　封装操作

1. 按键盘 P 键打开 Pick Package 对话框

按键盘 P 键或单击工具按钮 ⚲（或单击封装模式按钮 ▮，再单击对象选择器上方的 P 按钮），弹出如图 8-17 所示的 Pick Package（选取封装）对话框。

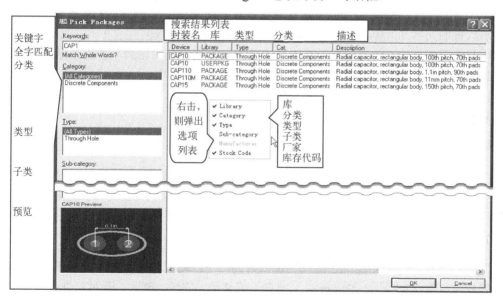

图 8-17　封装的查找、选取、分类和类型

2. 封装分类

封装的分类如图 8-18 所示。

3．封装类型

封装的类型如图 8-19 所示。

图 8-18　封装的分类

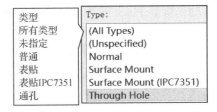

图 8-19　封装的类型

4．查找封装

结合关键字与分类查找封装。查找时，由关键字搜索，搜索结果可通过分类、子类和厂家细选。反之，也可先指定分类甚至子类再由关键字来细选。如图 8-17 所示，输入关键字为 CAP1，查找结果列出所有含有 CAP1 的封装 CAP10、CAP110、CAP110M、CAP15，所属库为 PACKAGE，类型为通孔，分类为分立元器件，还有各封装的详细描述。

在查找结果列表框中右击，则弹出选项列表，可从中选择显示列表项中的信息。

单击搜索结果各列顶部的列名，可对该列信息进行正序或倒序排序。

双击搜索结果列表某封装行（如 CAP10），可将该封装选取到对象选择器中。

5．放置封装（布局封装）

单击封装模式按钮，再单击 PCB 设计窗口左下角的层选择器，从弹出的列表中选中所要求放置的元器件面 Component Side 或焊接面 Solder Side ；在对象选择器中单击选中要放置的封装，将光标移至编辑区中单击，出现封装的轮廓，移动光标拖动封装轮廓至编辑区中期望位置，再单击，则完成放置封装。

用上述方法可将它们一一放置在编辑区中期望的位置并按设计要求进行编辑调整，即布局封装。

6．编辑封装

双击编辑区中的封装，弹出如图 8-20 所示的 Edit Component 对话框，可进行多项编辑。例如，在编号域中填写该封装对应元器件的编号 C2、值 30p 等；还可选择它所在的层面（元器件面或焊接面），进行最小角度为 0.1° 的正、反旋转等操作。

7．锁定封装

某些封装对应的元器件或连接件位置很关键，不能随便变更。为此，可在其对话框中选中锁定位置复选框 ☑ Lock Position? ，则它不能移动、旋转、删除。若对它进行这些操作，会弹出如图 8-21 所示警告信息对话框。虽然 PCB 中没有提供锁定对象的可见标记，但拖框选中一个区域，然后尝试块操作，从图 8-21 中单击 Tag Locked 按钮则选中锁定对象，若单击 Tag Unlocked 按钮则选中未锁定的对象。

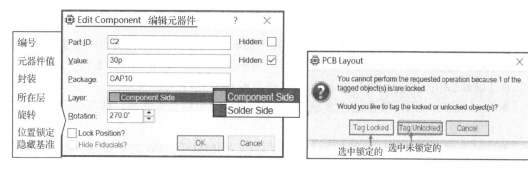

图 8-20　PCB 中 Edit Component 对话框　　　　图 8-21　选中锁定对象信息框

隐藏基准 Hide Fiducials? 适用于以基准焊盘定义的表贴式封装，它提供了一种在布局显示上抑制基准的方法。

8.2.3　焊盘、焊盘栈操作：放置、编辑、新建

1. 焊盘类型、命名规则

通孔式焊盘有 ●、▣、◧ 3 种。

表贴式焊盘有 ▮、●、▮、◩ 4 种，如图 8-22 所示。

焊盘命名格式：<焊盘类型>- <直径/大小> - <孔径>。圆形焊盘一般用 C 表示；方形焊盘用 S 表示。

焊盘命名的尺寸单位默认是英制，有前缀 M 的表示单位是毫米，例如：

C-40-15：圆形焊盘，直径为 40th，孔径为 15th。

C-200-M3：圆形焊盘，直径为 0.2in，孔径为 3mm。

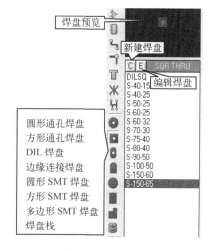

图 8-22　焊盘类型

2. 放置焊盘（焊盘手工布局）

单击焊盘模式按钮（▣、▮等），再单击 PCB 设计窗口左下角的层选择器，从弹出的列表中单击选中所要求放置焊盘的层（默认为 ALL），从对象选择器中单击选中要放置的焊盘，将光标移至编辑区中单击，出现焊盘的轮廓，移动光标拖动焊盘轮廓至编辑区中期望位置，再单击，则完成放置焊盘。

3. 编辑焊盘属性

单击某种焊盘按钮，对象选择器中将列出其下所有的焊盘名。在对象选择器中单击某一焊盘名（如 S-150-65），如图 8-22 所示，预览窗将显示其外形，双击 S-150-65 则弹出焊盘对话框，可编辑该焊盘。单击对话框中的 OK 按钮确认编辑，将更新设计中所有的同名焊盘，单击 Cancel 按钮则取消操作。

（1）方形通孔焊盘属性编辑

如图 8-23（a）所示，方形焊盘 Square（外径）为 150th（0.15in），Drill Hole（孔径）为 65th，Drill Mark（钻孔标识）为 30th。钻孔标识是用于钻孔定位的孔径，一般比 Drill Hole 小。

● Guard Gap（保护间隙）：如图 8-23（b）所示，此处设保护间隙为 15th。

当以 RESIST 模式输出时，保护间隙指对指定焊盘扩展的距离。若改其右侧的 Present 为 Not Present，焊盘将不出现在 RESIST 模式的输出图形上。阻焊工艺根据焊盘的形状自动出现在板的顶层、底层。每个焊盘的半径将根据其型号的保护间隙字段中指定的数值扩大。

- Local Edit：单击选中复选框，表示焊盘编辑只是在当前有效。
- Update Defaults：单击选中复选框，表示焊盘编辑将长久有效，即改变系统设置。

（2）编辑圆形通孔焊盘属性

编辑圆形通孔焊盘属性如图 8-24 所示，焊盘 C-14MM×07MM 的直径为 56th，孔径为 32th。

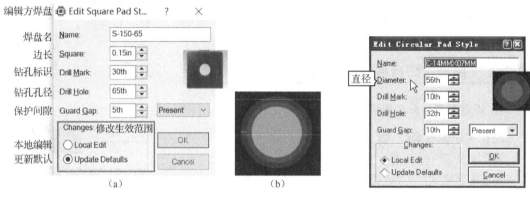

图 8-23　编辑方形通孔焊盘属性及保护间隙图示　　　图 8-24　编辑圆形通孔焊盘属性

（3）编辑 DIL 通孔焊盘属性

如图 8-25 所示，编辑 DIL 通孔焊盘属性，焊盘 STDDIL 的宽为 60th，高为 0.1in，还可选择它的转角是圆角（Rounded）或倒角（Chamfered）。

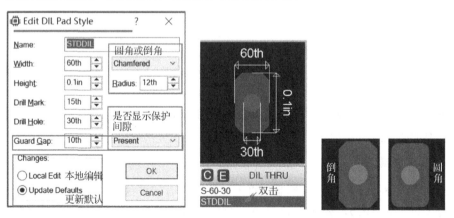

图 8-25　编辑 DIL 通孔焊盘属性

（4）编辑边沿连接焊盘属性

如图 8-26 所示，编辑边沿连接焊盘属性，焊盘 STDEDGE 的宽为 60th，高为 0.4in，圆端面一侧的半径为 29th，该半径要小于宽、高的一半。

（5）编辑圆形 SMT 焊盘属性

如图 8-27 所示，编辑圆形 SMT 焊盘属性，圆形 SMT 焊盘 FIDUCIAL 的直径为 2.27mm，保护间隙为 1mm。

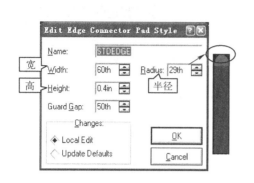

图 8-26　编辑边沿连接焊盘属性

图 8-27　编辑圆形 SMT 焊盘属性

（6）编辑方形 SMT 焊盘

如图 8-28 所示，编辑方形 SMT 焊盘属性，方形 SMT 焊盘 12×70 的宽为 12th，高为 70th。末端半径既要小于宽的一半，也要小于高的一半。

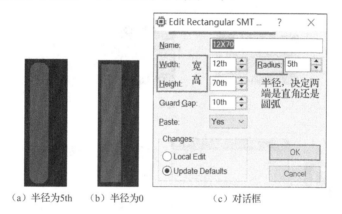

（a）半径为5th　　（b）半径为0　　　　　（c）对话框

图 8-28　编辑方形 SMT 焊盘属性

锡膏防护Paste: 选 Yes，默认是锡膏防护与焊盘的大小相同。若选 No，则没有锡膏防护。可以在适当的锡膏防护层上使用 2D 实心图形对象来创建自己的锡膏防护定义。例如，可在一个热焊盘上定义一个有柄的锡膏防护。

4. 新建焊盘 S-60-40

下面以新建方形通孔焊盘 S-60-40 为例，介绍新建焊盘的方法。

单击焊盘模式 ，单击对象选择器上方的 C 按钮，弹出如图 8-29 所示 Create New Pad Style 对话框。在 Name 文本框输入焊盘名 S-60-40，选中 Square（方形），单击 OK 按钮，接着弹出 Edit Squre Pad Style 对话框，按要求填写各参数，如图 8-30 所示。单击 OK 按钮，完成新建方形通孔焊盘操作，新的焊盘出现在对象选择器中。

其他焊盘可仿照上述操作建立。

5. 新建多边形焊盘 BOT

（1）用 2D 工具画一个封闭的焊盘外形，尺寸如图 8-31（a）所示。

（2）放置原点标志，如图 8-31（b）所示。原点也是导线连接点，且原点须位于多边形封闭圈内。

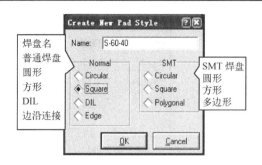

图 8-29　创建新焊盘 S-60-40　　　　　　　图 8-30　编辑新焊盘 S-60-40

（3）选中焊盘图形，执行菜单命令 Library→New Pad Style，弹出如图 8-31（c）所示对话框，输入焊盘名 BOT；选择类型 SMT 下的 Polygonal 多边形，单击 OK 按钮。

（4）弹出如图 8-31（d）所示对话框，根据需要定义 Guard Gap（保护间隙）。若焊盘只在本设计中有效，选择 Local Edit；若长久有效，选择 Update Defaults。单击 OK 按钮完成操作。自建的 BOT 焊盘出现在对象选择器中，如图 8-31（e）所示。

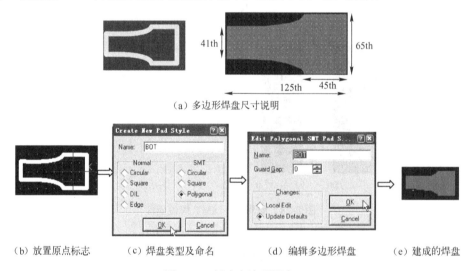

图 8-31　创建多边形焊盘

6．新建和编辑焊盘栈

普通通孔式焊盘只能放在单一的层或所有铜箔层，对不同层有不同形状焊盘的引脚定义无能为力，焊盘栈解决了这一问题。

焊盘栈可以有一个圆孔，一个方槽，或仅有一个表面。仅有一个面的焊盘栈一般用在要对阻焊、掩模孔隙明确定义的地方。

焊盘栈每一层都可定义不同的焊盘类型或无焊盘。显然，焊盘栈在所有层上孔和槽的直径都相等。

必须使用焊盘栈创建有开槽孔的焊盘，不能以普通的焊盘类型指定开槽孔。

（1）定义新的焊盘栈

单击工具按钮 ⬛，进入焊盘栈模式，单击对象选择器上方的 C 按钮，在弹出的如图 8-32 所示对话框 Name 栏输入焊盘栈名称 ST，在 Initial Style 栏选择 C-60-30，单击 Continue 按

钮进入如图 8-33 所示的 Edit Padstack 对话框，顶部、底部
焊盘类型将沿用初始的焊盘类型。

① 焊盘栈名称和类型。如图 8-33 左上角所示，在此
可输入焊盘栈名称，再选择是钻孔（Drilled）、开槽（Slotted）
或是表贴（SMT）类型。焊盘栈名不能与栈中使用的焊盘
同名。

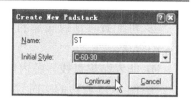

图 8-32　创建新的焊盘栈

② 若是钻孔类型的焊盘栈，可如图 8-33 所示设置钻孔标记及孔径的大小。若是开槽
类型的焊盘栈，需设置槽宽、槽高及开槽工具尺寸，如图 8-34 所示。

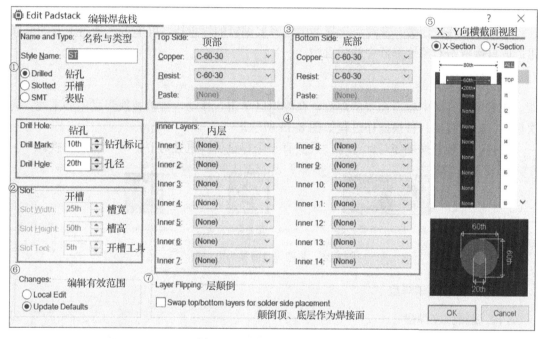

图 8-33　Edit Padstack 对话框

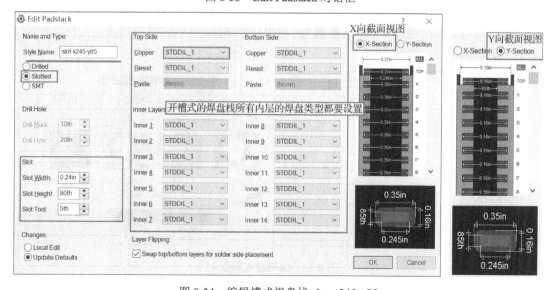

图 8-34　编辑槽式焊盘栈 slot-x245-y85

③ 可配置顶部或底部的铜箔层、阻焊层的焊盘类型；若是表贴焊盘栈，还可设置锡膏层的焊盘类型。

④ 非表贴焊盘栈，各内层的焊盘类型都可设置。

⑤ 图 8-33 右边的实时预览可看到焊盘栈的 X 或 Y 横截面。单击上部焊盘栈的某层将在下部显示该图层上渲染焊盘形状。

⑥ 选择焊盘栈的编辑是本次有效（Local Edit）或是更新默认（Update Defaults）。

⑦ 底部的层翻转复选框使顶部和底部的层及其焊料/膏料、元器件同步被翻转。内层在任何情况下都不会翻转。

（2）编辑现有的焊盘栈

单击焊盘栈按钮 📧，在对象选择器中选择要编辑的焊盘栈，再单击选择器上方的 E 按钮；或直接双击对象选择器中的焊盘栈。

7．焊盘替换

在对象选择器中单击需要的焊盘，在编辑区单击，移动，与被替换焊盘中心重叠，再次单击，完成替换。替换操作过程如图 8-35 所示。

过孔、封装替换操作与此一样，只要有一个焊盘引脚重叠对齐，即可实现替换。

（a）移动目标焊盘　　　　（b）与原始焊盘重叠　　　（c）替换结果

图 8-35　将圆焊盘替换为方焊盘

8．在编辑区编辑焊盘

（1）编辑独立焊盘

使过滤器中的焊盘有效，右击焊盘，执行快捷菜单中的 Edit Properties...命令，弹出如图 8-36 所示的 Edit Single Pin 对话框，可修改焊盘的 Default、None、Solid、Thermal、Thermal X 设置，其中 Default 与 Edit Zone（覆铜）对话框中的 Relieve Pins 属性相关（见 11.2.3 节），以及泪滴、网络、引脚编号等。

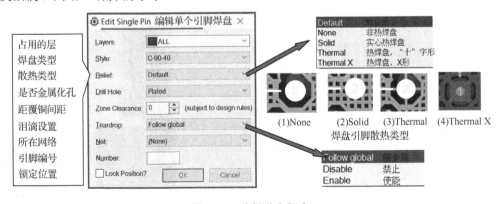

图 8-36　编辑独立焊盘

（2）编辑元器件引脚焊盘

使过滤器中的焊盘有效，双击元器件引脚焊盘，弹出如图 8-37 所示的 Edit Single Pin 对话框，可修改引脚焊盘的层、类型、散热类型等。

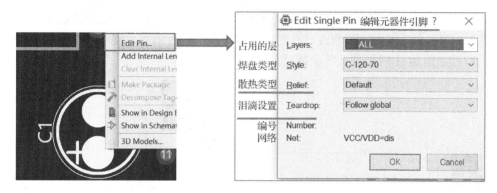

图 8-37　编辑元器件引脚焊盘的对话框

8.2.4　过孔操作：放置、编辑、新建

1. 过孔类型

如图 8-38 所示，单击过孔模式按钮，对象选择器中列出系统中的 6 种过孔：DEFAULT、V40、V50、V60、V70、V80。

2. 编辑对象选择器中的过孔

在过孔模式下单击图 8-38 所示对象选择器中某一对象，再单击选择器上方的 E 按钮，弹出如图 8-39 所示对话框，可按需要对各项进行设置。

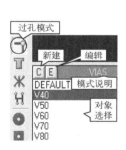

图 8-38　过孔模式

图 8-39　编辑过孔风格对话框

3. 放置过孔（布局过孔）

单击过孔模式按钮，进入过孔模式操作，单击 PCB 设计窗口左下角的层选择器，从弹出的列表中选中要求放置过孔的层（默认为 ALL），从对象选择器中选中要放置的过孔，将光标移至编辑区中单击，出现过孔的轮廓，移动光标拖动过孔轮廓至编辑区中期望位置，再次单击，则放置过孔完成。

4. 编辑区中的过孔编辑

方法 1：单击工具按钮 进入过孔模式，右击编辑区中的过孔，执行快捷菜单中的 Edit Via Properties...（编辑过孔属性）命令，弹出如图 8-40 所示 Edit Via 对话框。

方法 2：使过滤器中的"选择过孔" 有效，右击过孔，以后步骤同方法 1。

在 Edit Via 对话框中，可修改过孔的深度、类型、是否泪滴、网络。

也可在如图 8-41 所示过孔的快捷菜单中执行其他命令。

图 8-40　编辑区中无连线的过孔编辑

图 8-41　与过孔有关的快捷菜单

5. 新建过孔

进入过孔模式，如图 8-38 所示，单击对象选择器上方的 C 按钮，弹出 New Via Style 对话框。如图 8-42 所示，在 Name 栏输入过孔名（如 V65）；在相应的 Type 选区单击设置过孔类型（如选择圆形过孔）。单击 OK 按钮，弹出 Edit Circular Pad Style 对话框，设置直径为 65th、孔径为 10th、钻孔标识为 20th、保护间隙为 10th。

过孔的样式与焊盘的样式差不多，只是允许使用圆形或正方形的通孔。

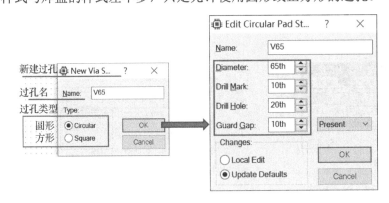

图 8-42　新建过孔

8.2.5　基本布线操作

布线是 PCB 中的重要技术，有手工布线、自动布线和自动手工混合布线之分。自动布线是基于网表的布线。手工布线可以无网表也可以基于网表。本节只叙述手工布线及与布线有关的基本操作。

本节涉及操作模式中的导线模式 🔩、选择模式 ▶、过孔模式 🔩、网络高亮模式 🙀，涉及设计操作模式中的自动导线颈缩 🔩、自动导线风格选择 🔩，还涉及层选择器操作和过滤器选择操作。

1. 手工布线操作

（1）无网表手工布线

单击导线模式按钮 🔩，进入导线模式，对象选择器中列出导线线型，如图 8-43（a）所示。单击对象选择器中所需线型，在层选择器的层列表中选中需要的布线层，在编辑区需要布线处（如焊盘）单击开始布线。如图 8-43（b）所示，空心导线轨迹随鼠标移动而产生，线框颜色同当前层。需改变布线方向时，可单击设置结点（同时确认已布导线，导线变成实心），再改变布线方向；在布线的过程中，双击则放置过孔并切换到层对的另一层上布线。右击取消当前未确认的布线段；单击确认当前布线段，若接着右击则结束布线。在布线的过程中按 Esc 键则取消该次布线。布线时也可按空格键改变层。

布线角度默认为 45°、90°，如图 8-43（c）所示。因为系统默认 ☑ Follow Me Routing 功能开启，此时角度锁定为 45°/90°。若要求走线为曲线，可在走线时按住 Ctrl 键。

若要任意角度布线，首先要执行菜单命令 Tools→Follow Me Routing 取消勾选，再取消 Trace Angle Lock（布线角锁定）功能。

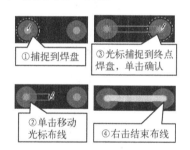

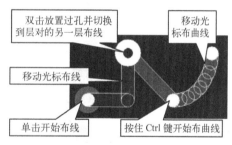

（a）对象选择器中的线型　　（b）两焊盘间的布线过程　　（c）自动转角切换按钮 🔩 有效时的布线过程

图 8-43　无网表手工布线

（2）有网表的手工布线

装载好电路设计网表后，单击 🔩 进入导线模式，选择布线层，对有网络（飞线）连接的引脚焊盘单击开始布线，状态栏将显示导线所在的网络，并白色高亮显示与网络连接的最近引脚焊盘，力向量随光标的移动而变化，动态实时指向最近的连接点。

图 8-44（a）～（c）所示为基于网表的手工布线的一般过程。

若布线要在不同的网络间连接，则选择 BRIDGE 线型。

当布线违背设计规则和连接规则时，将不能通过 DRC、CRC 检查，其错误处将以红色圈、黄色闪烁等警示。这些将在后续章节中详细叙述。

（3）自动导线颈缩 🔩

系统默认自动导线颈缩按钮 🔩 为有效（下陷），默认的颈缩线型为 T10。为遵守设计规则以免出现 DRC 错误，布线确认时，在两焊盘或障碍间自动颈缩导线，如图 8-45 所示。执行菜单命令 Tools→Auto Track Necking 或直接单击 🔩 可在有效、无效间切换。

在手工布线过程中按住 Shift 键，将使布线在颈缩线宽与当下线宽之间切换。这在自动颈缩会失败的复杂布线中是更好的选择。

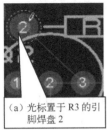

（a）光标置于 R3 的引
脚焊盘 2

（b）单击 R3 的引脚 2，则与其
连的 Q2 的引脚 3 高亮

（c）布线中导线为空心
线，布好为实线

图 8-44　基于网表的手工布线

图 8-45　自动导线缩颈

2. 选中导线操作

（1）选中一次连续布线导线

在选择模式、导线模式、过孔模式、网络高亮模式下，过滤器中的选择导线按钮 有
效。右击导线，弹出导线操作的快捷菜单，如图 8-46 所示；并选中导线（一次连续布线操
作的导线），出现白色轮廓线，如图 8-47（a）所示。

图 8-46　右击导线弹出的快捷菜单

（2）选中导线线段

单击图 8-46 中的各 Trim 命令，示意操作如图 8-47 所示。

- Trim to vias：截取到离选中导线最近的过孔，如图 8-47（b）所示。过孔以上为
  顶层，过孔以下为底层。
- Trim to current layer：截取光标下处于层选择器中的导线，如图 8-47（b）所示，
  当前层为底层，选中底层光标下的线段。

- ⤷ Trim to single segment ：截取光标下的单段线，即光标下两结点间的线，如图 8-47（c）所示。
- ⤷ Trim manually：手工截取，光标点为线段起点，移动光标，拉出形似飞线的细线，选择线段终点单击，便选中这两点间的线段，如图 8-47（d）、（e）所示。

   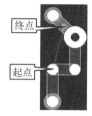 

（a）右击选中一　　　（b）截取过孔/　　　（c）截取光标下　　　（d）手工截取说明　　　（e）手工截取结果
　次布线导线　　　　　　当前层　　　　　　的单段线

图 8-47　截取导线操作

3．改变导线操作

（1）改变线型（宽）

① 覆盖改变线宽：单击选择导线模式，在对象选择器中选择新线型，直接在旧导线上布线覆盖。若是有网表的布线，操作前要单击自动选择线型按钮⫧使其无效（弹起）。

② 修改线型：在选择模式、导线模式下，过滤器中的选择导线按钮⤷有效。右击要修改的导线，弹出快捷菜单，执行 **Change Trace Style**（修改线型）命令，再从线型列表中单击所需线型，即可完成。

（2）用 Modify Route 命令修改布线路径

如图 8-48 所示，在选择模式、导线模式下，过滤器中的选择导线按钮⤷有效。右击要修改路径的起点，执行 **Modify Route** 命令，移动光标进行新路径布线。移动光标至要修改路径的终点单击，起、终点间生成新路径，原路径自动删除。新路径的起点和终点都要在原布线路径上。

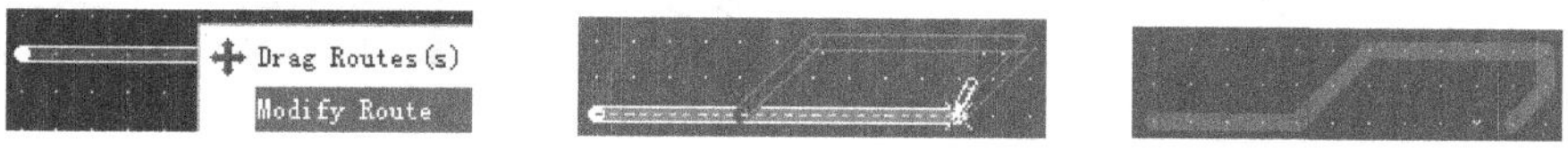

（a）右击执行修改路径命令　　　（b）从光标点开始新的路径　　　（c）修改后的路径

图 8-48　用 Modify Route 命令修改布线路径

（3）改变导线所在层

在选择模式、导线模式下，过滤器中的选择导线按钮⤷有效。右击导线，弹出快捷菜单，执行 **Change Layer**（改变层）命令，再从层列表中单击所需的层，单击"确定"按钮即可。

4．拖曳导线（Drag Routes）

在选择模式、导线模式下，过滤器中的选择导线按钮⤷有效。右击选中导线，弹出如图 8-46 所示的快捷菜单，执行 **Drag Object**（拖曳导线）命令即可实现导线的移动。导线拖曳方式如图 8-49 所示。

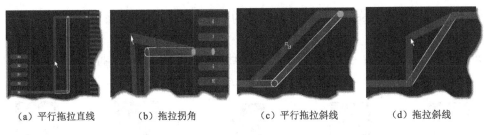

（a）平行拖拉直线　　　（b）拖拉拐角　　　（c）平行拖拉斜线　　　（d）拖拉斜线

图 8-49　导线拖曳方式

5．斜化处理导线

（1）斜化设置

在选择模式、导线模式下，过滤器中的选择导线按钮有效。右击导线，弹出快捷菜单，执行 Mitring→Set mitre depth...命令，弹出如图 8-50（a）所示 Mitre Settings（斜化深度设置）对话框，可设置最大及最小斜化距离以确定斜化程度，一般采用默认值。斜化深度如图 8-50（b）所示。

（2）斜化导线

在选择模式、导线模式下，过滤器中的选择导线按钮有效。右击要斜化的导线，弹出快捷菜单，执行 Mitre（斜化）命令，结果如图 8-50（c）中②所示。斜化后若需取消斜化，可执行 Unmitre（去斜化）命令。

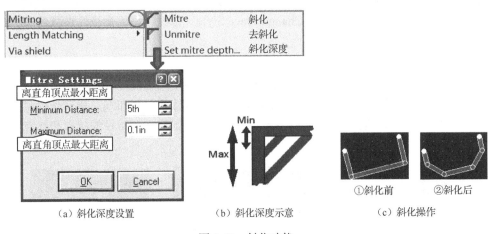

（a）斜化深度设置　　　　　（b）斜化深度示意　　　　　（c）斜化操作

图 8-50　斜化功能

（3）全局斜化/去斜化

如图 8-51 所示，执行菜单命令 Edit→Mitre All Tracks on Layout，进行全局斜化；执行菜单命令 Edit→Unmitre All Tracks on Layout，进行全局去斜化。

6．复制、删除、整理导线

（1）复制导线

在选择模式、导线模式下，过滤器中的选择导线按钮有效。右击选中导线，执行快捷菜单中的 Copy Route 命令，移动鼠标至期望处单击放置，右击结束复制导线操作，效果如图 8-52 所示。

图 8-51　通过 Edit 菜单可进行全局斜化/去斜化

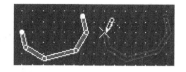

图 8-52　复制一段导线

（2）删除导线

在选择模式、导线模式、过孔模式、网络高亮模式下，过滤器中的选择导线按钮有效。右击选中导线，执行快捷菜单中的 Delete Route 命令，则删除该导线。用块删除命令可删除所有选中的线。

（3）整理导线

布线编辑过程中可能会出现多余的结点。例如，成 180° 的线段间的结点，如图 8-53（a）所示。执行菜单命令 Edit→Tidy Layout 可清除多余的结点，同时弹出警示框，提醒该操作还会清除对象选择器中未用的封装及置于工作区外的对象，如图 8-54 所示。

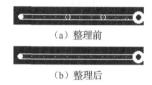

图 8-53　整理导线

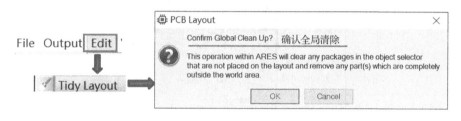

图 8-54　整理 PCB 的警示框

8.2.6　2D 对象操作

1. 2D 对象操作模式

PCB 设计窗口中 2D 图形对象的操作与原理图设计窗口中的相似，可参考 3.1.2 节。2D 文本属性可随时编辑。

2D 对象的颜色与所在层的颜色一致。

（2D 直线模式）：在编辑区单击直线的起点、终点，可放置任意角度的直线。

（2D 框体模式）：第一次单击确定一个顶点，移动光标确定对角线上的另一个顶点，单击确定。

（2D 圆形模式）：第一次单击确定圆心，移动光标确定半径，再次单击画圆。

（2D 弧线模式）：可放置 1/4 弧，可选中并拖曳 4 个控点。弧实际上是 Bezier 曲线。

（2D 闭合路径模式）：即封闭的多边形，单击顶点，按下 Ctrl 键可放置弧线；拖动控点可调整形状。

（2D 文本模式）。

（2D 符号模式）。

（2D 标记模式）：用来在创建封装时定义原点，也用来定位标签。

（度量模式）：可放置尺寸线。

相比原理图设计，度量模式 🖊 是 PCB 设计中特有的，用于调整对象的大小和定位对象之间的相对位置。放置尺寸线如同放置直线，会显示完成时绘制的线的长度。

🔳（在板上划出一块区域为 Room，在布线设计规则中可为它单独设置不同于全局的安全间距）：先单击工具按钮 🔳，拖出一个框来放置 Room；再编辑其属性，为其设定 Room 名称和它覆盖的层；最后设置一个应用于该 Room 的设计规则，可以输入应用于该区域的安全间距。参见 10.3.3 节。

2．2D 对象右键快捷菜单

右击 2D 对象，则弹出快捷菜单，如图 8-55 所示，可对 2D 对象进行移动、编辑、删除、转向、复制、改变所在层等操作。

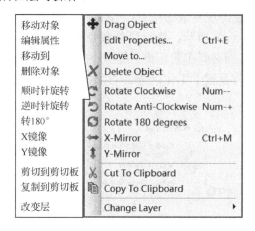

图 8-55　2D 对象右键快捷菜单

单击图 8-55 中的 Edit Properties...，可编辑 2D 对象属性。各 2D 对象的坐标编辑与原理图设计窗口中同类对象一样。如图 8-56 所示，直线与圆弧的属性均是起点与终点坐标。而在属性框的图形风格 Edit Style 选项卡，如图 8-57 所示可设置线宽、是否填充为实心。

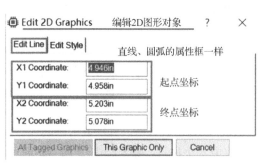

图 8-56　编辑线、弧属性

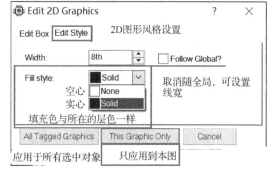

图 8-57　编辑方框、圆、多边形属性

还可对 2D 文本进行编辑，包括文本字符串、方位、风格、字体属性等，如图 8-58 所示。

3．2D 度量模式操作与编辑

度量模式可对度量对象的起、终点单击放置尺寸线以度量对象的大小及相对位置。

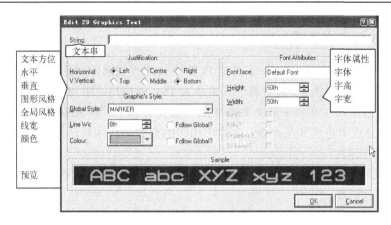

图 8-58　编辑 2D 文本属性

度量标注的显示格式、单位、箭头、风格等可进行设置。

右击度量标注，执行快捷菜单中的 Edit Properties...命令，弹出如图 8-59 所示的 Edit Dimension Object（编辑度量尺寸）对话框。其中 Format String（标注格式）按设置格式标明度量单位。默认格式为 "%A"，自动附尺寸单位，其单位为 PCB 中当前使用的单位，且可单击工具按钮 **m** 或按键盘 M 键进行 mm、th 间的切换。其他的格式不附尺寸单位，但可自行在格式后添加单位说明，如 "%Ccm"，其显示结果将附带单位 cm。

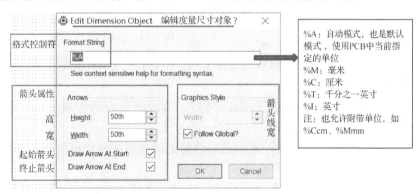

图 8-59　Edit Dimension Object 对话框及其单位说明

尺寸线的箭头属性设置包括箭头的高（沿箭头方向）、宽（箭头张开程序）及线宽，如图 8-60 所示。

尺寸数值属性编辑如图 8-61 所示。

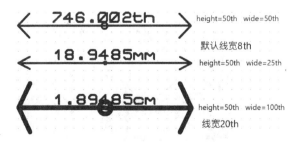

图 8-60　尺寸线的箭头属性示例

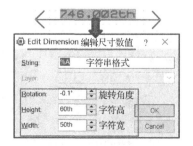

图 8-61　尺寸数值属性编辑

8.2.7　查找与选中工具

查找与选中（Search and Tag）工具是 PCB 中快速查找选中对象的手段。

Tool 菜单如图 8-62 所示，其中属于 Search & Tag（查找与选中）命令的有 3 条，即 Search & Tag（查找与选中）、OR Search & Tag（"或" 查找与选中）和 AND Search & Tag（"与" 查找与选中），分别单击这 3 条命令，会弹出相应的查找与选中对话框。它们除标题栏内容不同外，其余都相同。

执行菜单命令 Tools→Search & Tag 或按快捷键 T，弹出如图 8-63 所示的 Search & Tag（查找与选中）对话框。

图 8-62　Search & Tag 的 3 条命令

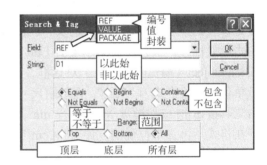

图 8-63　Search & Tag 对话框

（1）Field（域）：查找域，在该框可选择 REF、VALUE 或 PACKAGE 属性，即根据编号、值、封装进行查找、选中。

（2）String（字符串）：查找字符串，可输入 Field 下拉列表中属性值中的字符，如图 8-63 中的 "D1"。

（3）Mode（模式）：查找模式，表示在所选择的域内对字符串以何种模式查找，有 6 种模式。

（4）Range（范围）：查找范围，在顶层（Top）、底层（Bottom）或所有层（All）进行查找。

下面以第 1 章彩灯装置 ex1-cd.pdsprj（显示部分如图 8-64 所示）为例，解释 3 种命令的意义。

按键盘 T 键，弹出 Search & Tag 对话框，设置如图 8-63 所示；单击 OK 按钮确定，则图 8-64 中 D1 被找出并选中，结果如图 8-65 所示，即 D1 高亮显示。

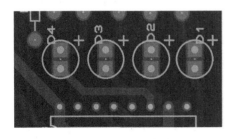

图 8-64　彩灯装置 PCB 设计（显示部分）

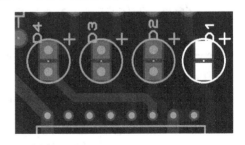

图 8-65　PCB 中 D1 被找出并选中

执行菜单命令 Tools→OR Search & Tag，弹出如图 8-66 所示对话框，按图中所示设置各项，单击 OK 按钮确定，则图 8-65 中的 D2、D3、D4 被找出并选中，如图 8-67 所示。除高亮显示的 D1 外，增加 D2、D3、D4 被高亮显示。

图 8-66　Or Search & Tag 对话框

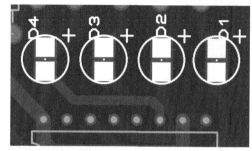

图 8-67　PCB 中 D1、D2、D3、D4 被找出并选中

执行菜单命令 Tools→AND Search & Tag，弹出如图 8-68 所示对话框，按图中所示设置各项；单击 OK 按钮确定，则图 8-69 中 D3 的高亮被取消，即取消选中，如图 8-69 所示。因为 D3 选中"与"非选中矛盾，故 D3 从之前的被选中变为不被选中。

图 8-68　And Search & Tag 对话框

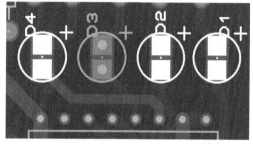

图 8-69　原查出并选中的 D3 被取消

每次执行 Search & Tag 命令，都会清除前一次的选中结果。

而执行 OR Search & Tag 或 AND Search & Tag 命令都是在执行命令前的状态基础上进行的。

8.2.8　自动编号工具

若要对多个元器件或焊盘进行编号或修改编号，可使用 Auto Name Generator（自动编号工具）快速编号。

执行菜单命令 Tools→Auto Name Generator，弹出如图 8-70 所示对话框，在 String 文本框输入编号前缀 led，Count 栏输入编号的序号初值 1，单击 OK 按钮，再移动光标至需要编号的元器件或焊盘，依次单击则完成自动快速编号（或修改编号）LED1、LED2、LED3、…。图 8-71 便是将图 8-69 中元器件编号 D1、D2、D3、D4 快速修改为 LED1、LED2、LED3、LED4 的结果，且在原理图中 D1～D4 更新为 LED1～LED4。✓ Automatic Name Generator N 类似于原理图设计窗口中的 PAT 工具。以上情况要求 PCB 图有配套的原理图，且✓ Live Netlist 有效。若未选中 Live Netlist，则在更改的过程中会出现非同步警示 Out of Sync，对它单击，即可继续进行。

图 8-70　自动编号对话框

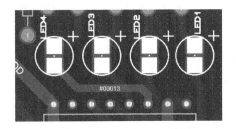

图 8-71　快速修改编号为 LED1～LED4

8.2.9　块操作

PCB 设计窗口中的块操作与原理图设计窗口中的操作基本类似，有块选中、块复制、块移动、块旋转、块删除等；但要注意有关层的操作，要正确操作层选择器，灵活使用过滤器，以便控制选择块操作对象；还要注意块旋转最小角度为 0.1°。

1．块选中

移动光标到块操作对象的一角，单击、按住鼠标拖动光标至块操作对象的对角，松开鼠标即完成块选中。

2．块移动 🔁

块选中后，按下鼠标左键拖动到期望位置，松开鼠标即可。

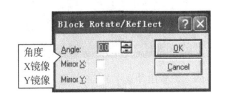

图 8-72　块旋转/镜向对话框

3．块旋转 🔄

块选中后，右击，从弹出的菜单中执行 Block Rotate/Reflect（块旋转/镜向）命令，打开如图 8-72 所示对话框，可输入任意（最小角度为 0.1°）的旋转角度，也可进行 X 镜像、Y 镜像操作。

注：当旋转角度为非正交时，将导致大量对象偏离网格，会给布线带来困难。

4．块删除 🔳

块选中后，按键盘的 Delete 键或右击再执行块删除命令即可删除块。

8.2.10　对象选择器中的操作

在 PCB 设计窗口中的对象选择器中右击，可弹出快捷菜单。其内容与操作与原理图设计窗口中的基本一样，可参考 3.3 节。

快捷菜单中的选项字若为黑色则该项有效，若为灰色则该项无效；操作模式不同，有效项会有差别。封装模式下的对象选择器快捷菜单如图 8-73（a）所示，可查找封装、进入封装库管理、清理删除未用的封装、更新封装、选中封装实体等。焊盘模式下的对象选择器快捷菜单如图 8-73（b）所示，可创建、编辑、删除焊盘等。

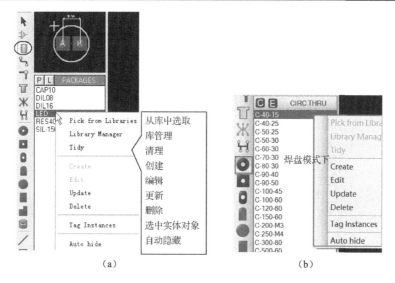

图 8-73　封装模式（a）、焊盘模式（b）下对象选择器的快捷菜单

8.2.11　导入旧版文件，导入/导出工程剪辑

1．File 菜单

Proteus 8 以前的原理图与 PCB 文件是独立的，自 Proteus 8 起它们统一由一个工程文件管理，也只有一个工程文件名。一个工程文件中包含了原理图、PCB、3D 视图、元器件物料清单（BOM）、数据库等。工程文件的新建、保存、另存为、打开、关闭等都在 File 菜单（见图 8-74）下进行；也可通过应用工具按钮 🗋 📂 🖫 🖳 操作。

图 8-74　File 菜单

2．导入 Proteus 7 文件

操作菜单 File→Import Legacy Project，弹出如图 8-75 所示的对话框，可单击 Browse 按钮打开文件管理器找到要打开的.dsn 或.lyt（若两种同名的文件存在，选择一个，另一个

自动出现在框中），将要生成的同名的工程文件出现在框中，且路径同原始文件，当然工程名与路径均可更改。

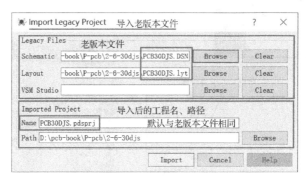

图 8-75　导入 Proteus 7 文件时默认生成同名同路径的工程文件

3. 导入/导出工程剪辑

（1）只导出 PCB 剪辑

对通用的或是使用频率高的原理图电路模块、PCB 电路模块可保存为工程剪辑文件，可导入其他工程中，省去重复绘制电路的工作。选中一块 PCB，执行菜单命令 File→Export Project Clip，会提示此剪辑只包括 PCB，如图 8-76 所示。

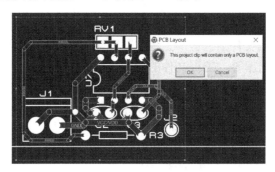

图 8-76　选中部分 PCB 图并导出为剪辑

（2）导出原理图和 PCB 图

Proteus 还支持导入/导出某电路的原理图连带 PCB 图。不过可能需要调整元器件编号以免与现有图中的元器件编号重复。如图 8-77 所示，选中原理图部分的电路，再选中对应的 PCB 电路，再执行菜单命令 File→Export Project Clip，对剪辑文件命名、保存。

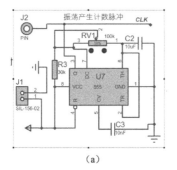

（a）

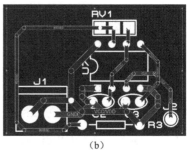

（b）

图 8-77　选中剪辑中的原理图和对应的 PCB 图

（3）导入原理图和 PCB 图

在原理图应用模块窗口，执行菜单命令 File→Import Project Clip，光标下出现如图 8-78 所示的剪辑轮廓，移动光标到目的地，单击放置剪辑的原理图部分。接着切换到 PCB 设计窗口，单击元器件模式按钮，如图 8-79 左侧所示，在对象选择器中出现剪辑所包含的元器件，对象选择器右上角还有一个剪刀图标表示是剪辑中的元器件。对象选择器上部的预览框中也出现 PCB 剪辑视图。在 PCB 设计窗口的编辑区单击，再移动到目的地，单击可放置 PCB 剪辑。结果如图 8-79 右侧所示。

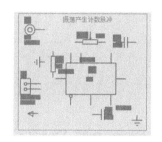

图 8-78　在原理图中导入剪辑

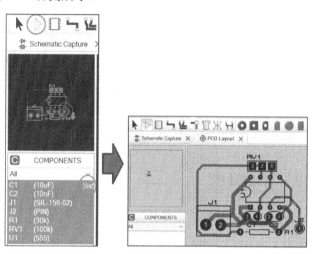

图 8-79　PCB 中放置剪辑

8.3　实践 8：手工设计 555 时基电路 PCB 图

8.3.1　实践任务

1. 导出工程剪辑文件 osc-555-sch.pdsclip

打开第 2 章实践工程 ex2_de30s.pdsprj，将其中的 555 时基电路导出为工程剪辑并命名为 osc-555-sch.pdsclip，如图 8-80 所示。

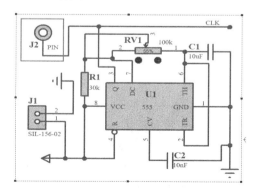

图 8-80　555 时基电路原理图

2．设计 PCB 图

参考图 8-81，设计该 555 时基电路的 PCB 图，要求手工布局、布线。

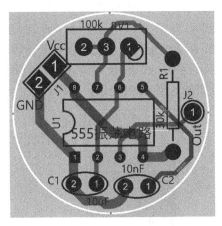

图 8-81　555 时基电路 PCB 图

8.3.2　实践参考

1．完善时基电路图、设置封装

如图 8-80 所示，选中由 555 等构成的时基电路，操作菜单 File→Export Project Clip，导出剪辑文件并命名为 osc-555-sch.pdsclip。

关闭工程，新建工程并命名为 osc-555.pdsproj，导入 osc-555-sch.pdsclip，再对 555 时基电路的 3 个引脚接入 Pin。设置 J1、J2 的属性 ☑ Exclude from Simulation 。555 时基电路元器件封装如图 8-82 所示，可调电阻 RV1 的封装设置为 conn-sil3，J1 的封装设置为 conn-sil2，其他元器件使用默认封装。

编号	封装
C1 (10uF)	CAP10
C2 (10nF)	CAP10
J1 (SIL-156-02)	CONN-SIL2
J2 (PIN)	PIN
R1 (30k)	RES40
RV1 (100k)	PRE-SQ1
U1 (555)	DIL08

图 8-82　555 时基电路各元器件的封装

2．手工布局、布线

切换到 PCB 设计窗口，选择板框层 Board Edge，用 2D 绘制一个圆板框，直径大致为 25mm（可适当大一点）。参考 1.2.3 节设置电源线宽为 40th，信号线宽为 20th。参考图 8-82 进行布局，再进行手工布线，采用系统默认的双面板布线。布线中注意层选择、过滤器等操作，布线满意后可适当调小板尺寸。

第9章 封装库与封装制作

本章简述封装库及其管理，重点叙述封装的编辑与制作。掌握了封装的编辑与制作技术，就能解决 PCB 设计中有的元器件无封装的烦恼，同时还可不断补充丰富封装库。

9.1 封装库与封装管理

9.1.1 封装库的组成

Proteus 封装库的组成如图 9-1 所示，其中两个符号库可以用来制作封装。

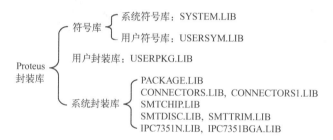

图 9-1 Proteus 封装库的组成

用户库可读/写，即可对其添加封装或删除封装。系统封装库为只读，只能将其中的封装复制到用户库，而不能移动或删除其中的封装，也不能对其添加封装。这可保护系统库以免意外改变和损坏，且在软件升级时更新系统库而不影响用户库。如果自建的封装保存在系统库，软件升级时将丢失自建的封装。

9.1.2 封装库管理

单击▥，在封装模式下，单击对象选择器上方的 L 按钮，打开如图 9-2 所示的封装库管理器窗口。该窗口分为源库和目标库两部分，光标聚焦的库为源库，另一侧为目标库；图 9-2 中部的大黑箭头指向目标库。图 9-2 中当前选中的源库为系统设置的用户封装库 USERPKG，目标库为 PACKAGE。在库管理状态下，可通过 Library 菜单新建、删除、备份、打包库，还可对库排序，查看库信息及库内的元器件信息。封装库与元器件库的操作相似，可参考 5.1.2 节。

封装库管理器中源库、目标库间的操作按钮有效性与库的可写性有关。源库可写则删除、重命名按钮有效；目标库可写，则复制按钮有效；只有当源库与目标库都可写时，移动按钮才有效。具体情况参见表 9-1。

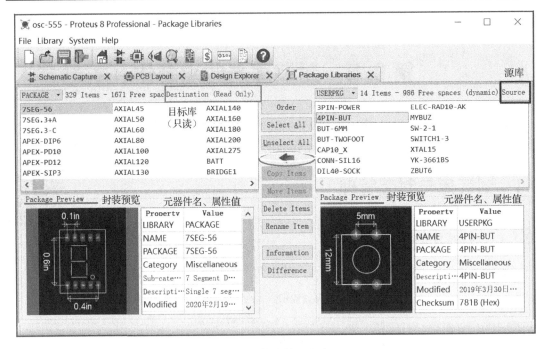

图 9-2　封装库管理器窗口

表 9-1　封装库管理器中封装的可操作性

源　　库	目　标　库	Copy（复制）	Move（移动）	Delete（删除）	Rename（重命名）
可写	可写				
√	×	×	×	√	√
√	√	√	√	√	√
×	×	×	×	×	×
×	√	√	×	×	×

处于库管理状态时菜单只有 File、Library、System、Help 4 项。要创建新的封装库，可执行菜单命令 Library→Create Library，后继操作可参考 5.1.3 节。

PCB 设计与原理图设计共享一个符号库，但 PCB 设计不支持所有原理图设计中的符号外观，因而符号外观应尽量简洁。在 PCB 设计中制作符号将忽略层，但应设置原点，否则系统默认以图符中心为原点。绘制好符号，拖出方框全选中，右击执行 Make 2D Graphics Symbol 命令，即可存入符号库。若已有同名符号，将被替换。

还请注意，应该将自己的封装保存在 USERPKG.LIB 中或其他自建库中。

如果有两个或更多的同名封装或符号分布在多个库中，则执行封装的 Pick 命令加载最新的封装或符号。

9.1.3　更新封装清理未用的封装

当 Proteus 软件升级、元器件封装库更新时，并不能自动更新电路文件中旧的封装。若要更新，操作方法如下：

（1）打开工程文件，进入 PCB 设计窗口，单击 进入封装模式。

（2）在对象选择器中右击需更新的封装。

（3）执行快捷菜单中的 Update 命令，弹出如图 9-3 所示对话框，单击 OK 按钮确认。

图 9-3　封装更新提示框

如果重新选取已在 PCB 电路图中元器件的封装或符号，系统将依当前系统库来更新。更新时新元器件与旧元器件的原点对齐。更新后应仔细检查，以免有引脚数量等增减而不一致。

清理未用的封装操作与在原理图设计窗口清理未用的元器件一样，在对象选择器中右击，在弹出的菜单中执行 Tidy 命令，将从对象选择器中删除未使用封装。若执行菜单命令 Edit→Tidy，将删除对象选择器中未用的封装、工作区外的封装、焊盘、2D 等对象。

9.2　封装编辑、制作及其 3D 预览

9.2.1　编辑封装，将 RES40 改为 RES20

1．放置封装

单击封装按钮，在对象选择器中单击某一封装，如 RES40，放置到编辑区。

2．分解封装

如图 9-4（a）所示，右击封装，执行快捷菜单的 Decompose Tagged objects 命令，该封装将分解为如图 9-4（b）所示的焊盘、2D 图形、原点。

3．修改组件

编辑焊盘及 2D 图形。如图 9-4（c）所示，右击其中一个焊盘，执行 Replicate（复制）命令，按图 9-4（d）所示。单击 OK 按钮，结果如图 9-4（e）所示。单击按钮，在这两个焊盘中间放置尺寸标注，应该与图 9-4（d）设置的水平距离一样为 0.2in。

4．修改焊盘编号

分别编辑这两个焊盘，修改编号，结果如图 9-4（f）所示。

5．重新封装、3D 预览

在两个焊盘间放置适当的电阻图形，如图 9-4（g）所示，全选封装组件，右击执行 Make Package 命令，弹出封装对话框，重新封装。按图 9-4（h）所示设置参数。进一步按图 9-4（i）所示设置封装的 3D 模型参数。

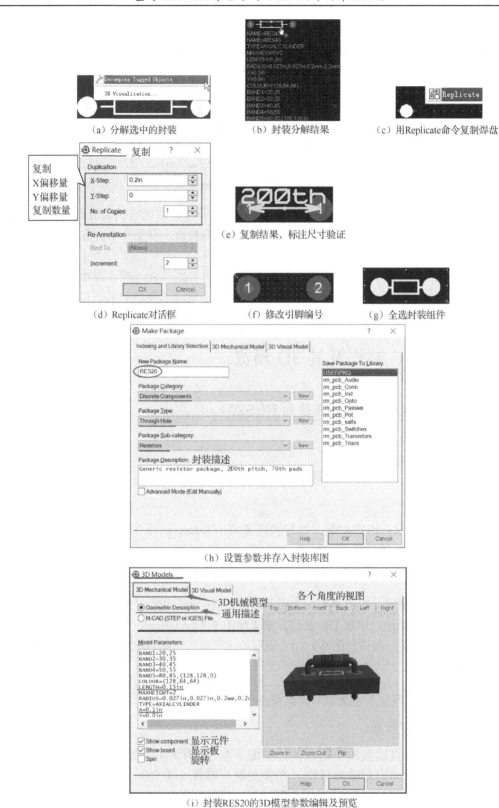

（a）分解选中的封装　　　　（b）封装分解结果　　　　（c）用Replicate命令复制焊盘

（d）Replicate对话框　　　　（f）修改引脚编号　　　　（g）全选封装组件

（e）复制结果，标注尺寸验证

（h）设置参数并存入封装库图

（i）封装RES20的3D模型参数编辑及预览

图 9-4　编辑封装，将 RES40 改为 RES20

9.2.2　制作表贴封装 SQFP44-0812

本节介绍制作封装 SQFP44-0812 的方法。封装 SQFP44-0812 类型为方形表贴式，44 个引脚，焊盘间距为 0.8mm，平行边引脚的中心距为 12mm。封装 SQFP44-0812 的外观如图 9-5 所示，焊盘尺寸为 0.5mm×1.8mm。以下操作采用公制单位。

1. 新建焊盘 M0.5×1.8

单击表贴焊盘按钮 ▉，进入方形 SMT 模式，再单击对象选择器上方的 C 按钮，如图 9-6 所示新建焊盘，输入焊盘名称，选择 SMT 下方的 Square，单击 OK 按钮；如图 9-7 所示设置属性，单击 OK 按钮完成。

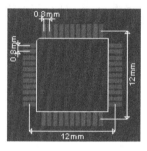

图 9-5　封装示例

图 9-6　新建焊盘 M0.5×1.8

图 9-7　焊盘属性编辑

2. 在顶层放置焊盘 M0.5×1.8

在层选择器中选择顶层 Top Copper，放置焊盘 M0.5×1.8。

3. 复制 10 个焊盘

右击刚放置的焊盘，执行快捷菜单中 Replicate（复制）命令，如图 9-8 所示进行设置。单击 OK 按钮复制 10 个同一水平、间距为 0.8mm 的焊盘，复制结果如图 9-9 所示，作为上边的 11 个焊盘。

图 9-8　水平等距复制 10 个焊盘

图 9-9　焊盘复制结果

4. 设置伪原点

适当调整捕捉网格，捕捉到放置的第一个焊盘中心，如图 9-10 所示；按键盘 O 键，状态栏的坐标变为粉色的"+0.000　+0.000 mm"，如图 9-11 所示。

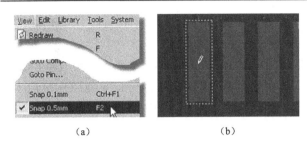

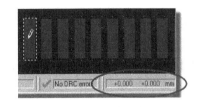

（a）　　　　　　　　　　　　（b）

图 9-10　选择捕捉网格，捕捉到放置的第一个焊盘中心　　　　图 9-11　设置伪原点

5. 复制得到下排 11 个焊盘

如图 9-12 所示选中上排 11 个焊盘，执行菜单命令 Edit→Replicate，参考图 9-12 设置，得到与上排焊盘中心距为 12mm 的下排焊盘。在空白处单击取消所有选中。

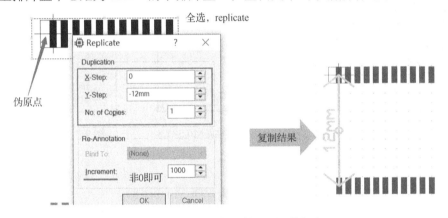

图 9-12　由上排焊盘复制得到下排焊盘

6. 复制并定位左右两列的焊盘

选中上排 11 个焊盘，单击工具按钮 进行块复制，把复制品移到一边并选中，右击，执行快捷菜单中 Rotate Clockwise 命令。选中该列焊盘，将光标置于顶上第一个焊盘中心，按下左键移动，边移动边注视坐标，如图 9-13 所示当坐标显示为（−2, −2）时，松开按键，在空白处单击。重新设置以左列顶上焊盘的中心点为伪原点，全选中左列焊盘，执行菜单命令 Edit→Replicate，如图 9-14 所示设置而复制得到右列焊盘，结果如图 9-15 所示。

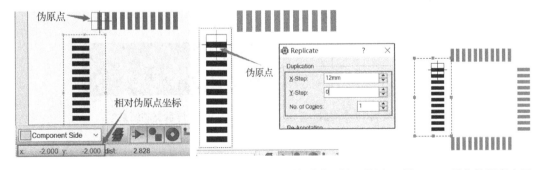

图 9-13　移动左列焊盘到正确位置　　图 9-14　复制左列焊盘得到右列焊盘　　图 9-15　最终的焊盘布局

7. 放置原点

将左边一列第一个焊盘中心设为伪原点。单击 2D 模式栏的╋，再单击对象选择器中的 ORIGIN，执行菜单命令 View→Goto Position，如图 9-16 所示设置相对当前原点的定位坐标（0,0），单击 OK 按钮，光标定位于伪原点，双击可在该点放置封装原点，结果如图 9-17 所示。

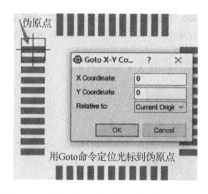

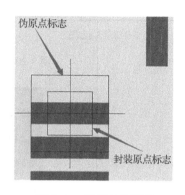

图 9-16　设置相对当前原点的定位坐标　　　　　　　图 9-17　放置封装原点

8. 放置标识 REF 以便定位元器件编号

单击 2D 模式栏的绿色按钮╋，再单击对象选择器中的 REFERENCE，参考图 9-18 放置在封装的左上方。

9. 在顶层丝印层画封装框

单击▇，选择顶层丝印层 Top Silk，参考图 9-19 在焊盘内侧适当位置画一个方框，单击●，画一个小圆，指示元器件方向。

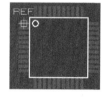

图 9-18　放置 REF　　　　　　　　　图 9-19　画框结果

10. 焊盘编号

执行菜单命令 Tools→Automatic Name Generator，弹出如图 9-20（a）所示对话框，因焊盘只有数字编号，无须前缀，所以 String 文本框空白，Count 从 1 开始，单击 OK 按钮，如图 9-20（b）所示，依次从左列最上面的焊盘（原点焊盘）开始单击，如图 9-20（c）所示，该焊盘将出现编号 1。按逆时针方向依次单击各焊盘，44 个焊盘编号结果如图 9-21 所示。

11. 封装打包及其 3D 预览

全选图 9-21，单击工具按钮▇，如图 9-22（a）所示进行封装。接下来可切换到 3D Visual Model 选项卡设置、预览封装的 3D 模型［见图 9-22（b）］。单击 OK 按钮完成。有关 3D 建模的详情可参看系统的帮助文件。

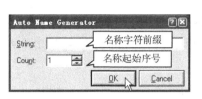

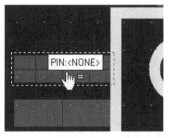

（a）自动命名生成器　　　　　　（b）光标移动在焊盘上　　　　　（c）单击，放置编号

图 9-20　用自动命名生成器对焊盘编号

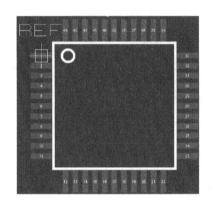

图 9-21　焊盘编号结果

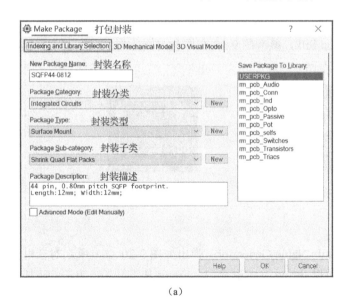

（a）　　　　　　　　　　　　　　　　　　　　（b）

图 9-22　SQFP44-0812 封装打包及其 3D 预览

　　封装 SQFP44-0812 出现在对象选择器中，将它放置在编辑区，原点即为放置光标点，如图 9-23（a）所示，光标点即引脚 1 的中心，出现"×"标识。放置后双击封装，如图 9-23（b）所示，在 Edit Component 对话框的 Part ID 文本框输入封装编号"U1"，结果如图 9-23（c）所示，编号 U1 所在位置即图 9-18 中放置 REF 的位置。

（a）放置封装

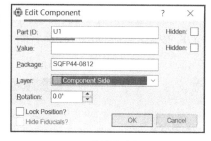
（b）设置编号为 U1

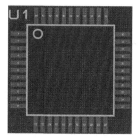
（c）编号结果

图 9-23　设置封装并设置编号为 U1

9.2.3　制作通孔封装 4PIN-BUT

制作一个如图 9-24 所示的 4 脚按钮的封装。以左下角焊盘为参考复制得到其他焊盘。

1．放置焊盘

放置左下角的焊盘：如图 9-25 所示，单击圆形焊盘按钮 ⊙，在对象选择器中单击 C-100-60，按键盘 M 键，将坐标单位设置为公制，在要放置焊盘的点按键盘 O 键，光标下出现伪原点的图符 ⊞，双击放置焊盘，焊盘的中心便是伪原点（0,0）。复制得到右下角的焊盘：如图 9-26（a）所示，右击焊盘，执行 Replicate 命令，按图 9-26（b）所示设置参数。单击 OK 按钮，结果如图 9-26（c）所示。在空白处单击退出复制后的选中状态。

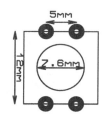

图 9-24　按钮封装的外形及尺寸

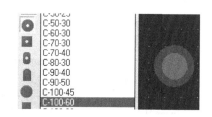

图 9-25　选择焊盘类型并放置

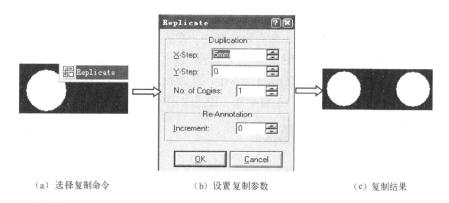

（a）选择复制命令　　　　　（b）设置复制参数　　　　　（c）复制结果

图 9-26　水平复制焊盘操作

复制得到左上角焊盘：对第一个放置的焊盘右击，执行 Replicate 命令，按图 9-27 左侧所示进行复制参数设置。单击 OK 按钮，结果如图 9-27 右侧所示。在空白处单击退出复制后的选中状态。

复制得到右上角焊盘：对第一个放置的焊盘右击，执行 Replicate 命令，按图 9-28 左侧所示进行复制参数设置。单击 OK 按钮，结果如图 9-28 右侧所示，在空白处单击退出复制后的选中状态。

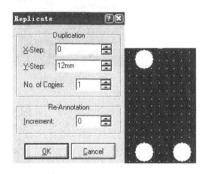

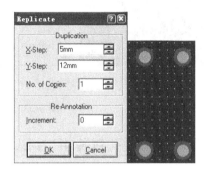

图 9-27　垂直复制焊盘　　　　　　　　　　图 9-28　非正交复制焊盘

2. 在顶层丝印层放置元器件轮廓框

（1）定位轮廓框左下角：单击■，进入放置 2D 方框模式。执行菜单命令 View→Goto Position，如图 9-29（a）所示，设置相对当前原点的定位坐标（–3.5mm,0），单击 OK 按钮，光标定位结果如图 9-29（b）所示。

（2）画框：单击，开始画框，移动光标，注意坐标变化为（8.5mm,12mm）时单击，如图 9-29（c）所示，完成画框。

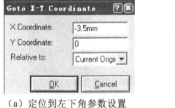

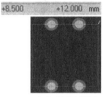

（a）定位到左下角参数设置　　　（b）定位结果　　　（c）绘制方框

图 9-29　绘制封装的 2D 方框

（3）画封装上的圆圈：用 Goto 命令定位圆心。单击●，进入放置 2D 画圆模式。执行菜单命令 View→Goto Position，如图 9-30（a）所示，设置相对当前原点的定位坐标（2.5mm,6mm），单击 OK 按钮，光标定位在圆心。单击，开始画圆，移动光标，注意底部状态栏半径变化为 3.801mm ［见图 9-30（b）］时单击，结果如图 9-30（c）所示，完成画圆。

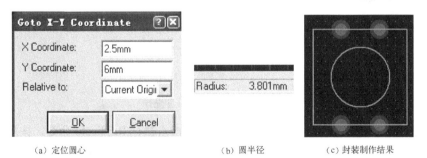

（a）定位圆心　　　　　　（b）圆半径　　　　　　（c）封装制作结果

图 9-30　绘制封装上的 2D 圆

3．对焊盘编号

执行菜单命令 Tools→Automatic Name Generator，参见图 9-20（a）所示对话框进行设置，String 文本框空白，Count 从 1 开始，单击 OK 按钮，单击左上角的焊盘，设置焊盘编号为 1，按逆时针单击其他焊盘，编号结果如图 9-31 所示。

4．放置元器件编号、原点

单击 2D 模式栏的绿色按钮✚，再单击对象选择器中的 REFERENCE，如图 9-32 所示将 REF 放置在封装的上方。对焊盘 2 放置封装的原点 ORIGIN （可参考 9.2.2 节）。

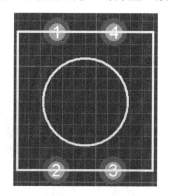

图 9-31　编号结果

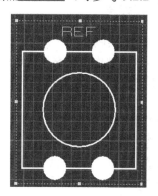

图 9-32　放置 REF

5．封装打包

全选图 9-32，单击工具按钮📦，如图 9-33（a）所示进行封装。接着切换到 3D Visual Model 选项卡设置、预览封装的 3D 模型 [见图 9-33（b）]，单击 OK 按钮完成。

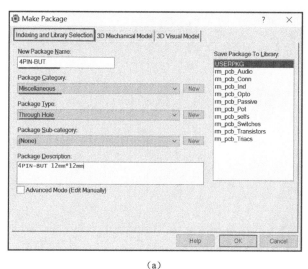

（a）　　　　　　　　　　　　　　　　　（b）

图 9-33　完成封装 4PIN-BUT 及其 3D 预览

6．原点说明

未设置原点的封装自动以第一个放置的焊盘中心为原点，本例中即为焊盘 2 的中心，即放置本封装时光标点在焊盘 2 的中心。

9.3　实践 9：制作 4 脚按钮封装

9.3.1　实践任务

制作一个 4 脚按钮封装，封装名为 SBUT4。

9.3.2　实践参考

将坐标切换到英制。

参考图 9-34，制作一个名为 STD30S 的通孔式焊盘。

参考图 9-35，制作 4 脚按钮封装 SBUT4。

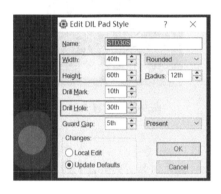

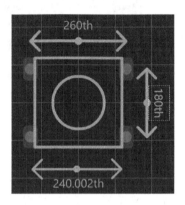

图 9-34　制作名为 STD30S 的通孔式焊盘　　　　　图 9-35　SBUT4 的外形及尺寸

第10章 PCB 设计规则、布局、布线

本章从实例出发，重点叙述 PCB 设计规则、基于形状的自动布线器、手工布局布线、自动布局布线、命令交互式布线等内容。大多数情况下应用全自动布线，布通率可达 100%。

10.1 PCB 设计前的准备

打开第 4 章的工程：ex4_555-4017-mul-page.pdsprj，以下某些操作在此基础上进行。

强烈建议先在 Proteus 中设计原理图，从而生成网表，再进行基于实时网表（Live Netlist）的 PCB 设计。实时网表使原理图与 PCB 时刻保持一致。在进行 PCB 设计前，出现在 PCB 上的元器件有以下几点要注意：

（1）都要有编号：如电阻的编号一般是 R1、R2…，集成电路的编号一般是 U1、U2…。对一些默认无编号的元器件，如数码管、按钮等，按需手工设置编号。对实践 4 电路原理图中的按钮 RST 标注为 Part Reference: RST 。

（2）允许出现在 PCB 上，不勾选 ☐ Exclude from PCB Layout ；对无需仿真的元器件，勾选 ☑ Exclude from Simulation 。

（3）要有合适的封装，还要注意元器件引脚与焊盘的对应。三极管 Q1 的封装设置为 To92；按钮的封装需自行制作，参考 10.7.1 节。

（4）增加合适的电源接线端：接插件 J1、J2 作为电源接线端，它们的封装分别设置为 CONN-SIL2、SIL-156-02。

10.2 设置 PCB 设计规则

设计规则主要包括线-线、线-元器件等各种对象间的安全间距及各个网络类、各个布线层上的线宽等。这是在布局新 PCB 时首先要做的事情之一，也是布局、布线应遵守的线宽和间隙规范。

在 PCB 设计窗口，单击工具按钮 或执行菜单命令 Technology→Design Rule Manager，进入 Design Rule Manager（设计规则管理器）对话框，如图 10-1 所示，有 4 个选项卡。

（1）Design Rules（设计规则）：可设置对象间的安全间距，规则应用至层、网络类等。有默认规则 DEFAULT，还可自建规则。可重命名或删除自建规则。

（2）Net Classes（网络类型）：可设置布线网络类的层配置、线宽、过孔类型等属性。

（3）Differential Pairs（差分对）：可设置平行导线的差分对。

（4）Defaults（默认）：可设置颈缩线宽、热焊盘连线宽、全局公差等。

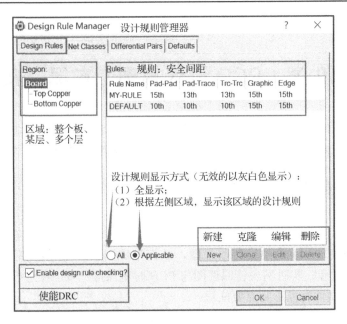

图 10-1　Design Rule Manager 对话框的 Design Rules 选项卡

10.2.1　安全间距

1. 设计规则选项卡

设计规则是指板上各个对象间的最小间距。图 10-1 中有一个默认的设计规则 DEFAULT，对整个板、所有层、所有网络类都有效，也是优先级最低的规则。

可以对默认规则进行编辑、克隆；可新建规则，并对其进行编辑、克隆、删除。

Region：设计规则作用的区域，呈树状层次结构。一般的双面板，此处呈现当前工程的板及铜箔层。也可在 PCB 中指定一个区域为 Room（可在某一层或是多层），进一步可为该 Room 创建规则。

Rules：规则列表区。底部选 All，将显示所有规则；选 Applicable，则根据 Region 的选择显示配套的规则。

选中图 10-1 左下角的"Enable design rule checking?"，开启 DRC，在布线过程中若违背了设计规则，则立即弹出 DRC 报告，便于正确布线。

2. 新建/编辑设计规则

双击图 10-1 中的规则，弹出如图 10-2 所示的 Edit Design Rule（编辑设计规则）对话框。

Name：设置规则名。

Apply to Region：设置规则适用的区域，如层、Room 等。

Apply to Net Class：设置规则适用的网络类，默认的网络类有电源 POWER 和信号 SIGNAL 两类

Clearances：设置具体的各对象间的安全间距大小。安全间距是指同一板层中不同网络的电气对象间（如导线与导线、导线与焊盘等）在满足电路板正常工作时的最小距离，通常设置为 10～20th，在条件允许的情况下，可加大间距。修改的安全间距只对当前设计规

则有效。单击 Apply Defaults 按钮，则采用系统的默认间距。

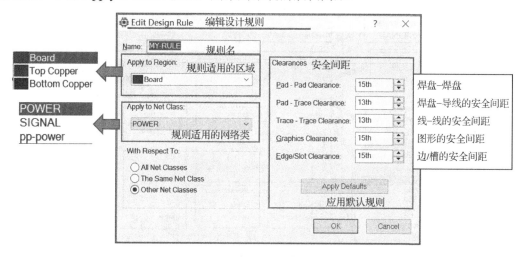

图 10-2　Edit Design Rule 对话框

对 DEFAULT（默认）规则，只可改变安全间距的大小，如图 10-3 所示。

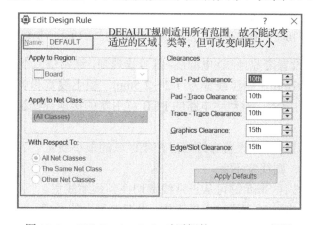

图 10-3　Edit Design Rule 对话框的 DEFAULT 规则

10.2.2　为网络类设置线宽、过孔、布线层

一个网络类就是一个或一组具有共同电气特性的网（如电源类、除此之外的信号类）。
Edit Design Rule 对话框的 Net Classes 选项卡如图 10-4 所示，可为网络类设置布线的线宽、
颈缩线宽、过孔风格、所在的层及层对。

系统默认的布线网络类有两大类：POWER 和 SIGNAL。GND、VCC 默认为 POWER
类，当然可修改为其他的网络类。除 POWER 外的其他网络类默认为 SIGNAL 类。

若在设计原理电路时设置了其他网络类，它们会出现在 Net Class 下拉列表中。创建的
非默认网络类可保存在 PCB 模板中，模板可使用在其他工程中。即使未启用该网络类，也
不会对电路板产生影响。

Trace Style（导线风格）：下拉列表有不同宽度的线型，如 DEFAULT、RELIEF、T8、
T10、T15 等。

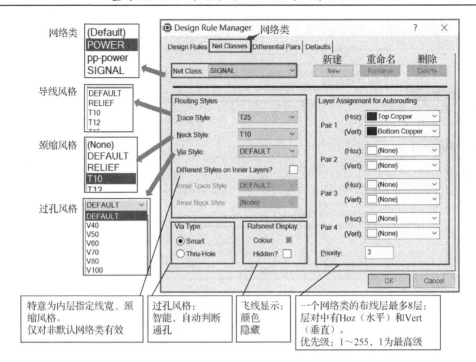

图 10-4　　Design Rule Manager 对话框的 Net Classes 选项卡

一般的线型宽度设置遵照地线>电源线>信号线规则，通常信号线宽为 0.2～0.3mm，最细宽度可达 0.05～0.07mm，电源线宽为 1.2～2.5mm。板上线宽和电流的关系大约是每毫米线宽允许通过 1A 的电流。对数字电路的 PCB 可用宽的接地导线组成一个回路，即构成一个地网来使用。

Neck Style（颈缩风格）：设置布线通过密集区域的最小线宽。下拉列表中不同宽度的线型，当选 NONE 时，则线宽不变。

一般手动布线时按住 Shift 键可从正常线宽切换到颈缩线宽。

Via Style（过孔风格）：既有经济上的考虑，也有电气上的考虑。下拉列表有 DEFAULT、V40、V50、V60、V70、V80 等。

Via Type（过孔类型）：显然板层数大于等于 2 时才有意义。有正常的通孔、顶部盲孔、底部盲孔和埋孔。当选 Smart 时，基于形状的自动布线器会检查指定的钻距（在层堆栈中设置）并选择从源层到目标层的最小钻距。

Ratsnest Display（飞线显示）：设置某网络类的飞线颜色或是否显示。例如，把电源类和信号类的飞线设置成不同的颜色，或者在整理电源线时暂时把信号线隐藏起来，反之亦然，这样可以让飞线使用起来更灵活方便。

Layer Assignment for Autorouting（设置网络类在哪些层布线）：由此决定设计为单面板还是多层板，各层对中层的布线走向，使用水平（H）还是垂直（V）布线。若是单面板，可在一个层对中选择设置相同的层，或是层对中的一层设置为 None。每一个网络类最多可以包括 8 层。

Priority（优先级）：具有相同优先级的网络类将同时布线，而不是先后布线。这可能会导致布线器花费更多的时间，但将会有更高的完成率，特别是在单面板。

10.2.3 为网络类设置差分对

差分对针对某网络类。如图 10-5 所示，首先单击 New 按钮新建差分对，然后为其指定网络类，最后可对差分间距进行合理设置。

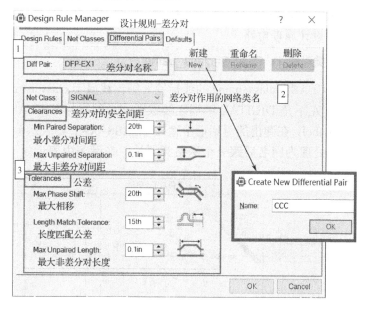

图 10-5 布线设计规则——差分对设置

10.2.4 默认颈缩、热焊盘连线、公差

Design Rule Manager 对话框的 Defaults 选项卡如图 10-6 所示，可设置默认的颈缩线宽、热焊盘连线风格、曲线公差、规则检查公差、阻焊保护间隙。

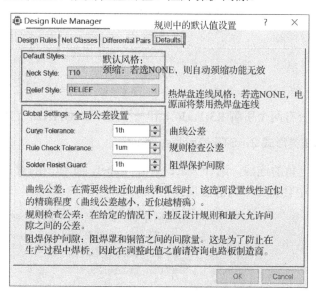

图 10-6 Design Rule Manager 对话框的 Defaults 选项卡

10.2.5　自定义网络类

系统默认的布线网络类有 POWER 和 SIGNAL 两大类。除此之外，还可自定义网络类，以满足不同的布线要求。

参考 1.2.2 节新建工程，包括原理图与 PCB，保存为 ex10-1-ppsu.pdsprj。

参考图 10-7 所示设计原理电路。

1. 定义局部网络类形式 1：CLASS=class_name

对导线放置形如 CLASS=class_name 的线标签，则该线属于 class_name 网络。

例如，对图 10-7 左下角 DIGITAL 终端连线放置一个网络标签 CLASS=XX，右击连线，选择 Place Wire Label，在弹出的对话框中输入 CLASS=XX，则表示该导线网属于 XX 网络类，网表编译时处理为网名后跟一个网络类属性。在网表中表示如下：

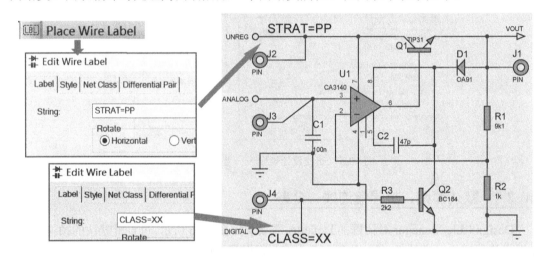

图 10-7　设置了网络类的电路图

```
DIGITAL,3,CLASS=XX        //网络名，3 个结点，网络类名为 XX
DIGITAL,GT               //终端名，通用终端
R3,PS,1                  //R3，无源引脚，R3:1
J4,PS,1                  //J4，无源引脚，J4:1
```

网络 DIGITAL 上有两个引脚 R3:1、J4:1 和一个终端 DIGITAL，它们属于 XX 网络类。

2. 定义局部网络类形式 2：STRAT=class_name

右击图 10-7 左上角的连线，选择 Place Wire Label，在弹出的对话框中输入 STRAT=class_name，在网表中会有如下信息出现：

```
UNREG,4,STRAT=PP         //网络名，4 个结点，类名为 PP
UNREG,GT                //终端名，通用终端
Q1,PS,2                 //Q1，无源引脚，Q1:2
U1,PP,7                 //U1，无源引脚，U1:7
J2,PS,1                 //J2，无源引脚，J2:1
```

3. 定义整页网络类

若要将某一设计页的连线设计为同一网络类，可单击原理图设计窗口的脚本按钮，在脚本框中输入如下形式的脚本进行声明。

```
*NETPROP
CLASS=class_name
```

10.3　自动布局

布局是指把元器件封装等按设计要求合理布置在板框内，以备布线。布局时应综合考虑机械结构、散热、电磁干扰、布线方便性等因素。先布置与机械结构有关、占据位置大、处于核心地位的关键元器件，再布置其他元器件。在布局过程中，可能因布局不好造成布不通或是布局质量差时，需要调整布局。

系统有自动、手工布局功能，两者可结合使用。布局的一般步骤：手工布关键元器件→自动布局→手工、自动布局调整。

布局后可通过 3D 预览查看实际效果，不满意再进行布局调整，满意后进行布线。

10.3.1　绘制 PCB 板框

布局元器件前先绘制板框，Proteus 有专用的板框（Edge）层，可在其中放置封闭的 2D 图形作为 PCB 的边框（称为板框）。

例如，放置一个矩形板框，先单击 2D 图形按钮▉，再从层选择器中选择 Board Edge，然后按以下 3 步操作完成方形 PCB 板框的设置。

（1）确定对角起点：在编辑区合适的位置单击，确定方框的一个顶点，如图 10-8 左下方所示。

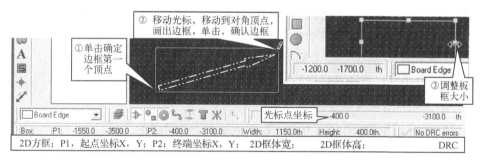

图 10-8　在 Board Edge 层画板框

（2）确定对角终点：移动鼠标，得到合适的板框大小，再次单击就画好了板框，如图 10-8 中上方所示。在光标移动的过程中可观察状态栏，如图 10-8 下方所示。状态栏中可看到当前选的是 2D 类型中的 Box、P1 起点坐标值、P2 当前点坐标值，还有以 P1、P2 为对角顶点构成的 2D 板框宽（Width）与高（Height）的尺寸和 DRC 报告。观察宽、高的数据，可清楚地知道画出的板框大小。

（3）调整板对话框大小：首先要使选择过滤器中的图形对象▉有效，然后右击边框线，在边框上出现 8 个绿色控点，如图 10-8 右上方所示，光标移到控点上后按下鼠标左键，拖动到合适的位置，松开鼠标按键，最后在空白处单击即可完成板框调整。

也可右击方框线，如图 10-9 所示执行 Edit Properties...命令，在弹出的对话框中直接修改宽、高数据。

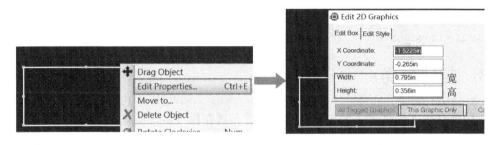

图 10-9　编辑方框

当然也可根据需要画出其他形状的板框。板框可由 5 种 2D 对象 ∕ ■ ● ◻ ◍ 绘制。

10.3.2　基于实时网表的自动布局

网表中包含电路设计中元器件及其引脚间的连接关系，是 PCB 自动布线的灵魂，也是原理图设计与 PCB 设计之间的纽带。

Proteus 的网表格式是 SDF，包含元器件名、连接信息、封装信息、每个网络的网络类。网表为 PCB 设计带来了方便。基于网表的 PCB 设计保证了电路设计与 PCB 的一致。Proteus 8 升级为实时网表（Live Netlist），原理图与 PCB 中一方改变，网表也会在后台更新，另一方随之改变，并反映在如设计浏览器等其他模块中。

创建新的工程时，Live Netlist 自动有效，导入 Proteus 7.x 老版本的原理图、PCB 图时，Live Netlist 是关闭的，需要执行菜单命令 Tool→Live Netlist。

自动布局尽管不可能在任何情况下都比手工布局好，但在绝大多数情况下能节省很多时间和精力。所以，自动布局在 PCB 设计中很重要。目前的 PCB 设计大都采用自动布局、手工布局相结合的布局模式。自动布局的条件如下：

（1）在板框层（Board Edge）绘制满足要求的封闭板框；

（2）已装载网表，在元器件模式下对象选择器中还有未放置的元器件。

1．Auto Placer（自动布局器）对话框

单击工具按钮，弹出如图 10-10 所示 Auto Placer 对话框。

Auto Placer 对话框中的设置项目比较多，但对一般的设计采用默认设置即可。

2．元器件列表

元器件列表位于 Auto Placer 对话框左侧，是尚未放置的元器件列表。单击各元器件左侧的复选框，出现 √ 表示选中元器件，接着单击 OK 按钮将它们放置到板上。默认为全选中，也可选中部分元器件分批地自动布局在板上。元器件列表一般以元器件编号的字母顺序排列。若单击 Schedule 按钮，选中的将要放置的元器件有序地排在队列前面，未选中的排在后面。

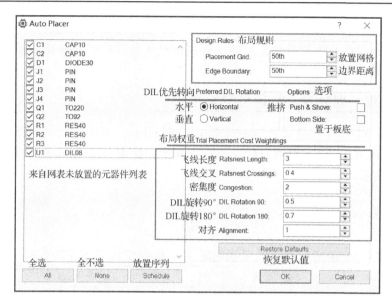

图 10-10 Auto Placer 对话框

3. Design Rules（布局规则）

布局规则位于 Auto Placer 对话框的右上角。

（1）Placement Grid（放置网格）：定义自动放置步长，通常设为自动布线网格的整数倍，一般为 25th、50th、100th。

（2）Edge Boundary（边界距离）：元器件与板框的最小距离。

4. Preferred DIL Rotation（DIL 优先转向）

Preferred DIL Rotation 项设置 DIL 型的封装元器件优先的转向，有水平和垂直两种选择。

5. Push & Shove（推挤）

选中 Push & Shove 项，在自动布局时，为了给将要放置的元器件封装让出位置，可能会移动先前放置的元器件封装，这便是推挤。若某些元器件封装不允许被推挤移动，则它的属性应事先设置为锁定 ☑ Lock Position? 。

6. Trial Placement Cost Weightings（布局权重）

单击各项权重的调节按钮 ⬍ 可设置权重值。权重值大，则布局优先。

（1）Ratsnest Length（飞线长度）权重：以布线元器件封装间的连线长度的最小为重。它应与飞线交叉权重相结合进行综合考虑，一个飞线长度小但飞线交叉太多的布局是没有可布性的。

（2）Ratsnest Crossings（飞线交叉）权重：以飞线交叉数量最小为重。当元器件移动时，飞线长度与飞线交叉情况都在实时变化，两者都会影响布线能力。

（3）Congestion（密集度）权重：对小元器件如电阻、电容等，建议增加密集度权重，以避免高密集度布局。若小元器件有成组的属性，该设置将无效。

（4）DIL Rotation（DIL 旋转）权重：DIL 通孔式封装的元器件方向改变 90° 或 180° 进行成本权重评估，以权衡利弊。若不关心 DIL 封装的方向，可设置为 0。

（5）Alignment（对齐）权重：一个成功的 PCB 设计不仅要布通还要美观，如元器件是否排齐。这一项强化元器件边沿对齐。提高该设置有时有助于布线，因为元器件排齐了，引脚也就排齐了。

10.3.3　分组、划分 Room 区域分块布局

参考 1.2.2 节新建工程并命名为 ex10-2-osc4069.pdsprj，选择合适的保存路径，工程中包含原理图与 PCB。保证实时网表有效 ✔ Live Netlist 。由 4069 等构成的间隙振荡电路原理图如图 10-11 所示。

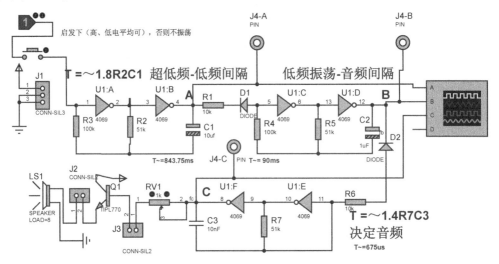

图 10-11　由 4069 等构成的间隙振荡电路原理图

1. 在原理图上分组

在原理图上分组的方法有两种：

（1）用属性分配工具（PAT）对各元器件赋以形如｛GROUP=组名｝的属性，如图 10-12 所示。

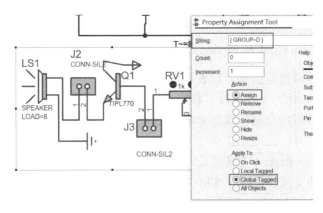

图 10-12　用 PAT 工具对元器件赋以组的属性

（2）用设计浏览器分组。在原理图中单击工具按钮，在弹出的如图 10-13 所示选项卡的 Group 列相应元器件后输入组名 A、B、C、D。

Reference	Type	Value	Package	Group	Placemer
C1 (10uf)	CAP-ELEC	10uf	ELEC-RAD10	A	Not Placed
J4-A (PIN)	PIN	PIN	PIN	A	Not Placed
R2 (51k)	RES	51k	RES40	A	Not Placed
R3 (100k)	RES	100k	RES40	A	Not Placed
C2 (1uF)	CAP-ELEC	1uF	ELEC-RAD10	B	Not Placed
J4-B (PIN)	PIN	PIN	PIN	B	Not Placed
R4 (100k)	RES	100k	RES40	B	Not Placed
R5 (51k)	RES	51k	RES40	B	Not Placed
C3 (10nF)	CAP	10nF	CAP10	C	Not Placed
J4-C (PIN)	PIN	PIN	PIN	C	Not Placed
R7 (51k)	RES	51k	RES40	C	Not Placed
J2 (CONN-...	CONN-SIL..	CONN-SIL2	CONN-SIL2	D	Not Placed
J3 (CONN-...	CONN-SIL..	CONN-SIL2	CONN-SIL2	D	Not Placed
LS1 (SPEAK..	SPEAKER	SPEAKER	RES40	D	Not Placed
Q1 (TIPL770)	TIPL770	TIPL770	TO92	D	Not Placed
RV1 (1k)	POT-LIN	1k	CONN-SIL3	D	Not Placed
D1 (DIODE)	DIODE	DIODE	DIODE30		Not Placed
D2 (DIODE)	DIODE	DIODE	DIODE30		Not Placed
J1 (CONN-...	CONN-SIL..	CONN-SIL3	3PIN-POWER		Not Placed
R1 (10k)	RES	10k	RES40		Not Placed
R6 (10k)	RES	10k	RES40		Not Placed
U1:A (4069)	4069	4069	DIL14		Not Placed
U1:B (4069)	4069	4069	DIL14		Not Placed
U1:C (4069)	4069	4069	DIL14		Not Placed
U1:D (4069)	4069	4069	DIL14		Not Placed
U1:E (4069)	4069	4069	DIL14		Not Placed

图 10-13　将原理图中的部分元器件分成 A、B、C、D 共 4 组

2. 在 PCB 上绘制 Room

如图 10-14 所示，有分组属性的元器件在 PCB 设计模块元器件模式下的对象选择器中自动分组，未分组的元器件排在后面。绘制好板的边框后，单击 Room 工具按钮，按下鼠标左键拖出一个框，松开鼠标时弹出如图 10-15 所示的 Edit Room 对话框，选择放置的 Room 类型是 Group，再从 Group 下拉列表中选择相应的组名。共放置 4 个 Room，对应的组名依次选择 A、B、C、D。还可选择 Room 所在的层，是顶层、底层或是两层都选。当前依默认选择顶层。

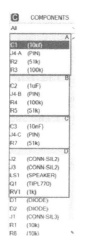

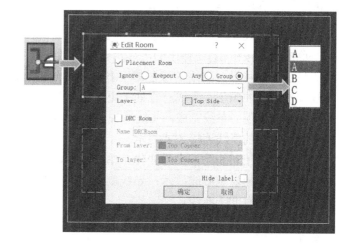

图 10-14　PCB 设计模块有分组属性的元器件　　图 10-15　在 PCB 设计模块根据分组绘出各组对应的 Room

将光标置于对象选择器中，右击后执行快捷菜单中的 Place Group by Room 命令，如图 10-16 所示，光标下元器件所在的 D 组所有元器件自动布局在 Room D 中。按组将元器件布局在对应 Room 中的结果如图 10-17 所示。

图 10-16　在 PCB 设计模块按组布局元器件的操作

图 10-17　按组将元器件布局在对应 Room 中的结果

3．布局 Room 的其他选项

（1）Ignore（忽略）：自动布局器不使用 Room。

（2）Keepout（禁止放置）：元器件不能放置在 Room 内。

（3）Any（任务）：任何元器件都可以放在 Room 内。

（4）Group（组）：属于特定放置组的组件可以放置在 Room 内。

（5）Hide label（隐藏组名）：将隐藏布局上的组名。

10.4　飞线、引脚与门交换

10.4.1　动态飞线与力向量

飞线是布线前表示连接关系的绿色细直线。

单击工具按钮 在弹出的层显示设置对话框（可参考图 8-1）中可开、关飞线与力向量的显示，还可设置飞线的颜色 ☑Ratsnest 。在设计规则管理对话框中可为每个网络类飞线设置不同的颜色。飞线一直处于更新和优化状态中。放置元器件或删除已布导线，相应的飞线会出现。布线完成，飞线消失。Proteus 对每个网络实施最小间距规则，飞线总是以焊盘间最短的直线连接方式显示。

飞线随手工布线动态实时变化，单击布线起点焊盘，将高亮显示最近的目标焊盘，布线过程中的路径以空心线显示；导线颜色与其所在层的颜色一样，由此判断其所在的层。关注这些变化有助于布线。

力向量为布局元器件提供了指导，以黄色细线箭头表示，由元器件中心指向更合理的目的地。

10.4.2　飞线模式下的操作

单击飞线模式按钮※，可进行以下操作。

1. 手工输入飞线

在非网表中的焊盘间可布飞线；在网表中有网络的焊盘与非网表的焊盘间可布飞线；有飞线，就可进行自动布线。

打开第 1 章实践 1 中设计的 PCB 文件 ex1_cd.pdsprj，单击封装模式按钮 ▣，再单击对象选择器上方的 P 按钮，如图 10-18 所示，在弹出对话框中输入关键字"pin"，在结果列表行双击，将单引脚封装选入对象选择器中。如图 10-19 所示，在接插件 J1 的下方放置两个 PIN。单击※，进入飞线模式，在编辑区可像手工布线一样布出飞线。如图 10-20（a）所示，光标移至 J1:1 上时，其周围出现虚线框；单击，移动，如图 10-20（b）所示，随光标出现细绿色的飞线，到左侧的 PIN 出现虚线框，单击；如图 10-20（c）所示，在这两个焊盘间生成一条飞线、带黄色箭头的力向量。以同样的方法在 J1:2 与右侧的 PIN 间画出飞线，结果如图 10-20（d）所示。系统自动生成以"%0000"开始的网络名，之后以"%00001""%00002"…依次生成网络名，然后可进行自动布线。

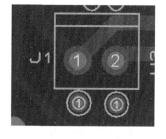

　图 10-18　选取 PIN 封装　　　　　　　　　图 10-19　放置两个 PIN 封装

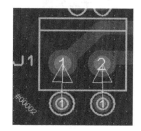

（a）光标移至 J1:1 上，出现虚框　（b）单击、下移光标出现飞线　（c）单击 PIN 完成飞线连接　（d）手工添加的两条飞线

图 10-20　手工画飞线的过程

当元器件焊盘在单层上时，必须为每个焊盘选择正确的层。若画飞线时要改变层，可按 Space 键，切换顶层、底层。

2. 高亮显示网络

在飞线模式※下，若未布线，在对象选择器中双击某一网络，可选中该网络中的飞线和焊盘，使其高亮显示，便于局部布线。若已布线，则只高亮显示该网络下的焊盘。

在连接高亮模式 ╫ 下，若未布线，在对象选择器中双击某一网络，则该网络中的焊盘高亮显示；若已布线，则高亮显示该网络下的焊盘与导线。

10.4.3 基于网表进行引脚、门交换

PCB 设计模块完全根据原理图设计模块提供的交换数据实施交换，若这些数据有误，PCB 设计模块将提示非法交换。有时引脚交换 pin-swap、门交换 gate-swap 同时发生。

参考 1.2.2 节新建名为 ex10-3-xch.pdsprj 的工程，选择合适的保存路径，工程中包含原理图与 PCB 图。

在原理图中完成如图 10-21 所示的引脚、门交换示例电路。7400 有 4 组二输入与非门，门间及门内两个输入引脚均可交换。对图 10-21 所示的 U2:A 右击，执行 Packaging Tool 命令，在弹出的 Package Device 对话框中（见图 10-22）可查看、编辑引脚及门交换。由图 10-22 可看到二输入与非门的两个逻辑输入脚 A、B 默认可交换。

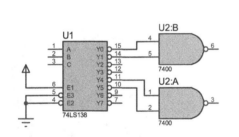

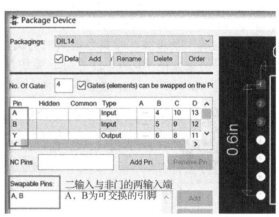

图 10-21　引脚、门交换示例电路原理图　　　　图 10-22　Package Device 对话框

1. 手工交换

单击⬚，进入 PCB 设计窗口，将对象选择器中的 U1、U2 放入编辑区，如图 10-23 所示。单击✳，进入飞线模式。右击起点引脚焊盘（或多组件的一个门，如图 10-24 中的 U2:4 脚），弹出快捷菜单，执行 Manual Pinswap/Gateswap 交换命令，与之相连的飞线及合法的可交换的目标引脚焊盘将白色高亮显示，如图 10-25 所示。移动光标到目标焊盘，单击，将实现交换，其结果如图 10-26 所示。

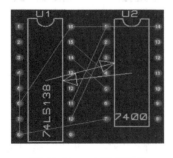

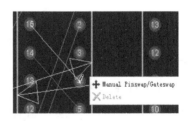

图 10-23　布局元器件　　　　　　　　图 10-24　在飞线模式下右击 U2:4

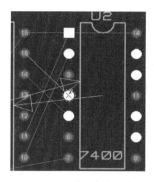

图 10-25　选择交换命令后所有可
交换的门、引脚将白色高亮显示

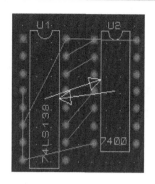

图 10-26　光标从 U2 的 4 脚
移动到 1 脚的交换结果

2. 自动交换命令

当有大量的门交换时，可启动系统自动交换功能，执行菜单命令 Tools→Gateswap Optimizer（门交换优化），弹出如图 10-27 所示的提示框，单击 OK 按钮，系统反复进行交换探测，直到飞线长度达到最小。对如图 10-21 所示的情况，其手工交换与自动交换的结果一样。

引脚交换与门交换构成了对设计连接性的更改，所以在引脚交换或是门交换前应该仔细检查确认所做的交换是否合法，慎之又慎，并且在大批量生产之前应该进行 PCB 打样。

3. 因引脚、门交换而更新电路图

引脚、门交换会改变设计的连接性。当由 PCB 设计切换到原理图设计时，会自动刷新电路设计（确保在 PCB 中工具菜单下实时网表有效✓ Live Netlist），结果如图 10-28 所示。原理图保持与 PCB 中的电气连接一致。

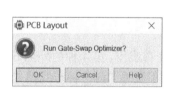

图 10-27　在 PCB 设计中确认自动交换优化

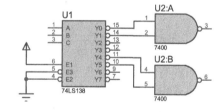

图 10-28　引脚、门交换后更新的原理图

10.5　基于形状的自动布线器

10.5.1　基于形状的自动布线器的原则技术、对话框

1. 两项原则技术

基于形状的自动布线器（Shape Based Auto Router，以下简称自动布线器）功能强大、使用方便，可节省很多时间和精力。它有两项优秀的原则技术。

（1）基于形状的自动布线：能更有效地使用布线区域，更适合处理高密度、高复杂度的 PCB 设计。

（2）冲突减少运算法则：布线器忽略冲突放置路线，然后用多通道基于成本冲突减少运算法则寻找一个适用于网络自然流的布线方案。在初始通道上，布线器用相对低成本接受一个有交叉的或安全间距冲突的布线路径方案；随后将成本慢慢递增，直到冲突消除。这种适应性的布线技术证明：即便是复杂的高密度 PCB 设计，也可达到高布通率。

2．自动布线器对话框

进入 PCB 设计窗口后，单击按钮 ，打开 Shape Based Auto Router（基于形状的自动布线器）对话框，它包括布线模式、设计规则、冲突处理等部分，如图 10-29 所示。

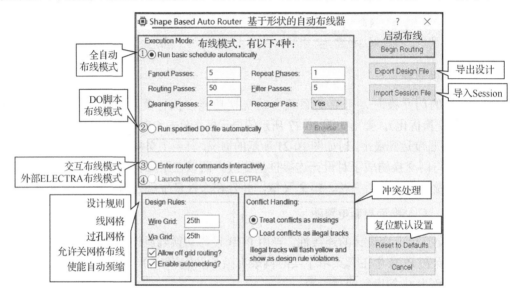

图 10-29　Shape Based Auto Router 对话框

10.5.2　自动布线模式

自动布线有 4 种模式，但只有安装注册了 ELECTRA 布线器，第 4 种的外部 ELECTRA 布线器模式 ◯Launch external copy of ELECTRA 才有效，本书对此不叙述。前三种布线模式，都要单击布线器右上角的 Begin Routing 按钮开始运行。自动布线器的配置内容看起来很复杂，但基本操作较简单。一般的 PCB 设计，取默认设置就行了。

1．全自动布线模式

全自动布线模式是 PCB 设计中应用最广的模式，其操作在 10.6.1 节中有较详细的叙述。

全自动布线模式的配置有 6 项，它们的值可根据需要进行设置，但一般取默认值即可。

（1）Fanout Passes（扇出数）：从 SMD 焊盘过孔进行逃逸布线，使布线时容易连接到焊盘。

（2）Routing Passes（布线次数）：该项超过 50 以上，对布线效果没有明显的改善。对于复杂或密集的电路板，建议增加重复次数，而不是增加布线次数。

（3）Cleaning Passes（清除数）：大多数 PCB 设计取默认值即可。

（4）Repeat Phases（重复数）：重复进行 Routing Passes、Cleaning Passes 的次数。该自动布线器是基于形状的布线器，所以重复布线、清除操作有助于达到高布通率。大多数 PCB

设计取默认值即可；但对很复杂或高密度的 PCB 设计，增大设置值有好处。

（5）Filter Passes（过滤）：在布线器完成指定的重复布线、撤销的次数后执行，撤销任何有冲突的线。大多数 PCB 设计取默认值即可。

（6）Recorner Pass（拐角）：拐角优化，是布线的最后一步，将 90°走线改为 45°或 135°，以减少布线长度。

2．DO 脚本布线模式

自动运行布线器中指定的 DO 脚本文件的命令序列，进行 DO 脚本模式的自动布线。

（1）DO 脚本模式布线操作

单击按钮▧或执行菜单命令 Tools→Auto-Router，打开自动布线器对话框，如图 10-30 所示。①选中 Run specified Do file automatically；②单击 Browse 按钮，打开文件浏览器，从文件浏览器中选择设计优秀的 DO 脚本文件；③单击 Begin Routing 按钮，将按指定的 DO 脚本文件自动完成布线。

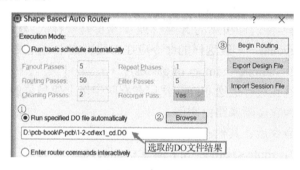

图 10-30　DO 脚本模式布线

DO 脚本文件的扩展名为 DO。PCB 设计中，若采用全自动布线模式且完成布线后都会自动生成 DO 脚本文件，可用 Windows 中的记事本打开。

（2）DO 脚本文件

布线脚本是一组描述布线过程的有序的命令序列。若某指令序列被证明有助于布通或达到好的布线效果，则可将它保存为 DO 脚本文件，供不同电路板的 PCB 设计使用。对复杂的 PCB 设计使用已证明为优秀的 DO 脚本模式是省时又高效的选择。

可以用文本方式打开 DO 脚本文件。DO 脚本文件示例如图 10-31 所示，它是实践 1 自动布线生成的 DO 文件，实际就是自动布线器中设置的 6 项命令的序列。各命令的具体含义参见下面。

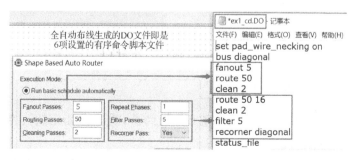

图 10-31　DO 脚本文件示例

3. 交互布线模式

（1）启动交互布线模式

① 单击按钮 ![icon]，打开自动布线器对话框。

② 单击 ⊙ Enter router commands interactively 。

③ 单击 Begin Routing 按钮，退出自动布线器对话框，返回 PCB 设计窗口，底部出现输入命令窗口，输入布线命令，按 Enter 键，可以对全局或选中区域布线。

注：①布线命令优先作用于选中的对象，若无选中的对象将作用于整个 PCB。②要退出交互布线模式，只要单击其他模式工具按钮即可。

（2）基本交互布线命令

Proteus 的 PCB 有丰富的布线命令集，这里只讲应用最多的 6 条基本命令，未叙述的其余命令可查看 Proteus 应用手册，命令顺序一般也是按以下①～⑥来安排。

命令中的符号"< >"表示必须项；"[ ]"表示可选项；"|"将多个可选项分隔开。

① 总线命令格式：bus [diagonal]

只对规则阵列引脚有效，即引脚的 X 坐标或 Y 坐标是一样的。默认的布线转角是直角，除非指定斜线选项 diagonal。一般这样的命令应在布线脚本中首先发布。

② 扇出命令格式：fanout <number of passes>

从 SMD 焊盘用过孔进行逃逸布线。建议在有两个以上信号层的布线开始时使用。不建议使用双面板，因为它会阻塞路由空间。

扇出应该在总线命令后、其他布线命令前立即发布。

③ 布线命令格式：route <number of passes>,<start pass>

给自动布线器指定布线次数。与 clean 命令交替使用以期达到布通。第二个参数只能用在第二布线阶段并设置该布线集第一次布线的最初成本。例如：

```
route 20      //说明：命令布线，布线次数为 20 次
```

④ 清除命令格式：clean <number of passes>。例如：

```
clean 3       //说明：对所有网络清除并重布线，反复 3 次；它往往与 route 命令交替使用、
反复使用，以期布通。当布通后，使用它可使过孔数最小化。
```

⑤ 过滤器命令格式：filter <number of passes>

在布线的最后阶段，可能以线或过孔冲突结束（交叉或距离太近），撤销当前冲突中连接数最小的布线来去除冲突。例如：

```
filter 4      //说明：过滤 4 次。
```

⑥ 直角斜化命令：recorner diagonal

此命令的功能是将 90° 的线斜角化为 135°。在布线完成后使用，以减小线长。

10.5.3　自动布线器的设计规则

图 10-29 左下角的的设计规则对自动布线提供了引导，并指定默认的布线运算法则。绝大多数 PCB 设计取默认设置即可。

（1）Wire Grid（线网格）：指定默认的布线网格，建议布线器优先采用网格来放置导线，但不会受限于布线网格。

（2）Via Grid（过孔网格）：指定默认的过孔网格，是布线器在放置过孔时优先采用的网格，但不会将过孔限制到网格。

（3）Allow off grid routing（允许关闭网格布线）：默认是打开的，决定了布线器是否基于网格布线，或在必要时以非网格布线。强烈建议保留默认设置，因为关闭它在大多数情况下会对布线器造成不利影响。

（4）Enable autonecking（使能自动颈缩）：选中该项有效。

10.5.4　自动布线冲突处理

自动布线器是基于成本计算工作的，它首先根据理想位置布线，然后增加成本直到无冲突存在。若有冲突，则如图 10-29 底部中间有两种冲突处理方式供用户选用。

（1）Treat conflicts as missings（把冲突当遗漏处理）：选中该项时，当布线与其他线相交或是非法时，布线器被中止或停止布线，非法布线也被删除，未完成的布线保持飞线连接状态。

（2）Load conflicts as illegal tracks（把冲突当非法导线）：选中该项时，所有的冲突被当作非法导线（显示违反设计规则，导线将以黄色闪烁）。

10.5.5　自动布线器的命令按钮

如图 10-29 右侧所示，共 5 个按钮。

（1）Begin Routing：启动布线。

（2）Export Design File：导出 ELECTRA 设计文件，将生成一个与设计同名的 EDF 文件，它记录了 PCB 布板的信息，可以文本方式打开。

（3）Import Session File：导入 ELECTRA Session 会话文件。

（4）Reset to Defaults：将所有可配置的选项恢复到软件安装的初始状态。

（5）Cancel：取消布线器设置并返回 PCB 设计窗口。

（2）、（3）这两个按钮用于导出设计文件和导入 Session 会话文件的按钮是为使用 ELECTRA 自动布线器的用户提供的。

10.6　PCB 设计实例

10.6.1　自动布线的 PCB 设计：ex10-1-ppsu.pdsprj

完成 10.2.5 节的 ex10-1-ppsu.pdsprj 工程中的 PCB 设计。

这是一个综合应用设计规则、手工布局、自动布局、自动布线器、自动布线、手工调整布线等操作的实例。

在进入 PCB 前，单击原理图设计中的工具按钮，打开电路原理图的设计浏览器，如图 10-32 所示，从中可知参与 PCB 设计的所有元器件都有封装。

单击，进入 PCB 设计窗口，进行 PCB 设计。

Reference	Type	Value	Package
C1 (100n)	CAP	100n	CAP10
C2 (47p)	CAP	47p	CAP10
D1 (OA91)	OA91	OA91	DIODE30
J1 (PIN)	PIN	PIN	PIN
J2 (PIN)	PIN	PIN	PIN
J3 (PIN)	PIN	PIN	PIN
J4 (PIN)	PIN	PIN	PIN
Q1 (TIP31)	TIP31	TIP31	TO220
Q2 (BC184)	BC184	BC184	TO92
R1 (9k1)	RES	9k1	RES40
R2 (1k)	RES	1k	res40
R3 (2k2)	RES	2k2	RES40
U1 (CA3140)	CA3140	CA3140	DIL08

图 10-32　查看 ex10-1-ppsu.pdsprj 的设计浏览器信息

1．设置设计规则

单击 ，打开 Design Rule Manger 对话框的 Design Rules（设计规则）选项卡，保持默认设置。在 Net Classes（网络类）选项卡中对 4 项网络类分别设置线型。选中名为 POWER 的网络类时，设置如图 10-33 所示，线型为 T60。单击 Net Class 下拉列表，操作其余网络类：设置 PP 网络类的线型为 T80，设置 SIGNAL 网络类的线型为 T40，设置 XX 网络类的线型为 DEFAULT（即 10th）。其他选项保持默认设置（如层配置为双面板等）。

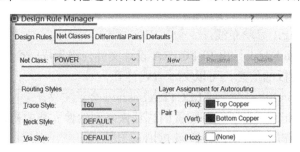

图 10-33　布线网络类设置示例

2．制作焊盘 C-110-100，作为安装孔

先单击焊盘模式按钮，再单击对象选择器上方条形标签中的 C 按钮，弹出如图 10-34 所示对话框。在 Name（焊盘名）栏中输入 C-110-100；在 Normal（常规）项中单击选中 Circular（圆形）。单击 OK 按钮，弹出如图 10-35 所示对话框，在 Diameter（直径）、Drill Hole（钻孔）尺寸项中分别输入 110th、100th（其余取默认值），单击选中 Local Edit（本地编辑），单击 OK 按钮完成制作。这时在对象选择器中出现焊盘 C-110-100，本节将它作为安装孔。

3．布局

（1）在板框层 Board Edge 中绘制板框，尺寸应比最终的 PCB 大一些（如 25mm×30mm），否则布局时可能因空间太小无法完成自动布局。

（2）先手工布局，将关键元器件 U1、Q1、Q2 布好；在板框四个角上放置 4 个焊盘（M1）作为安装孔，如图 10-36 所示。

图 10-34　新建焊盘

图 10-35　编辑焊盘

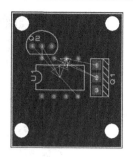

图 10-36　手工布局

（3）再自动布局，执行菜单命令 Tools→Auto Placer，弹出如图 10-37 所示 Auto Placer（自动布局器）对话框。保持默认设置不变，单击 OK 按钮进行自动布局。

（4）手工调整布局，完成布局，结果如图 10-38 所示。

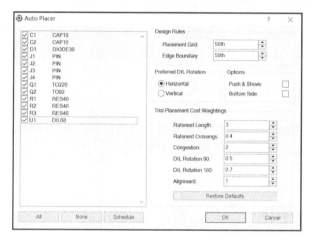

图 10-37　Auto Placer 对话框

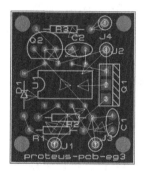

图 10-38　完成布局

4．自动布线、布线调整

单击工具按钮，弹出 Auto Placer 对话框，单击右上角的 Begin Routing 按钮进行自动布线，结果如图 10-39（a）所示，图 10-39（b）、（c）分别表示它的顶层布线、底层布线。由此可看到，不同粗细的导线与各网络类设置的线型一致，如图 10-40 所示。单击按钮，保存工程。

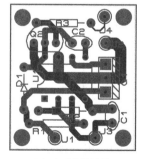

（a）自动布线结果

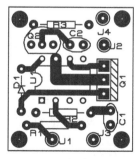

（b）顶层布线

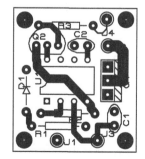

（c）底层布线

图 10-39　自动布线

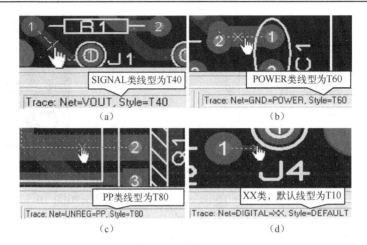

图 10-40　利用状态栏查看各网络布线信息

　　若布线不符合设计要求或不理想，可进行手工布线调整、自动布线调整等操作。若还不满意，可重新设置设计规则管理器、自动布局器、自动布线器选项等，再进行布局、布线、调整等操作，直到满意为止。

5．新建设计规则，进行布局、布线

　　单击 ，在弹出的 Design Rule Manger（设计规则管理器）对话框的 Design Rules（设计规则）选项卡中单击 New 按钮，打开如图 10-41 所示的对话框：
　　（1）输入新建（自建）规则名（如 TOP-P）；
　　（2）应用到顶层；
　　（3）应用到 POWER、关联到所有的网络；
　　（4）设置该自建规则下的安全间距。
　　单击 OK 按钮完成自建规则设置，退出规则设置页。

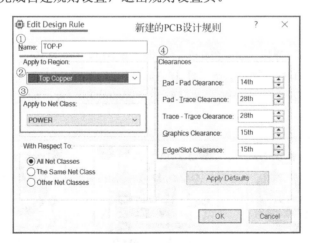

图 10-41　设置新建规则 TOP-P

　　POWER 网络中的焊盘与顶层所有类（因图 10-41 中设置为应用到顶层、关联到所有的网络类）的布线对象受自建规则 TOP-P 约束，图 10-42 左图中，POWER 网络中 U1-4 引脚焊盘与导线（D1-A，Q1-3）之间的距离小于图 10-41 中设置的 28th，所以违规，违规处以红色圆圈指示；同时在状态栏中出现![DRC errors图标] 1 DRC errors 警示（图左下角）。单击该警示，出现如图 10-42 下方所示 DRC 错误详情；并知违规处的实际距离为 20th，它小于安全距离 28th。

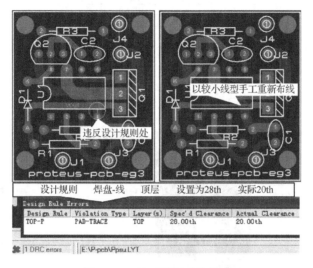

图 10-42 违反规则及其处理

要消除此错误，可手工删除此线，再以较小线宽的线型手工布线，结果如图 10-42 右侧所示。

10.6.2 交互布线的 PCB 设计：ex10-4-osc4069-1.pdsprj

本节重点叙述设计中自动布线采用的交互布线模式。

1. 一组由 4069 构成的振荡电路原理图设计

参考 1.2.2 节新建名为 ex10-4-osc4069-1.pdsprj 工程，选择合适的保存路径，工程中包含原理图与 PCB。电路原理图设计如图 10-43 所示。

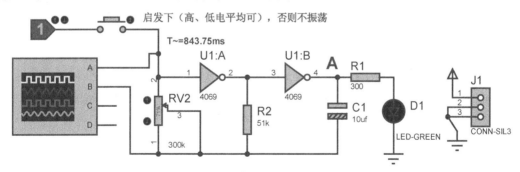

图 10-43 振荡电路原理图设计

2. 单击，检查封装

在原理图设计窗口，单击工具按钮![图标]打开设计浏览器，如图 10-44 所示。注意发光二极管 D1 的封装设置为 LED，电源接插件 J1 的封装设置为 3PIN-POWER（需自行设计，参考 10.7.1 节），可调电阻的封装为 PRE-SQ1。依次右击 D1、RV2 选择执行 Packaging Tool 命令，如图 10-45 所示进行引脚与焊盘匹配。

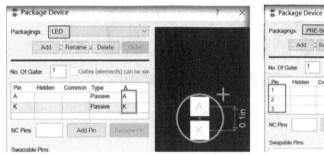

图 10-44　按 PCB 设计要求检查电路设计

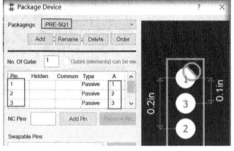

图 10-45　对发光二极管 D1（左）、可调电阻 RV2（右）设置封装、匹配引脚与焊盘

3．设置布线规则、布局

单击![ic]，进入 PCB 设计窗口，进行 PCB 设计。

单击设计规则管理器按钮![ic]，在弹出的 Design Rule Manger 对话框 Net Classes（网络类）选项卡如图 10-46 设置各项。此处为单面板，布线均在底层。

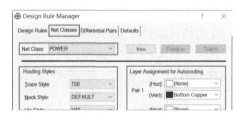
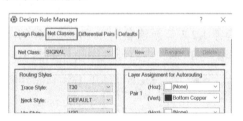

图 10-46　打开设计规则管理器对网络类 POWER、SIGNAL 进行设置

绘制大小约为 30mm×40mm 的板框，再根据原理图、飞线等进行布局，结果如图 10-47 所示。在板的四角放置 4 个直径是 3mm 的圆，放置在板框层 Edge，用作安装孔。

4．交互布线、手工布线

交互模式布线的优点在于它能在用户输入的交互命令控制下一步一步进行布线。这有利于观察、分析布线情况，发现布线中不符合设计要求的情况，能及时调整布线配置，使布线更合理，更符合设计要求。

（1）初步布线：单击工具按钮![ic]，弹出自动布线器对话框，选择 Enter router commands interactively，开始交互布线。在如图 10-48 下方的布线命令框中输入相应命令，结果如图 10-48 上方所示，有两处错误、两根未布通的线。

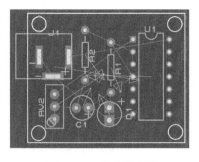

图 10-47　完成的布局

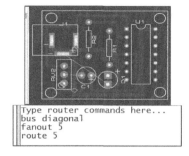

图 10-48　交互布线 1

（2）清除、再布：如图 10-49、10-50 所示输入相应命令继续布线，但有一根未布通。

（3）通过观察，如图 10-51 所示删除部分已布导线，再手工进行布线，结果如图 10-52 所示。再单击应用工具按钮，可预览 3D 视图。

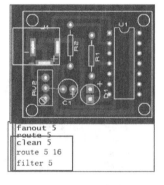

图 10-49　交互布线 2

图 10-50　斜化布线

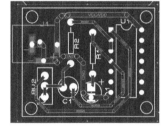

图 10-51　删除、调整布线

图 10-52　交互、手工布线结果及 3D 预览

10.7　实践 10：插座封装、流水灯的 PCB 设计

10.7.1　实践任务

（1）参考图 10-53、图 10-54，制作两脚按钮的封装，保存为 but-twofoot，其中用到的焊盘栈保存为 stk50-50-25。

（2）参考图 10-55，制作三脚电源插座的封装 3PIN-POWER。

（3）打开第 4 章 4.2 节的流水灯电路设计 ex4-1-flow-2-page.pdsprj，在此基础上进行 PCB 设计，通过设计掌握手工布局、自动布局、手工布线、

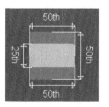

图 10-53　焊盘栈 stk-50-50-25

自动布线和合理设置设计规则。

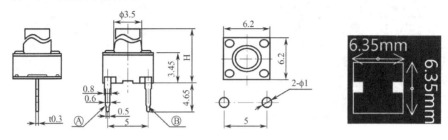

图 10-54　两脚按钮封装尺寸

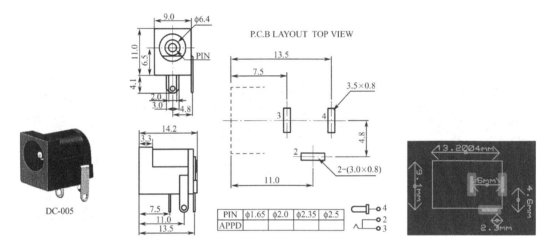

图 10-55　三脚电源插座的封装 3PIN-POWER 的尺寸

10.7.2　实践参考

1．制作焊盘栈 stk-50-50-25

参考图 10-56 制作焊盘栈。

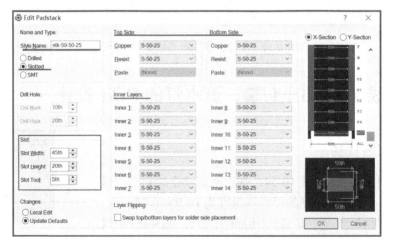

图 10-56　编辑焊盘栈 stk-50-50-25

2．完善原理图、检查封装

完善原理图，打开 ex4-1-flow-2-page.pdsprj，参考图 10-57 添加电源接插件 J1，选用两脚接插件 SIL-156-02，其封装同元器件名，1 脚接电源，2 脚接地，并设置为不参与仿真。

单击 ，查看打开的设计浏览器，检查封装。除 8 个发光二极管（D1、D2、…、D8）无封装（封装列出现红色"missimg"警示）外，其余都有封装。依次打开 D1、D2、…、D8 的属性对话框，指定 PCB Package 域"LED"。参考图 10-45 对引脚分配焊盘。

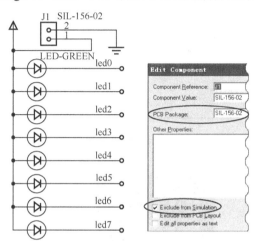

图 10-57　完善流水灯电路原理图、添加接插件 J1 并设置属性

3．设置布线规则、布局

单击 ，进入 PCB 设计窗口，进行 PCB 设计。

单击设计规则管理器按钮 ，在弹出的 Design Rule Manger 对话框 Net Classes（网络类）选项卡设置各项。此处为单面板，布线均在底层。电源类 POWER 的线型为 T40，颈缩类型为 DEFAULT，信号类 SIGNAL 的线型为 T25。可参考图 10-46 进行设置。

绘制大小约为 45mm×66mm 的板框，再根据原理图、飞线等进行布局。

手工布局关键元器件：单片机 U1。在板的四角放置 4 个直径是 3mm 的圆，放置在板框层 Edge，用作安装孔。

单击工具按钮 ，参考图 10-58 所示设置好，单击 OK 按钮，退出对话框并对 D1、D2、…、D8 进行自动布局，再对它们进行手工位置调整。接着单击 ，对其余元器件进行自动布局。最后进行手工布局调整。最终的布局结果如图 10-59 所示。

4．自动、手工混合布线

先自动布线再手工调整，结果如图 10-60 所示。

5．放置必要的说明字符

单击 2D 对象按钮 A，在接插件 J1 的 1 脚附近放置说明性的字符 VCC，在 J1:2 脚附近放置 GND，单击 ，放置尺寸线，结果如图 10-61 所示。单击应用工具按钮 ，可如图 10-62 所示预览 3D 视图。

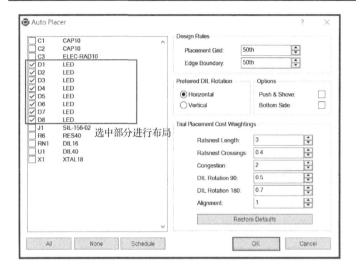

图 10-58　在自动布局器中设置布局 D1～D8

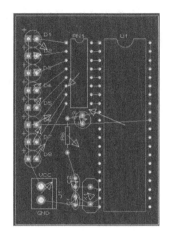

图 10-59　流水灯布局结果

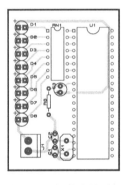

图 10-60　初步布线结果

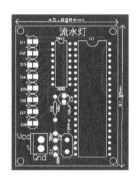

图 10-61　布局了安装孔的 PCB

图 10-62　流水灯电路板的 3D 预览

第 11 章　PCB 检查、覆铜、3D 预览

PCB 在布线过程中依据网表实时对布线连接的正确性进行检查，即 CRC（Connectivity Rules Check）连通规则检查；依据 PCB 设计规则实时对布线进行 DRC（Design Rules Check）设计规则检查。还可根据需要对 PCB 进行覆铜、借 3D 预览从整体上把握布局。

11.1　CRC 与 DRC 检查

一般情况下，系统默认进行实时的 CRC 与 DRC 检查。从窗口底部的状态栏 可实时依提示信息掌握 PCB 设计是否违规。

是否开启检查，可从设计规则管理器中开、关 DRC，参见图 10-1 左下角。

11.1.1　CRC 检查

若布线与网表一致，在底部状态栏出现 CRC 检查无误的结果 No CRC errors 。

CRC 检查与实时网表紧密关联。当启用实时网表时，对原理图所做的更改将被布局立即接收，如删除连线或元器件，PCB 中的元器件和连线将变为灰色，同时 CRC 检查状态变为 Changes Pending ，单击此状态信息，则弹出如图 11-1 所示的提示框，单击 Show 按钮将弹出如图 11-2 所示的 CRC 信息框，单击其中的某条内容，则会如图 11-2 右侧所示在电路中高亮此条内容。或是单击图 11-1 中的 Commit 按钮，则直接删除多余的对象。

图 11-1　对变化网表的处置提示

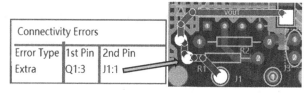

图 11-2　CRC 信息框及单击后高亮显示

当关闭实时网表时，原理图中连线或元器件有增删，在 PCB 设计窗口中的 CRC 信息将先变成 Out of Sync ，单击此挂锁图标时，原理图变化数据被接收，图标变为 Changes Pending 。

CRC 的错误类型有漏连和错连两种情况。漏连就是该连的未连，CRC 信息框中显示的错误类型为 Missing；错连就是不该连的连在一起，CRC 信息框中显示的错误类型为 Extra。如图 11-3 所示是正确的布线，J4:1 与 R3:2 间没有连线，而 R3:1 与 J4:1 有连线。若连线状态变成如图 11-4 所示，则单击 Changes Pending ，会弹出如图 11-5 所示的连线的 CRC 错误提示框，列表框中有三列内容，第一列为 CRC 错误类型（Error Type），第二列、第三列为连接错误所在的第 1 引脚（1st Pin）、第 2 引脚（2nd Pin）。

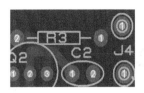
图 11-3　正确布线

图 11-4　布线有误

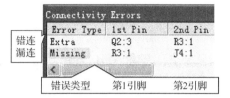
图 11-5　连线的 CRC 错误提示框

11.1.2　DRC 检查

DRC 检查是根据布线设计规则 <kbd>Design Rule Manager</kbd> 中设置的安全间距进行实时检查，无违规，状态栏显示 <kbd>✔ No DRC errors</kbd>；若在布线过程中有违规，图中错误处以红色圆圈指示，并及时在窗口底部状态栏出现 DRC 报告，如 <kbd>✘ 7 DRC errors</kbd>，表示有 7 个 DRC 错误。单击该提示，会弹出如图 11-6 所示的 DRC 错误列表，列出了违规的设计规则名（默认的或是自建的）、违规的类型、所在层及定义间距和实际间距。很显然，DRC 错误的原因是实际间距小于定义间距。

双击各错误记录行，PCB 编辑区自动聚焦到与之关联的 DRC 错误之处并最大化显示，指示错误的圆圈由红色变成白色。

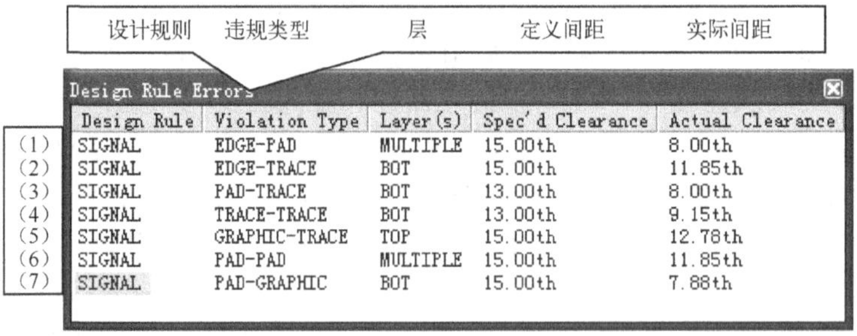

| 设计规则 | 违规类型 | 层 | 定义间距 | 实际间距 |

Design Rule Errors

Design Rule	Violation Type	Layer(s)	Spec'd Clearance	Actual Clearance
(1) SIGNAL	EDGE-PAD	MULTIPLE	15.00th	8.00th
(2) SIGNAL	EDGE-TRACE	BOT	15.00th	11.85th
(3) SIGNAL	PAD-TRACE	BOT	13.00th	8.00th
(4) SIGNAL	TRACE-TRACE	BOT	13.00th	9.15th
(5) SIGNAL	GRAPHIC-TRACE	TOP	15.00th	12.78th
(6) SIGNAL	PAD-PAD	MULTIPLE	15.00th	11.85th
(7) SIGNAL	PAD-GRAPHIC	BOT	15.00th	7.88th

图 11-6　DRC 错误列表

主要的间距违规类型如下。

（1）边-焊盘，如图 11-7（a）所示。

（2）边-导线，如图 11-7（b）所示。

（3）焊盘-导线，如图 11-7（c）所示。

（4）导线-导线，如图 11-7（d）所示。

（5）图-导线，如图 11-7（e）所示。

（6）焊盘-焊盘，如图 11-7（f）所示。

（7）焊盘-图，如图 11-7（g）所示。

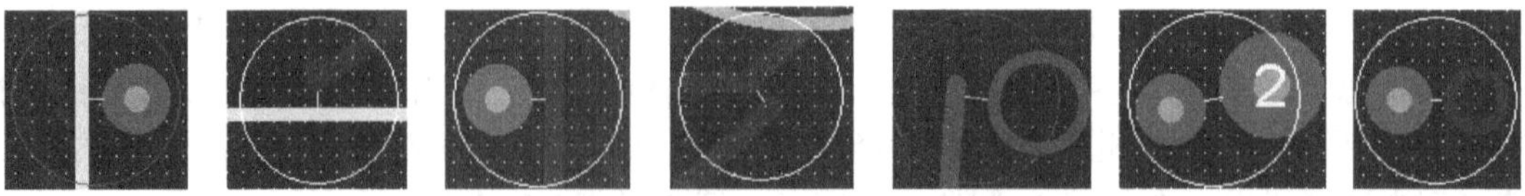

（a）边-焊盘　（b）边-导线　（c）焊盘-导线　（d）导线-导线　（e）图-导线　（f）焊盘-焊盘　（g）焊盘-图

图 11-7　主要的 DRC 错误类型

11.2　覆铜

所谓覆铜，就是将 PCB 上闲置的空间作为基准面，然后用固体铜填充。覆铜的意义是减小地线阻抗，提高抗干扰能力；降低压降，提高电源效率；与地线相连，还可以减小环路面积。为使在焊接 PCB 时尽可能不变形，大部分PCB 生产厂家也会要求 PCB 设计者在 PCB 的空旷区域填充铜皮或者网格状的地线。在多层板中，电源、地线各占用一层。当然也可对其他布线网络覆铜。

覆铜一般有大面积覆铜和网格覆铜两种基本的方式。大面积覆铜具备加大电流和屏蔽的双重作用，但是在波峰焊时，PCB 易起翘甚至起泡。因此，大面积覆铜一般也会开几个槽，缓解铜箔起泡。单纯的网格覆铜从散热的角度来说是有好处的，有一定的电磁屏蔽的作用，但承受大电流的作用被降低了。因此，对抗干扰要求高的高频电路多用网格，有大电流的低频电路等常用实心的覆铜。

覆铜与元器件引脚连接时要兼顾电气性能与工艺需要，可做成十字花焊盘，称热焊盘（Thermal），这可使在焊接时因截面过分散热而产生虚焊点的可能性大大减小。

打开第 4 章 4.2 节的流水灯电路设计 ex4-1-flow-2-page.pdsprj，在此基础上进行覆铜操作。Proteus 中的覆铜可通过电源层、区域来实现，它们间的区别见表 11-1。

表 11-1　电源层覆铜与区域覆铜的区别

	电源层（Power plane ）	区域（Zone）
定义覆盖整个平面层的平面	√	×
在平面层上定义局部区域	×	√
定义覆盖整个信号层的平面	√	×
定义覆盖部分信号层的平面	×	√
定义一个"锁定"在板边缘的平面	√	×
在现有的平面内定义一个 keepout 区域	×	√

11.2.1　由菜单覆铜命令创建电源层

首先应保证已绘制封闭的板框。如果希望在一个平面内局部区域放置电源层、分割层或隔离层，请使用工具按钮⊤实现。

执行菜单命令 Tools→Power Plane Generator...，弹出如图 11-8 所示电源层生成器对话框，用于将电源层放置在板的指定层位上，会占据给定层板的整个区域。

（1）Net：为电源层选择一个网络类，只能选择已命名的网络类。若没指定网络，电源层将连接到任何标记为热连接或固体连接的焊盘。

（2）Layer：为电源层选择一个图层。可用层数取决于层栈指定的铜箔层数。

（3）Boundary：为电源层选择一个边界线型。几乎对所有的设计，采用默认值即可。

在 Net 下拉列表中选择 GND，设置覆铜连接网络为地线网络；在 Layer 下拉列表中选择 Bottom Copper，设置覆铜在底层；在 Boundary 下拉列表中选择 DEFAULT。单击 OK 按钮生成如图 11-9 所示的 PCB 板图，将以距板界默认值 10th 的距离对整个板子进行覆铜。

图 11-8　电源层生成器对话框

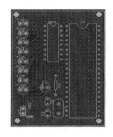

图 11-9　初步覆铜的 PCB

11.2.2　由工具按钮创建覆铜区

通过覆铜按钮可绘制任意形状、任意大小的覆铜区。

（1）单击工具栏上的覆铜按钮。

（2）使用图层选择器选择需要的图层。

（3）从对象选择器中选择区域的边界线型。

（4）画封闭区域。在已布线板上想要覆铜的地方按下鼠标左键、拖出一个方框，如图 11-10 所示，或是在想放置覆铜的区域顶点单击，如图 11-11 所示构建一个封闭的多边形，还可以按住 Ctrl 键画出曲线。

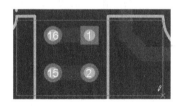

图 11-10　拖出覆铜方框

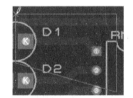

图 11-11　画出多边形覆铜框

松开左键，立即弹出如图 11-12 所示 Edit Zone（编辑覆铜）对话框。在此可设置覆铜的网络、所在层、填充类型、边界线型及填充线型、填充颜色、覆铜与其他对象的间距等。单击 OK 按钮，如图 11-13 所示可直接画出多个形状各异的多边形覆铜。

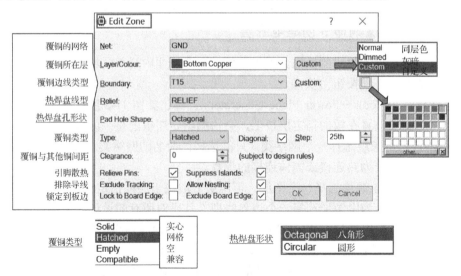

图 11-12　Edit Zone 对话框

11.2.3　Edit Zone（编辑覆铜）对话框

（1）Type（覆铜类型）：有以下 4 种类型：实心、网格、空和兼容型。3 种覆铜效果如图 11-14 所示。

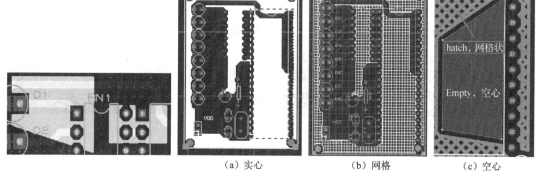

(a) 实心　　　　　　(b) 网格　　　　　(c) 空心

图 11-13　不同形状的覆铜　　　　　　　　图 11-14　3 种覆铜效果

① Solid：实心覆铜填充。

② Hatched：网格，覆铜区是一张网。网格间距（见图 11-15）由该选项右侧的 Step 框确定。默认的网格线是正交的，若选中 Diagonal: ☑，网格线将倾斜 45°。

③ Empty：空铜区，相当于在覆铜内部设置一块禁止布线区。

（2）Boundary：定义覆铜区域内、外边的线型，这也决定了覆铜可连接的最细窄的铜箔区域。设置较大将防止铜箔注入较小的间隙（如焊盘间），但设置较小则只有细小的铜箔区连接上。若覆铜是网格型，覆铜内部网格线与边线一样。Boundary 如图 11-15 所示。

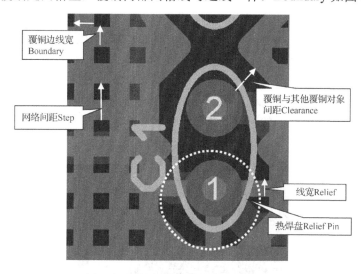

图 11-15　编辑覆铜中的几个主要尺寸

（3）Relief：定义覆铜与热焊盘连接的线宽，覆铜与过孔是直接连接。该项不能比 Boundary 的线宽，否则可能会挤破边界。

（4）Clearance：定义覆铜和其他铜箔对象的距离。

（5）Relieve Pins：是否采用热焊盘。当引脚的 Relief 属性设置为 Default 时，选中该项，与覆铜相连的焊盘呈十字花热焊盘形式；若未选中，覆铜与焊盘以实心覆铜连接。当引脚的 Relief 属性设置为 None、Solid、Thermal 时，覆铜与焊盘连接以此为准。

（6）Exclude Tracking：排除导线，若选中该项，则覆铜将同网络的导线视为障碍，覆铜只与同网络的焊盘连接，不再与同网络的导线相连，如图 11-16 所示。

（7）Suppress Islands：去死铜，去除与任何网络不连接的孤立覆铜块，如图 11-17 所示。

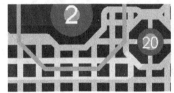

（a）非排除导线　　　　　　（b）排除导线

图 11-16　是否排除导线　　　　　　　　　　图 11-17　有死铜存在

（8）Allow Nesting：允许嵌套，当覆铜遇到障碍（例如在 SMT 占用空间内）无法通过时，选中该项将允许创建内部区域，通过使用 Suppress Islands 复选框，可以控制布局上电源层的覆盖级别。

（9）Lock to Board Edge：对板边锁定，选中时，覆铜随板大小调整而随之伸缩。

当板边移动或调整时，区域将保持从板边拉回（根据设计规则管理器的边间隙规则设置）。

（10）Exclude Board Edge：排除板边，选中时，覆铜与板边保持一 Edge 的距离，即设计规则管理器中的边缘/槽间距。

为了自动布线器连接到一个区域，它必须被放置在一个平面层上。可以自建设计规则应用于单一层，由此可很容易地为不同的电源层设置不同的边距。

（11）颜色模式：有 Normal、Dimmed、Custom 3 种。Normal 为覆铜色与层色一样；Dimmed 为暗淡的层色；Custom 为自定义颜色，单击色块可弹出自选颜色框供用户选择覆铜颜色，如图 11-12 右侧所示。自定义颜色只对 Solid、Hatched 的覆铜类型有效。当覆铜类型为 Empty（空心）时，覆铜颜色取决于层色 ■■ 设置对话框中的 ■ Empty Zones。其他两种覆铜类型下的覆铜颜色与其所在层色一样。将 Empty 型的区域放置在其他电源层或是实心、网格区域内形成包含空洞的覆铜，如图 11-18 所示。

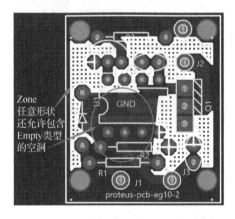

图 11-18　任意形状区域覆铜，且用 Empty 类覆铜形成空心

11.2.4　覆铜操作

1．选择覆铜

使覆铜过滤器  有效，右击覆铜边沿，该层覆铜呈白色高亮的选中状态，同时弹出如图 11-19 所示快捷菜单，可编辑覆铜、改变其所在层、形状等。

图 11-19　覆铜的快捷菜单

2．编辑覆铜

在覆铜模式下右击覆铜边沿，执行 Edit Properties 命令，弹出如图 11-12 所示对话框，在其中编辑覆铜属性。

3．删除覆铜

使覆铜过滤器 有效，对覆铜边沿右双击，或右击选择 Delete Object 可删除覆铜。

4．改变覆铜层

在覆铜模式下右击覆铜边沿，弹出如图 11-19 所示菜单，执行 Change Layer 命令，在弹出的菜单中选择需要的层。

5．改变覆铜形状

为方便以下操作，可将覆铜类型由网格改为轮廓线，等修改后再改回网格形式。
- 添加顶点：选中覆铜并右击，弹出如图 11-19 所示菜单，执行 Add vertex 命令，将在当前光标点对覆铜添加一个顶点。光标点要在当前覆铜范围内，包括覆铜边沿。
- 删除顶点：选中覆铜并右击，如图 11-20 所示，当光标处于覆铜顶点时，执行 Delete vertex 命令，可删除该顶点。
- 拖动顶点改变形状：当选中覆铜、光标置于覆铜顶点时，光标变成如图 11-20 所示 时，按下左键拖动，如图 11-21 所示，拖到目的地松开，在非覆铜处单击，则重新生成改变形状的覆铜。

图 11-20　光标置于覆铜顶点时

图 11-21　拖动覆铜顶点

6. 自动重新生成覆铜

当覆铜形状改变或因其区域内的导线、焊盘等发生变化时，能自动重新生成覆铜。可以将该功能设置为系统默认自动有效，执行菜单命令 System→Set Zones，弹出如图 11-22 所示重新生成配置框。要自动重新生成覆铜，就选中框中第一项 Auto-regenerate Zones? ☑ 。

也可随时执行菜单命令 Tools→Auto Zone Regeneration，进行是否自动重新生成模式的切换；还可直接操作快捷键 Ctrl+R 进行重新生成与否的切换。

若设计太复杂，重新生成覆铜区域需要资源与时间，可能需要启动后台重新生成功能，如图 11-22 中的第三项 Background Regen. Threshold: 50 所示。该项所填的数值表示后台重新生成时需要达到的孔的数量，范围是 0～5000。

7. 快速重画模式

该项功能默认是关闭的。为了顺利进行复杂板子的 PCB 设计，使覆铜不占用过多的资源和时间，可选中图 11-22 中的 Quick Draw Zones? ☑ ，简化覆铜，快速重画。

简化的结果如图 11-23 所示，有如下特征：

（1）轮廓线不再以对话框中定义的 Boundary 线型重画，而是以单像素线画出。

（2）热焊盘以单像素线画出。

（3）若是网线型的覆铜，网线也以单像素线画出。

图 11-22　快速重画模式下覆铜

图 11-23　覆铜区域重新生成配置框

11.3　3D 视图查看与设置

11.3.1　3D 预览窗口

打开工程 ex10-2-ppsu.pdsprj，单击应用工具按钮◀◀，可预览 3D 视图，如图 11-24 所示。图 11-24（a）左上角有一个菜单，包括 File（文件）、View（视图）、Template（模板）、System（系统）和 Help（帮助）5 项。图 11-24（a）左下角是 3D 视图导航按钮，在 3D 预览过程中可随时缩放视图，可任意旋转，从各个方位查看 PCB，还可从 3D PCB 裸板［见图 11-24（b）］仔细观察 PCB 的布线情况。

(a)

(b)

图 11-24　3D 预览窗口及裸板

11.3.2　3D 视图按钮与命令

1. 查看 3D 视图

单击 3D 视图窗口底部按钮可方便查看前、后、左、右及俯视图，也可滚动鼠标中轮进行放大或缩小等操作，还可按如图 11-25 所示的快捷键查看 3D 视图。

3. 平移/旋转按钮 ⊕

导航按钮的第一个图标 ⊕ 的功能同菜单命令 View→Navigate，可平移、旋转视图，以任意角度旋转视图。

4. 高度限制与裸板按钮

高度限制按钮 ⊞：按下，板上出现一定高度的半透明的遮罩；弹起，取消高度限制。

是否显示为裸板按钮 ▮：按下，显示元器件；弹起，即为裸板，不显示元器件。

图 11-25　View 菜单

11.3.3　3D 平移、旋转预览

用鼠标控制移动、旋转 3D 视图，很直观、方便。如果遇到视图消失等麻烦，可以通过快捷键 F8～F12 重置板的预设视图之一。

1. 移动

在 3D 窗口单击（或按 F5 键或单击按钮 ⊕），光标变成瞄准镜 ⊕ 式的浏览状态，固定在窗口中心位置，如图 11-26 所示。此时移动鼠标，板子随之移动（在同一水平面上），可将要查看的对象移动到瞄准镜下。在移动中还可再滚动鼠标中轮缩放对象，可清晰查看板子的细节。

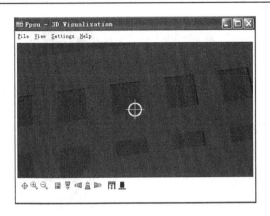

图 11-26　浏览时的光标瞄准镜处于窗口中心

单击退出浏览状态，瞄准镜消失。

2．旋转

手动旋转：在 3D 预览窗口按下鼠标左键移动，便是旋转状态，上下移动鼠标将调整俯仰，左右移动鼠标将调整偏航（方向）。板子随光标以任意方向旋转，松开左键又恢复为平移式浏览状态。单击，退出浏览状态。

自动旋转：执行菜单命令 View→Auto Spin，板子将自动旋转。

翻转：单击 3D 窗口底部翻转按钮 ⟳，则转到当前面的背面。

11.3.4　3D 预览设置

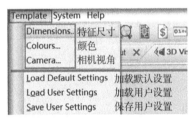

图 11-27　3D 预览的设置菜单

单击 3D 窗口 Template 菜单（见图 11-27），可设置预览时板子某些对象的尺寸、颜色及视角等属性，还可将当前设置保存为预览模板。

1．尺寸设置

在 3D 窗口，执行菜单命令 Template→Dimensions...，弹出如图 11-28 所示 Dimension Settings（尺寸设置）对话框，可设置以下 4 项厚度。

（1）Board Thickness（板厚度）

板厚如图 11-29 所示，板厚可设置为 0.1～10mm。

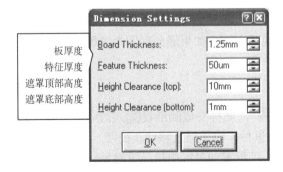

图 11-28　Dimension Settings 对话框

图 11-29　板厚示意

（2）Feature Thickness（特征厚度）

特征厚度的范围 0.1μm～1mm，指导线和丝印图形在板上的厚度。为了能说明该参数，将图 11-28 第二栏的参数扩大 10 倍，设为 500μm，即 0.5mm，效果如图 11-30 所示，很明显，字符、焊盘等对象都明显凸起。

（3）Height Clearance（top）（遮罩顶部高度）

遮罩顶部高度对应于板的底部规定高度面，在板的周围形成一个半透明的遮罩，可作为对板上突起对象做高度检查。设置顶部高度为 5mm，底部高度为 1mm，效果如图 11-31 所示；向上高度改为 1mm，效果如图 11-32 所示。

图 11-30　特征厚度示意（设为 0.5mm）

图 11-31　顶部、底部高度分别为 5mm、1mm

（4）Height Clearance（bottom）（遮罩底部高度）

设置底部高度为 1mm，顶部高度为 5mm，效果如图 11-33 所示。

图 11-32　顶部、底部高度为 1mm

图 11-33　顶部、底部高度分别为 1mm、5mm

2. 颜色设置

在 3D 窗口，执行菜单命令 Template→Colours...，弹出如图 11-34 所示 Colour Settings（颜色设置）对话框，可设置板、铜箔、丝印、高度罩、通孔、盲孔、窗口背景等的颜色。单击各色块，可弹出如图 11-34 右侧所示颜色框，单击色块或单击 other 按钮可进行细选。设置完毕单击 OK 按钮确认。

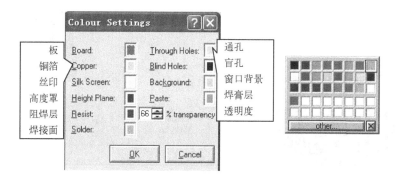
图 11-34　Colour Settings 对话框

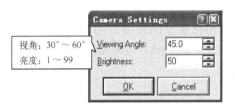

图 11-35　Camera Settings 对话框

3．视角、亮度设置

在 3D 窗口，执行菜单命令 Template→Camera，弹出如图 11-35 所示 Camera Settings（相机设置）对话框，可设置视角和亮度。视角、亮度设置示例如图 11-36 所示。视角的范围是 30°～60°，亮度值的范围是 1～99。视角默认的设置是 45°，对大多数板子，该设置是比较合适的。

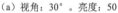

（a）视角：30°。亮度：50　　　　　（b）视角：60°。亮度：90

图 11-36　视角、亮度设置示例

11.4　3D 模型帮助文件及输出

如图 11-37（a）所示，右击 PCB 设计窗口电路中的元器件封装，执行弹出的快捷菜单中 3D Models，弹出 3D Models（3D 模型）对话框［见图 11-37（b）］，对话框的左侧是 3D 模型的参数，可编辑参数修改模型；右侧是 3D 模型预览，共提供了 6 种 3D 模型预览方式，即顶视、底视、前视、后视、左视、右视，还可放大、缩小、翻转视图。

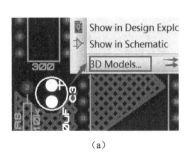
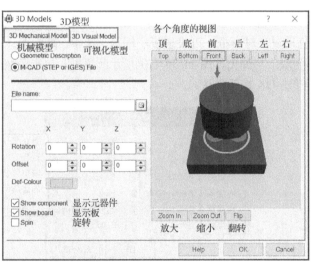

（a）　　　　　　　　　　　　　　　（b）

图 11-37　3D Models 命令和 3D 可视化框

1. 有关 3D 模型的帮助文件

库中有 3D 模型的元器件支持 3D 视图，用户也可用 Proteus 的 3D 视图库或导入标准 3D 格式的文件模型实现自建 3D 模型。3D 文件可从主要的商用 M-CAD 包及几个免费的软件工具，特别是 Blender 获取。关于 3D 预览更多的信息，如 3D 建模等信息可查看 3D Viewer 帮助文件。运行 PCB 设计窗口的菜单命令 Help→PCB Layout Help 可打开 3D 帮助文档，如图 11-38 所示。

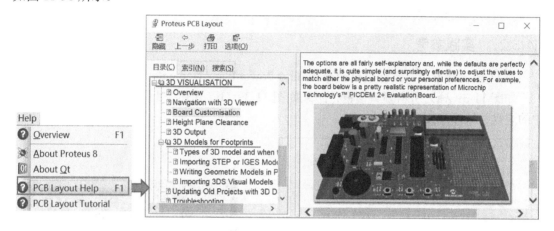

图 11-38　3D 预览帮助

2. 在工程中嵌入 3D 模型文件

若工程中嵌入了 3D 模型，就可在无 3D 模型的计算机中也可进行 3D 预览。就像蜗牛的壳是行动的房子。在电路的 3D 预览窗口，执行菜单命令 File→Embed MCAD Models，元器件的所有 3D 模型都存储在工程*.PDSPRJ 文件中，如此工程文件也将变得很大。当再打开工程时，所有这些文件都被提取到一个临时目录中，用于项目的 3D 可视化。它们不会自动复制到计算机的 MCAD 目录中，以防覆盖已经存在同名的不同文件。如果想要将 3D 模型文件存储在其他计算机上，那么在布局中的元器件上使用 Make Package 命令重新生成封装。

Embed MCAD Models 命令是一个开关，可以在每个项目中打开或关闭。它默认为关闭状态。

3. 3D 的 MCAD 输出

在 PCB 设计窗口，执行菜单命令 Output→Generate 3D M-CAD File，可以生成用于与 Solidworks、PTC 或 Autodesk 等 MCAD 软件进行数据交换的 STEP 格式以及旧的 IGES 和 STL 格式的文件。导出一个 STEP 装配需要进行大量的计算，所以导出过程可能要花几分钟时间。

4. 3D 的图形输出

在电路的 3D 预览窗口，执行菜单命令 File→Export 3DS，板上所有对象（丝印、导线、铜箔、掩模、区域、对象、孔、板等）都将导出在*.3DS 文件中，因此生成的文件可能非常大。该文件不大可能在 M-CAD 环境中使用，但它仍然是可用的最完整的可视化输出。

11.5 实践 11：覆铜、3D 预览

11.5.1 实践任务

打开 ex4-1-flow-2-page.pdsprj，在此基础上进行各种类型的覆铜、3D 预览练习，理解各项参数的含义并熟练应用。

11.5.2 实践参考

在 PCB 设计窗口，执行菜单命令 Tools→Power Plane Generator...，对整个板覆铜。

如图 11-39（a）所示编辑覆铜，结果如图 11-39（b）所示。此时地网络覆铜与地网络中的焊盘、地线连接。

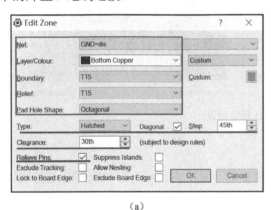
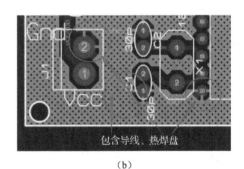

（a） （b）

图 11-39 有热焊盘的覆铜编辑及结果

参考图 11-40，编辑覆铜，查看效果，理解相关设置。

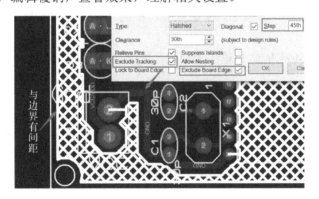

图 11-40 热焊盘、排除导线、排除板边的覆铜

单击工具栏上的覆铜按钮􀀁，参考图 11-41 拖出一个框，选择覆铜类型为 Empty。

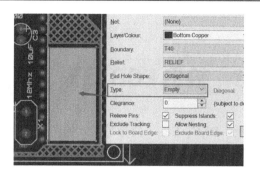

图 11-41　拖出一个空心覆铜区

单击应用工具按钮，打开 3D 预览窗口，查看其 3D 效果，如图 11-42 所示。

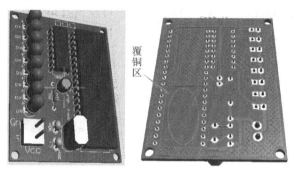

（a）元器件面　　　　　（b）焊接面

图 11-42　3D 预览

第 12 章　输出 PCB 图形、生产文件

PCB 可输出位图、图元、DXF、EPS、向量等格式的图形文件，支持打印机、绘图仪输出，还可输出 Gerber、ODB++、拾放文件、测试点信息文件等各种生产文件。

12.1　PCB 设计窗口的 Output 菜单

PCB 设计窗口的 Output 菜单如图 12-1 所示，可设置打印、打印机、输出原点、图形输出区域等，以及输出图形、生产文件。

输出菜单	Output Edit View Library Tools Technology System Help
打印PCB设置	Print Layout
打印机设置	Print Setup
打印机信息	Printer Information
设置输出区域	Mark Output Area
设置输出原点	Set Output Origin
导出图形	Export Graphics
生产前检查	Pre-Production Check
生产注意	Manufacturing Notes
Gerber/Excellon 输出	Generate Gerber/Excellon Files
生成拾放文件	Generate Pick and Place File
生成测试点文件	Generate Testpoint File
生成IPC-D-356网表	Generate IPC-D-356 Netlist
生成ODB++数据库	Generate ODB++ Database
生成IDF数据库	Generate IDF Database
生成3D M-CAD文件	Generate 3D M-CAD File

Export Bitmap	位图
Export Metafile	图元
Export DXF File	DXF
Export Encapsulated Postscript	EPS
Export Adobe PDF File	PDF
Export SVG File	SVG
Export Vector File	向量
Export Overlay	层叠

图 12-1　PCB 设计窗口的 Output 菜单

12.2　图形文件输出及打印

12.2.1　图形文件输出

执行菜单命令 Output→Export Graphics，弹出如图 12-1 右侧所示的菜单，可输出位图、图元等 8 种格式的图形。其中，位图、图元、层叠格式还可输出到剪贴板，以方便粘贴到别的文件中。

图形的默认文件名及路径与工程文件名及路径相同，当然也可以重新设置。

1. 输出位图文件*.BMF

打开 ex10-2-Ppsu.pdsprj，执行菜单命令 Output→Export Graphics→Export Bitmap，弹出如图 12-2 所示对话框，可对位图输出进行以下设置。

（1）Mode（输出模式）。

① Normal Artwork：原图，以规定尺寸画焊盘、线和图形，丝印层图形线宽通过菜单 Technology→Set Text Style 下对话框左下角的线宽选择框 `Line Width: 8th` ⬍ 设置。阻焊层通过画焊盘生成一个阻焊阴影图，焊盘、过孔根据焊盘类型、过孔类型编辑中的 guard gap 尺寸放大。如果有锡膏层，则将绘制 SMT 锡膏掩模阴影图。其他各项设置参考图 12-2，输出效果如图 12-3（a）所示。

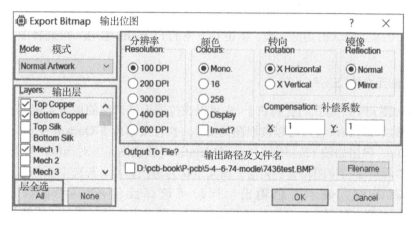

图 12-2　Export Bitmap 对话框

② Assembly Plot：装配图，如图 12-3（b）所示，表现为元器件封装轮廓及焊盘。

③ Drill Plot：生成一个如图 12-3（c）所示的特殊图块，每种尺寸的钻孔都由不同的尺寸符号表示。尺寸种类数在 15 以内的以$DR00～$DR14 表示；若板上孔的种类超过 15，将以实际尺寸画圆表示。

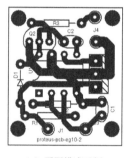
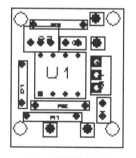
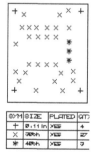

（a）原图模式示例　　　　　　（b）装配图模式示例　　　　　（c）钻孔图模式示例

图 12-3　3 种输出模式

（2）Layers（输出层）：顶层铜箔（Top Copper）、底层铜箔（Bottom Copper）；顶层丝印层（Top Silk）、底层丝印层（Bottom Silk），4 层机械层（Mech1～Mech4），14 层内电层（Inner1～Inner14），板界层（Edge Board）。若多层叠在一起不理想，可选单层输出。

（3）Resolution（分辨率）：要设置为 100～600DPI。图形占用的存储量以分辨率平方的比例增长，如从 100DPI 调到 600DPI，存储量将是 100DPI 的 36 倍。100DPI 的 256 色位图每平方英寸需要 10KB 的存储量，若是 16 色，每平方英寸需要 5KB。

（4）Colours（颜色）：单色，Mono.；16 色；256 色；Display，与显示适配器一样的位

图格式输出。也可选中 Invert，以反色显示。若是单色，则黑、白反色；若是彩色，则是相应的对比色。

（5）Rotation（转向）：X Horizontal，X 轴水平；X Vertical，X 轴垂直。

（6）Reflection（镜像）：Normal，正常显示；Mirror，镜像。

（7）Compensation（补偿系数）：只对图形的绝对二维坐标按比例变更，不影响其尺寸大小。

（8）输出路径及文件名：选中图 12-2 底部 `Output To File?` 下的复选框，将输出为位图文件；若不选中该项，则输出到剪贴板。单击右下角的 Filename 按钮，可选择图形输出路径、设置文件名。

2．输出图元文件*.EMF

Windows 图元文件格式的优势在于，它可以在位图无法伸缩的地方实现真正的可伸缩。用 Windows 的 Paintbrush 程序可以读取图元文件。执行菜单命令 Output→Export Graphics→Export Metafile，弹出如图 12-4 所示 Export Metafile（输出图元）对话框。其中图元文件输出模式、层参看前面与位图相关的内容。图元默认为黑白输出，若选中颜色选项（Options）下的 `☑ Colour Output?`，表示彩色输出，同时可选择反色 `☑ Invert Colours?`、输出背景 `☑ Erase Background?`。取消选中 `☐ Erase Background?`，则输出为透明图元，无背景色。

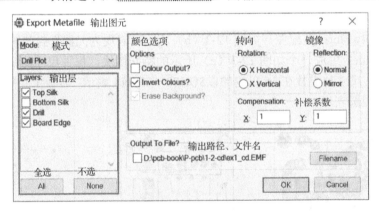

图 12-4　Export Metafile 对话框

以 Artwork 模式、彩色输出、无背景色，以不同的补偿系数输出的效果如图 12-5 所示。

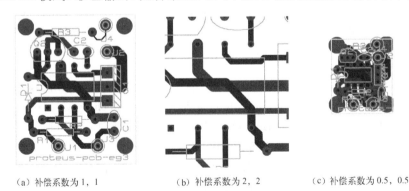

（a）补偿系数为 1，1　　　　　（b）补偿系数为 2，2　　　　　（c）补偿系数为 0.5，0.5

图 12-5　图元格式的补偿系数图解

可缩放矢量图形（SVG）输出设置对话框与 Export Metafile 对话框类似，如果选择彩色输出 ☑Colour Output?，则背景色设置将有效 Background:　████▼。其他详情可参考 6.4.3 节第 2 项。

3．输出文件*.DXF、*.EPS

DXF 是对基于 DOS 的机械 CAD 应用输出，可使用剪贴板图元转换到基于 Windows 的 CAD 程序。

EPS 文件是 Postscript 文件的一种形式，可嵌入 WORD 等其他文档中。

这两种图形输出对话框是一样的，如图 12-6 所示。

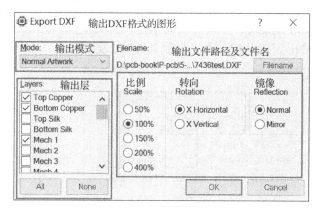

图 12-6　DXF、EPS 格式的输出对话框

4．输出文件*.PDF

PDF 文件被广泛认可并被采用为文件共享的标准格式。如图 12-7 所示，在 Export PDF（输出 PDF）对话框中指定层叠或每层单独的方式，以彩色或单色输出。执行菜单命令 Output →Export Graphics→Export PDF File，弹出如图 12-8 所示对话框。

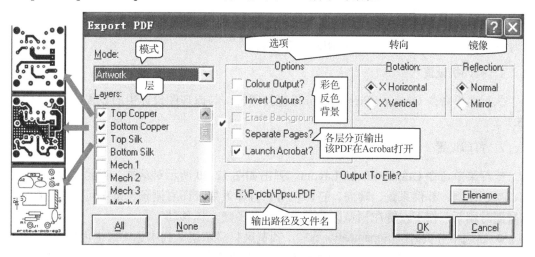

图 12-7　PDF 输出设置及分页效果

根据 Options 的后两项，选中 ☑ Separate Pages?，PDF 将各层分页输出，如图 12-7 左

侧分页输出的结果；选中 [✔ Launch Acrobat?]，单击图 12-7 底部的 OK 按钮后马上在 Acrobat 中打开该 PDF 文件。

5．输出向量图文件*.HGL

执行菜单命令 Output→Export Graphics→Export Vector File，弹出向量输出对话框，与原理图设计中的向量图输出类似，请参考 6.4.3 节。

6．输出层叠图文件*.BMP

执行菜单命令 Output→Export Graphics→Export Overlay，弹出如图 12-8 所示对话框，可选择输出的铜箔层、丝印层、分辨率、颜色、转向、镜像、补偿系数。

层叠图输出，首先以渲染的方式输出铜箔层，然后叠加一层或多层丝印层，输出如图 12-9 所示。也可输出到剪贴板，再粘贴到如 Word 文档中。

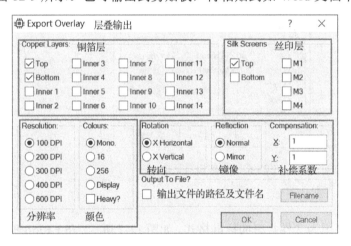
图 12-8　输出层叠图对话框

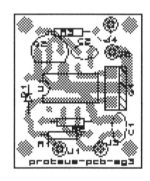
图 12-9　层叠图输出效果

12.2.2　打印输出

Proteus 支持标准的 Windows 驱动打印设备。

1．打印机设置

执行菜单命令 Output→Print Setup 设置打印机，与原理图设计中的设置类似，可参看 6.5.1 节。

2．打印设置

执行菜单命令 Output→Print Layout，弹出如图 12-10 所示对话框。在此可设置打印模式、层、比例、补偿系数、转向、打印机等，打印效果在图右侧预览框中可见，且随打印配置随时刷新，按下左键在预览区中移动，预览图随光标移动。

- 当选中分页时 [✔ Separate Pages?]，预览区只显示层队列中选中最上面的层。
- Print To File（保存打印）：把打印输出为文件保存，路径及名称默认为与 PCB 一样，后缀为 PRN。
- Advanced Options（高级选项）：可参考图 6-43。

● 输出定位：在预览框中右击，弹出定位对话框，单击 Position Output Numerically 命令，弹出边距设置对话框，详情可参考图 6-45。按当 Scale 比例为 500%时，只能单击 9 个方位的按钮调整输出位置，不再支持输入、鼠标拖动等操作。

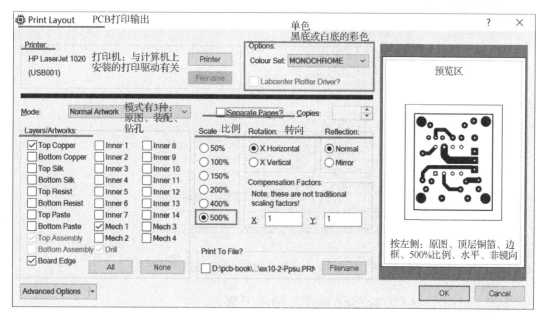

图 12-10　Print Layout 对话框

12.3　PCB 生产文件输出

Proteus 除了支持标准的 Windows 打印机输出、Proteus 驱动的绘图仪输出外，还能输出多种格式的生产制造文件，可以生成 Gerber 文件、数控钻孔 NC Drill 文件、拾放工具文件、测试点信息文件、ODB++文件。

12.3.1　生产文件输出前的检查

执行菜单命令 Output→Gerber/Excellon Output，若未执行过生产前检查，则开始执行如图 12-11 所示的检查，若检查已通过，则直接跳出如图 12-12 所示的生产文件输出框。生产前检查内容包括 CRC、DRC、对象合法性、区域 Zone 重叠、复制元器件的编号、未放置元器件、板边、元器件是否置于板外、长度匹配布线、差分对、层栈和钻孔设置、过孔缝合连接、过孔合法性、合法布线、DRC Room、过孔重叠和钻孔深度等。如图 12-11 所示，逐条检查，如连接性检查TEST: Connectivity.，并给出检查结果PASS: Connectivity valid.，连接合法，最后给出检查结论0 errors, 0 failed, 0 warnings, 17 passed.，表示检查全部通过，无错误也无失败。

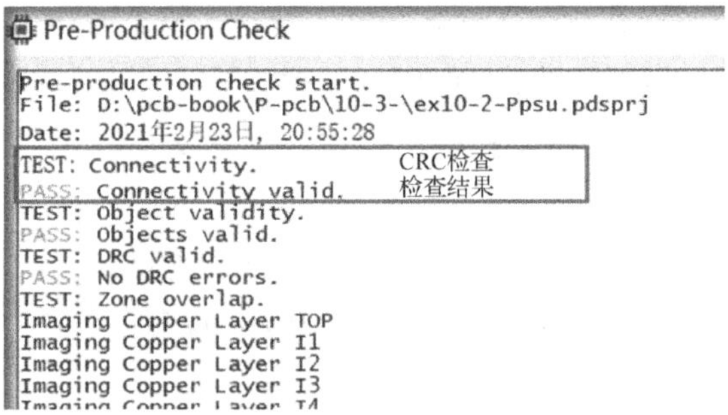

（a）

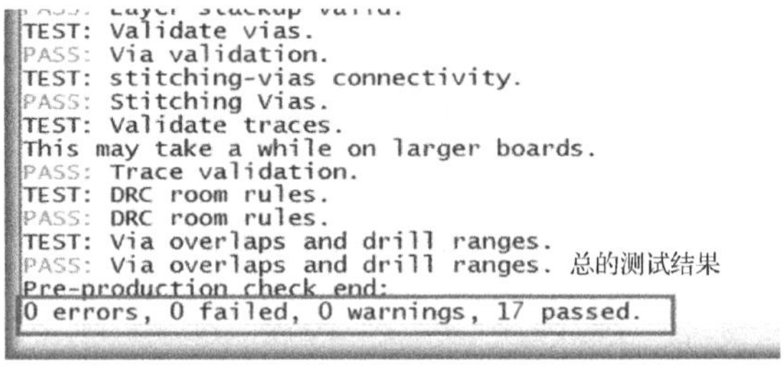

（b）

图 12-11　ex10-2-Ppsu.pdsprj 的生产前检查过程及结果

12.3.2　CADCAM（Gerber 格式）输出设置

执行菜单命令 Output→Gerber/Excellon Output，执行完生产前检查并通过后弹出如图 12-12 所示 CADCAM (Gerber and Excellon) Output 对话框。

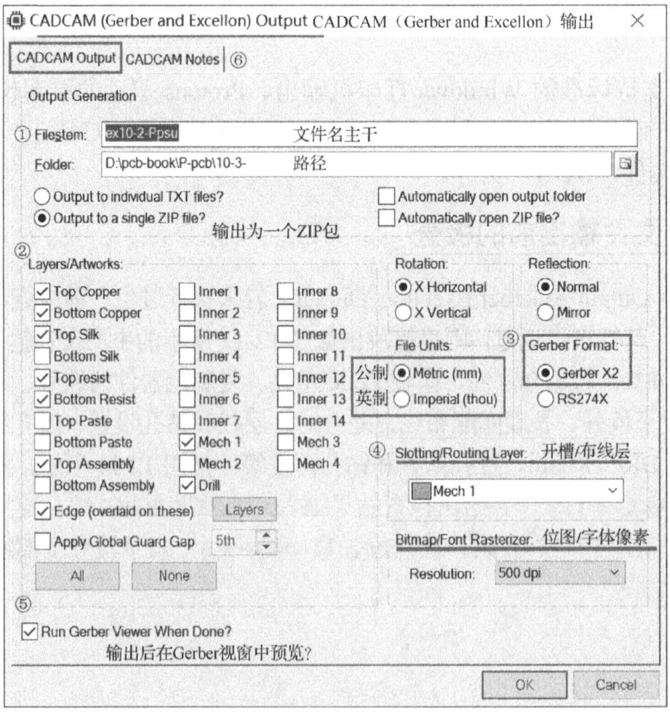

图 12-12　CADCAM (Gerber and Excellon) Output 对话框

1．Output Generation（输出文件设置）

（1）Filestem（文件名主干）：如图 12-12 所示，各文件名格式为"主干-CADCAM-各层名称.GBR"。

（2）Folder（文件路径）：直接选择路径或是采用在 System→System Settings 下设置的 CADCAM 输出的默认路径。

如图 12-13 所示输出为多个独立的 GBR 文件、一个 TXT 文件和一个 IPC 网表文件。

名称	压缩前	压缩后	类型
ex10-2-Ppsu - CADCAM			
.. (上级目录)			文件夹
ex10-2-Ppsu - CADCAM Bottom Copper.GBR	17.4 KB	5.2 KB	GBR 文件
ex10-2-Ppsu - CADCAM Bottom Solder Resist.GBR	3.1 KB	1 KB	GBR 文件
ex10-2-Ppsu - CADCAM Drill TOP-BOT Plated.GBR	1.3 KB	1 KB	GBR 文件
ex10-2-Ppsu - CADCAM Netlist.IPC	2.9 KB	1 KB	IPC 文件
ex10-2-Ppsu - CADCAM READ-ME.TXT	3.7 KB	1 KB	文本文档
ex10-2-Ppsu - CADCAM Top Copper.GBR	2.2 KB	1 KB	GBR 文件
ex10-2-Ppsu - CADCAM Top Silk Screen.GBR	43.5 KB	9.0 KB	GBR 文件
ex10-2-Ppsu - CADCAM Top Solder Resist.GBR	3.1 KB	1 KB	GBR 文件

图 12-13　输出的 Gerber 文件

2．Layers/Artworks（层选择）

系统自动分析布板内容，确定哪些层要输出。一般采用默认值，不用修改。

选中 ✔ Apply Global Guard Gap 5th，允许在 Resist 层上对 Guard Gap 指定一个全局值。

3．Gerber 格式（Gerber X2）

Gerber 二维坐标系统的原点可通过菜单 Output→Set Output Origin 设置。若不设置，采用系统原点。

Gerber 格式，以 Gerber Scientific Instruments Inc.命名，它现在由 Ucamco 公司拥有。GerberX2 格式因能够通过将属性附加到 Gerber 文件来改善信息流而变得流行。这些附加信息为设计人员提供了更多的洞察力，可用于创建各种不同用途的定制电路，仍然是 PCB 行业中用于指定 PCB 图件的广泛应用之一。RS274X 是扩展的 Gerbe，仍然被广泛使用，并且在 Proteus 中仍然支持。但是，只生成了一个 drill 文件（在 readme 文件中指定的层范围），而且没有网表 netlist。

Gerber X2 是 Ucamco 的最新输出格式，也是 Proteus 的默认选项，还有其他优点，如包含一个裸铜网表（IPC-D-356A）、钻孔文件和电镀状态等信息。它还完全向后兼容 RS274X Gerber 查看器，并与 Proteus 制造报告集成。

4．Sloting/Routing Layer[开槽/布线，哪个机械层（Mech1～Mech4）用来开槽、布线]

有两种情况需要在板子上作出非圆孔：

（1）某些元器件有焊接长耳，而非圆引脚，可安装在狭槽焊盘上而非钻孔。此时可自建狭槽焊盘栈。

（2）有时需要适应产品的机械设计切除一部分板子。可通过在 Mech 层画 2D 图形实现。

应确保制板商明确指定的机械层包含 Gerber 格式的布线坐标。

5．Gerber 预览选中✓ Run Gerber Viewer When Done?

选中 Gerber 预览，在完成输出后将打开 Gerber Viewer 进行预览。

6．CADCAM 说明

在图 12-14 所示的 CADCAM Notes 选项卡可输入生产说明（Notes）、联系详情（Contact Details）、解压时显示的信息（ZIP File Comment）。

图 12-14　CADCAM 输出辅助说明

12.3.3　拾放文件：*.CSV

在 PCB 设计窗口，执行菜单命令 Output→Generate Pick and Place File，弹出如图 12-15 所示的 Pick and Place Export（拾放文件输出）对话框，将生成如图 12-16 所示 ex10-2-ppsu-pick-place.csv 文件，作为自动插入机械的起点。该文件以标准 CSV（逗号分隔）文件格式列出了元器件的层、位置和转角等。

该文件有以下几点值得注意：

（1）坐标原点是输出原点，与 Gerber Excellon 输出是同一原点。没有特别设置时采用系统原点。

（2）坐标的最小单位是 1th，表示元器件封装中心，该位置可能与元器件自动插入原点一致或不一致，但大致位置是对的。这是有帮助的，因为它为手工操作对齐元器件提供了一个起点。

（3）转角没有标准。逆时针转动的角度值是相对于封装定义时的方向。而封装的默认方向没有标准，转角也可能不一致，除非与指定给封装的一个转换表结合起来。

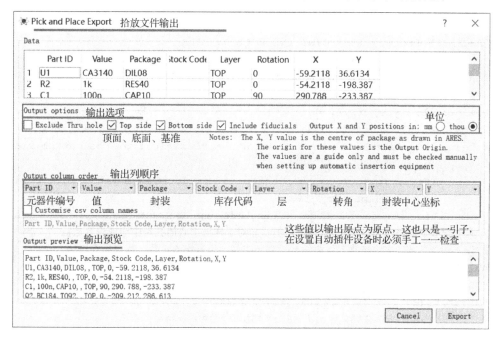

图 12-15　Pick and Place Export 对话框

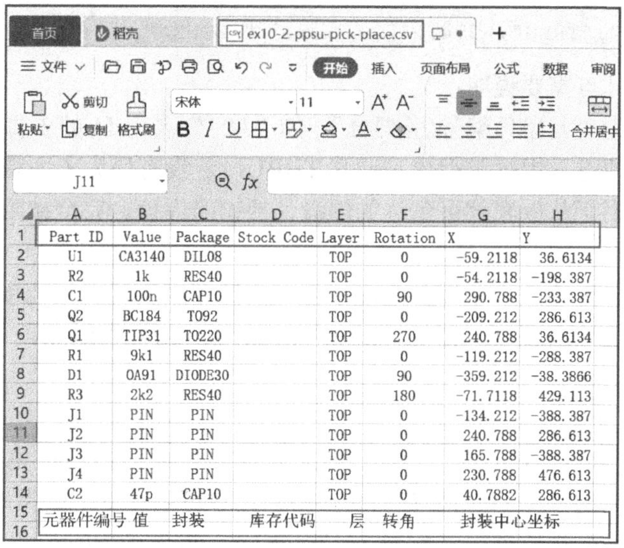

图 12-16　在 Word 中打开的拾放文件

12.3.4　测试点信息文件：*.TPI

测试裸板及安装板的常用方法是用钉床（bed of nails）测试单元。它连接到板底大量裸露的焊盘，然后结合网表和其他信息检查测试点间的连接性，若有缺失的元器件、短路、虚焊等将被检查到，需从生产线上取下检修。为了设置测试机，需要板底部元器件焊盘的位置以及属于同一网络的电气网的信息。提供这些信息的文件即为测试点信息文件。

在 PCB 设计窗口，执行菜单命令 Output→Generate Testpoint File，将生成*.TPI 测试点信息文件。以下是 ex10-2-Ppsu.TPI 文件部分内容。

```
LABCENTER Proteus TESTPOINT INFORMATION FILE
==================================
Testpoint positions for Ppsu.LYT

Fields: ID, Type, X, Y, Net                    //以下列表各项说明
Units:  X, Y - thou                            //X、Y 的单位为 th
Notes:  This file lists pads which are accessible from the bottom side of
        the board.
        The X, Y value is the centre of drill hole or pad origin relative
        to the Output Origin.
        Vias are only listed if they are exposed through the solder resist.
//只有板底的焊盘可作为测试点。X、Y 值是相对于输出中心的孔钻中心或焊盘原点
//以下列表各项的名称依次是焊盘编号、封装类型、引脚中心位置、焊盘所在网络
"U1:1","THRU",-209.212,-113.387,"{NC}"
"U1:2","THRU",-109.212,-113.387,"#00004"
"U1:3","THRU",-9.21181,-113.387,"ANALOG"
"U1:4","THRU",90.7882,-113.387,"GND=POWER"
……
"PIN:<NONE>","THRU",-374.212,-388.387,"<NONE>"
"PIN:<NONE>","THRU",370.788,-388.387,"<NONE>"
"PIN:<NONE9>","THRU",-374.212,466.613,"<NONE>"
```

该文件有以下几点需要说明：

（1）焊盘表示为"元器件编号:引脚号"，如"J4:1"表示 J4 的 1 脚。

（2）有钻孔的地方，焊盘类型也是通孔 THRU，若没有便为表面焊盘 SURF。

（3）文件中列出了从板底部可到达的焊盘、裸铜的焊盘，完全被阻焊覆盖的焊盘没有列出。

（4）坐标的单位是 th，表示焊盘的连接点；支持布线实现电气连接。

（5）坐标原点是输出原点，也是 Gerber 和 Excellon 的输出原点。

12.3.5　ODB++输出

ODB++格式由 Valor Systems 开发，已经成为事实上的工业标准，被广泛接受。ODB++是当今智能水平最高的 CAD/CAM 数据交换格式，它可以在单个数据库中保存 PCB 制造和装配所必需的全部工程数据，将 Gerber、Excellon、Pick & Place、Testpoint Information Outputs 信息组合成一个文件集。它将会替代单独的 Gerber、钻孔和孔径文件，同时它还增加了额外的信息，如对于元器件和网络，允许用户把数据输入 CAM 系统。常见的孔径文件、钻孔工具和其他有问题的数据格式的问题都可以避免。

ODB++与单个的输出格式相比，其优势在于：

（1）它是单一、标准的格式，在 PCB 生产工业中通用。

（2）生产裸板所需的所有信息，包括层栈、工具大小、孔的类型都包含在数据库中，是不需要人读懂的"工具信息文件"。

（3）由于包含了封装类型、元器件放置及网表信息，因此拾、放和裸板测试装备由 ODB++数据驱动。

（4）电源层被表示为多边形而不是栅格，因此文件将更小，特别是对于具有较大物理面积的板。

（5）Mentor 提供了一个免费的 ODB++查看器，在将电路板发送到生产现场之前，使用此查看器来验证输出。

（6）只有 Level 2 及以上版本支持 ODB++。

执行菜单命令 Output→ODB++ Output，弹出如图 12-17 所示 ODB++ Manufacturing Output 对话框，ODB++ Output 选项卡各项设置可参考图 12-12，Notes 选项卡各项设置可参考图 12-14。

图 12-17　ODB++Manufacturing Output 设置对话框

单击图 12-17 右下角的 Generate 按钮后，弹出如图 12-18 所示过程，显示在 ODB++ Manufacturing Output 对话框的 Log 选项卡中。最后生成的文件如图 12-19 所示，压缩包中包含 fonts、matrix、misc、steps、symbols 共 5 个子文件夹。

ODB++格式包含等级路径，路径主干就是 ODB++数据库的根文件夹。

只有下载并安装了免费的 Valor Universal Viewer，在图 12-17 右下角选择 ODB++观察器文件的路径，并选中了图 12-17 左下角的 ☑ Run Valor ODB++ Viewer When Done? ，生成 ODB++文件后才会自动打开观察器查看 PCB。

ODB++ Manufacturing Output

ODB++ Output | Notes | Log |

```
Starting Database Generation...
Job name: ex10-2-Ppsu
Customer name: The Open University of Guangdong
Comment: ODB++ Output Generated by Proteus Design Suite
Board thickness: 0.062
Adding layer: ComponentTop
Adding layer: Top Silk
Adding layer: Top Resist
Adding layer: Top Copper
Adding layer: Bottom Copper
Adding layer: Bottom Resist
Adding layer: ComponentBot
Adding layer: Mech 1
Adding layer: Top Assembly
Adding layer: Board Edge
Adding layer: THRUHOLES
Write job started: ex10-2-ppsu
Write ex10-2-ppsu\symbols\ppad00\attrlist complete
Write ex10-2-ppsu\symbols\ppad00\features complete
Write ex10-2-ppsu\symbols\ppad01\attrlist complete
Write ex10-2-ppsu\symbols\ppad01\features complete
Write ex10-2-ppsu\matrix\matrix complete
Write ex10-2-ppsu\fonts\standard complete
Write ex10-2-ppsu\misc\attrlist complete
Write ex10-2-ppsu\misc\info complete
Write ex10-2-ppsu\misc\job_name complete
Write ex10-2-ppsu\misc\last_read complete
Write ex10-2-ppsu\misc\last_save complete
Write ex10-2-ppsu\steps\ex10-2-ppsu\profile complete
Write ex10-2-ppsu\steps\ex10-2-ppsu\layers\comp_+_bot\attrlist com
Write ex10-2-ppsu\steps\ex10-2-ppsu\layers\mech1\features complete
Write ex10-2-ppsu\steps\ex10-2-ppsu\layers\mech1\attrlist complete
Write ex10-2-ppsu\steps\ex10-2-ppsu\layers\topassembly\features co
Write ex10-2-ppsu\steps\ex10-2-ppsu\layers\topassembly\attrlist co
Write ex10-2-ppsu\steps\ex10-2-ppsu\layers\boardedge\features comp
Write ex10-2-ppsu\steps\ex10-2-ppsu\layers\boardedge\attrlist comp
Write ex10-2-ppsu\steps\ex10-2-ppsu\layers\thruholes\tools complet
Write ex10-2-ppsu\steps\ex10-2-ppsu\layers\thruholes\features comp
Write ex10-2-ppsu\steps\ex10-2-ppsu\layers\thruholes\attrlist comp
Write ex10-2-ppsu\steps\ex10-2-ppsu\eda\data complete
Write ex10-2-ppsu\steps\ex10-2-ppsu\layers\comp_+_top\components c
Write ex10-2-ppsu\steps\ex10-2-ppsu\netlists\cadnet\netlist comple
Write job 'ex10-2-ppsu' complete
```

Generate

图 12-18 ODB++生成过程

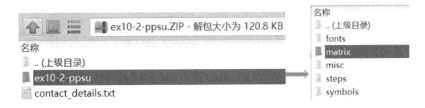

图 12-19 ODB++生成结果目录

12.3.6 拼板

Proteus 支持将好几个单独的板拼成一个大板，以节省生产成本。可以对同一块板的多个副本或几个不同的板进行拼板。

注：①拼板前关闭所有工程。②只能使用 Gerber X2 输出格式导出的单板进行拼板。

拼板步骤如下：

1. 生成 Gerber 文件

依次打开要拼板的 PCB，执行菜单命令 Output→Generate Gerber/Excellon Files，弹出如图 12-20 所示的对话框，将根据 PCB 图生成 Gerber 和 Excellon 文件。

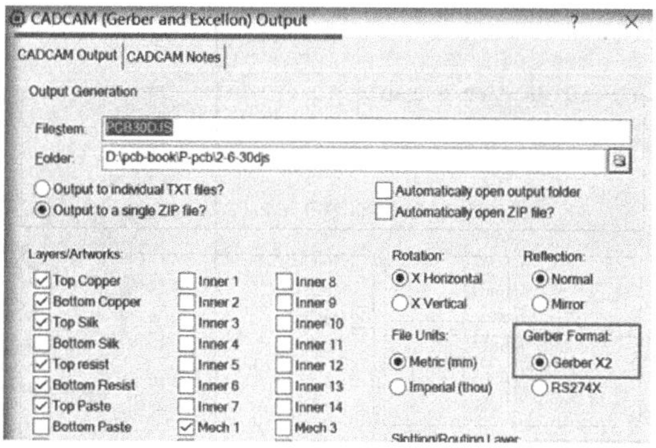

図 12-20　CADCAM（Gerber and Excellon）Output 对话框

2. 在 Gerber 窗口设计工作区大小

单击应用按钮，关闭当前打开的工程。然后单击 Gerber 应用按钮，进入 Gerber 应用模式下。

执行菜单命令 Technology→Set Board Properties，如图 12-21 所示设置拼板最大尺寸。

3. 导入 readme 文件，选中 ☑ Panelization mode?，布局

应该先将 Gerber 的 CADCAM 压缩包解压。

在 Gerber 窗口，如图 12-22 所示执行菜单命令 File→Open CADCAM file...，选择相关的 readme 文件，例如图 12-23 显示的 ex1 cd-CADCAM READ-ME。接着弹出如图 12-24 所示的 Gerber View 对话框，选中 ☑ Panelization mode?，若同一块板需要导入多个，则可直接填入 Copies 为 4，且可设置导入的 PCB 图与板边的间距（Perimeter）副本的数量为 0.1in、PCB 板图间距（Spacing）为 0.1in。单击 OK 按钮，系统根据板的宽、高自动排列副本，结果如图 12-25 所示。

图 12-21　进入 Gerber 窗口，设置拼板的最大宽、高

图 12-22　打开 CADCAM 文件的命令

图 12-23　打开 READ-ME 文件

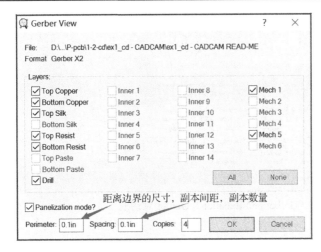

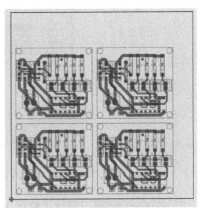

图 12-24　Gerber View 对话框　　　　　图 12-25　拼 4 块相同的板

如果导入不同的 PCB 板图，重复操作 File→Open CADCAM file 命令，每次都要选中图 12-24 左下角的 ☑Panelization mode? 。

初次导入时，如图 12-26 所示系统以拼板的左下角顶点为原点，它也是默认的输出原点。导入第一个 readme 文件后，以 X 向优先，在板图的右侧自动产生一个伪原点，该伪原点遵守 Perimeter 为 0.1in、Spacing 为 0.1in。若拼板右侧空间不足，则如图 12-27 所示自动向上探测自动放置新导入的板图。

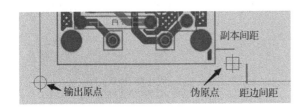

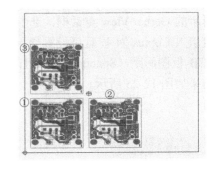

图 12-26　输出原点与伪原点示意图　　　　图 12-27　连续导入 3 个 readme 文件

当然也可自行设置伪原点，光标移动到目标点，按键盘 O 键，直到光标下看到如图 12-28 所示的伪原点标记 ⊞，窗口底部状态栏的坐标也变成伪坐标。紧接着导入 readme 文件，便以此伪原点为导入原点。

对于导入的板图，用块移动命令重新定位，也可用块复制命令 ▇ 完成拼板布局。如图 12-29 所示，导入 ex4-1-FLOW-2-page-CADCAM READ-ME，再导入 ex10-2-Ppsu-CADCAM READ-ME 并复制一份。还可执行菜单命令 Edit→Align Objects 使选中的板图对齐。

4．绘板框、生成 Gerber 文件

完成导入单板，单击 2D 按钮 ▇，再在窗口左下角选择板框层 ▇Board Edge ∨，拖出一框将所有的单板置于框内。

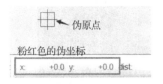

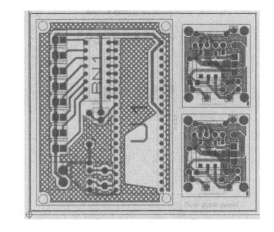

图 12-28　伪原点与伪坐标示意图　　　　　　　图 12-29　拼板结果

执行菜单命令 Output→Generate Gerber/Excellon Files，设置输出文件名为 ex12-1-flow-ppsu-CADCAM。

5．保存拼板文件为*.PDSPNL

可将拼板工程文件保存到磁盘，如 ex12-1-flow-ppsu.psdpnl。其文件后缀不同于正常的工程后缀 pdsprj，以示区别。

6．几点注意

（1）在板上可添加文本或图形信息，如板号或其他制造信息。

（2）当导入多个板图，Proteus 将为每个图形分配新的焊盘和线型的代码（D-Codes），当 Gerber 文件重新生成，Proteus 将合并相同的类型，所以总的光圈和工具代码的总使用量就不会过多。

（3）文件是 ASCII 码，可压缩。

12.4　实践 12：PCB 图形、生产文件输出

12.4.1　实践任务

对 2.6 节的 ex2_dec30s.pdsprj 进行 PCB 设计，在此基础上输出各种图形文件和生产文件。

12.4.2　实践参考

在原理图设计窗口，对数码管设置编号，如十位、个位上的数码管分别设置编号为 SH、SL。参考图 2-44 检查各元器件的封装，确保每个元器件都有封装。

1．篮球场 30s 倒计时装置的 PCB 设计

在 PCB 设计窗口参考图 12-30 进行布局。电源网络类线宽为 40th，信号类线宽为 25th，颈缩为 DEFAULT，其他保持默认设置。

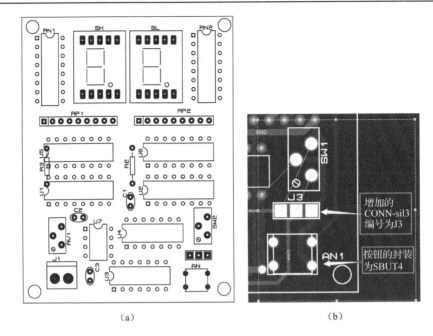

（a）　　　　　　　　　　　　　（b）

图 12-30　倒计时布局图

为方便灵活安装，增加一个 CONN-SIL3 的封装，它的 1、2、3 脚依次与 SW2 的 1、2、3 脚连接。按钮的封装用实践 9 中制作的 SBUT4。

在板子 4 个角、边框层上放置直径为 3mm 的圆，作为安装孔。

2. 输出黑白的图元格式图形

以图元格式分别输出顶层、底层的黑白色 PCB 图，结果如图 12-31 所示。

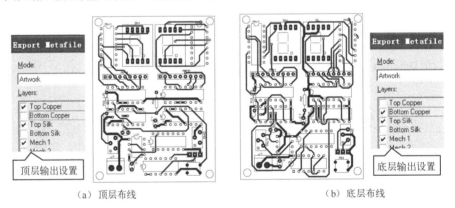

（a）顶层布线　　　　　　　　　　　　（b）底层布线

图 12-31　以图元格式分别输出顶层、底层的黑白色 PCB 图

3. 输出彩色的 PDF 文件

分页输出彩色的 PDF 文件。

4. 设置输出原点、3D 预览

执行菜单命令 Output→Set Output Origin，光标变为 ⊹，如图 12-32 所示，将光标移到板框左下角单击，该点即为输出原点。若不进行该项设置则采用系统原点。

进行 3D 预览，如图 12-33 所示。

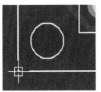

（a）输出原点定位

（b）确认输出原点

图 12-32　设置输出原点图

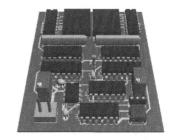

图 12-33　倒计时板 3D 预览

5. 输出 PCB30DJS.LYT 的 Gerber 生产文件

在 PCB 设计窗口执行菜单命令 Output→Gerber/Excellon Output...，参考图 12-34 进行 Gerber 输出设置。输出结果如图 12-35 所示。

图 12-34　倒计时板的 Gerber 输出设置　　　　图 12-35　倒计时板的 Gerber 输出文件

6. 其他有关生产的文件

执行菜单命令 Output→Generate Pick and Place File，生成拾放文件 ex2_dec30s.CSV。

执行菜单命令 Output→Generate Testpoint File，生成测试点文件 ex2_dec30s.TPI。

7. 查看 PCB 布板统计

执行菜单命令 File→Board Information，查看 PCB 的统计结果，如图 12-36 所示。统计结果中列出了板上的对象总数、引脚总数、过孔总数、导线总数、布线总长、网络总数、未布通线段数等。反复修改布局、布线，根据统计判断修改的优与劣。

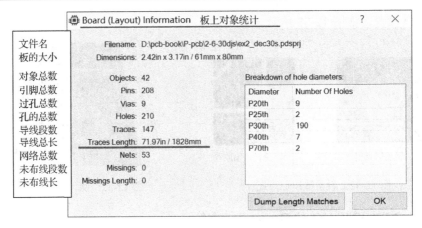

图 12-36　倒计时板的 PCB 统计

第 13 章 综合设计实例

13.1 4 层 PCB 设计——数字温度计控制板设计

由 51 单片机控制的数字温度计原理电路如图 13-1 所示。温度传感器采用 DS18B20，用 4 位并联数码管扫描显示。要求设计为 4 层印制电路板，有电源层、地屏蔽层；板框尺寸为 3200th×2300th，电源线宽为 40th，其他信号线宽为 30th。

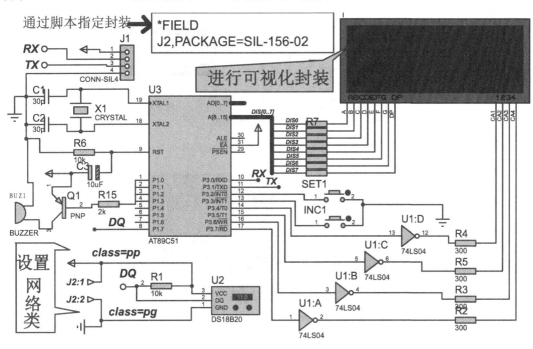

图 13-1 数字温度计原理电路图（若要仿真，需设计控制程序参看参考文献[5]P254～P260）

13.1.1 数字温度计原理电路设计

参考 1.2.2 节新建工程，选择合适的保存路径，工程中包含原理图和 PCB。PCB 的模板可选择 4 层板 Single Eurocard (4 Layer).LTF 。工程保存为 ex13-1-stc51-1820.pdsprj。

参考图 13-1 设计数字温度计的原理电路。元器件如图 13-2 所示。蜂鸣器 BUZ1、数码管、按钮的封装要自行设计。

13.1.2 制作并联 4 位数码管、蜂鸣器的封装

因并联的 4 个数码管库中无封装，故先制作其封装。以下操

DEVICES

7SEG-MPX4-CA-BLUE
74LS04
AT89C51.BUS
CAP
CAP-ELEC
CRYSTAL
DS18B20
PULLUP
RES
[74LS04]

图 13-2 数字温度计
的元器件

作，要求系统为直角坐标系统（系统默认），单位为 mm。

　　4 位数码管的封装尺寸如图 13-3 所示，由此转化为图 13-4 所示的尺寸示意图。焊盘采用库中标准的 STDDIL●，坐标单位为公制，图符放置层在顶层丝印层（Top Silk）。以下 5 步操作都在毫米单位下进行。

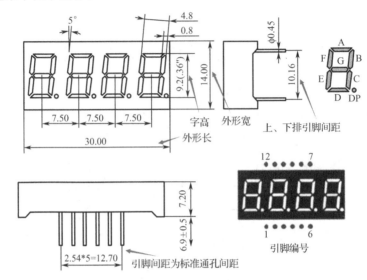

图 13-3　4 位数码管的封装尺寸

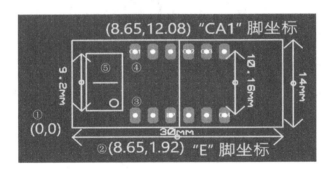

图 13-4　数码管封装尺寸示意图

1. 定轮廓，定位焊盘

（1）定伪原点、画边框：如图 13-5 所示，封装的左下角为伪原点。

① 单击 2D 图形工具▇。

② 将光标移到编辑区某点，按键盘 O 键，设置伪原点，应该看到底部状态栏坐标变成粉红色 x:　　+0.0 y:　　+0.0 。

③ 单击鼠标左键，移动光标，如图 13-5 所示，矩形框随之而出。

④ 同时注视状态栏坐标变化，当坐标变为（30,14）时单击，完成轮廓绘制。

（2）定位左下角的焊盘：单击按钮●，选择对象选择器中的 STDDIL，按快捷键 Ctrl+G，弹出如图 13-6 所示定位框，输入 X 坐标、Y 坐标，选相对于伪原点 Relative to:　　Current Origit ✓ ，单击 OK 按钮，光标跳到（8.65,1.92），单击，在该点放置焊盘。

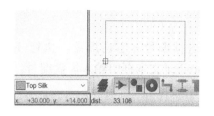

图 13-5　画轮廓

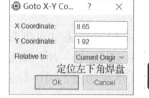

图 13-6　用 Goto 命令定位放置焊盘并复制

（3）由左下角的焊盘复制得到下排焊盘：右击焊盘，执行快捷菜单中的 Replicate 命令，弹出如图 13-7（a）所示的 Replicate 对话框。要横向复制 5 个焊盘，间距为标准焊盘的间距 2.54mm。单击 OK 按钮，完成下排焊盘放置。

（4）由左下角的焊盘再复制得到上排焊盘：13-7（b）所示右击左下角焊盘，在 Y 方向上复制 1 个，如图 13-7（c）所示。复制左上角的焊盘，如图 13-7（d）、（e）所示，结果如 13-7（f）所示。

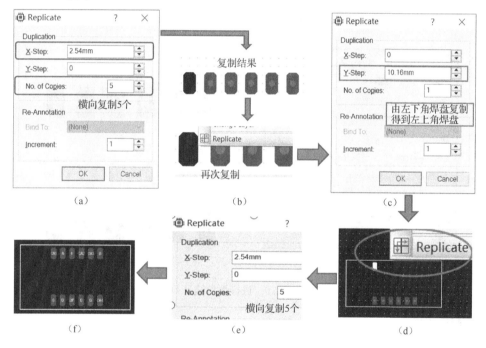

图 13-7　用焊盘复制命令完成上下两排焊盘定位与放置

（5）根据图 13-4，参考图 13-8 用 2D 绘图工具中的 ✏️、⚫、⬤ 绘制"8"字形图案。

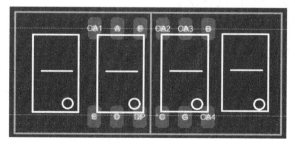

图 13-8　在封装上绘制 2D 图案

2．进行焊盘编号

参考图 13-9，根据实物的封装对自制封装的焊盘进行编号。右击焊盘，执行 Edit Properties 命令，打开如图 13-10（a）所示对话框，在 Number 文本框中输入焊盘编号。对 12 个焊盘一一进行编号，结果如图 13-10（b）所示。

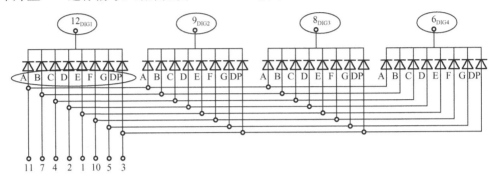

图 13-9　4 位并联数码管 3641 的引脚分布图

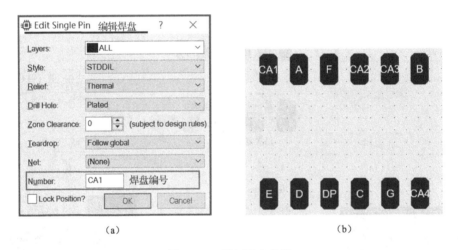

（a）　　　　　　　　　　　　　　（b）

图 13-10　进行焊盘编号

3．封装入库

全选封装组件，单击工具按钮 ，如图 13-11 所示进行封装，单击 OK 按钮完成。封装 SEG8-4-36 出现在对象选择器中。

13.1.3　指定封装、PCB 设计准备

为图 13-1 中的每个元器件指定封装。蜂鸣器的封装参考图 13-12 自行设计，封装名为 mybuz。按钮的封装用 10.7 节中制作的 but-twofoot。参考图 13-13 设置 4 位并联数码管的封装，将原理图中的引脚名与焊盘编号一一对应分配。参考图 13-14（a）设置 18b20 的封装。参考图 13-14（b）设置三极管的封装为 TO92，注意引脚与焊盘的对应配置。将两个按钮设置编号为 SET、INC，数码管设置编号为 DIS-4。

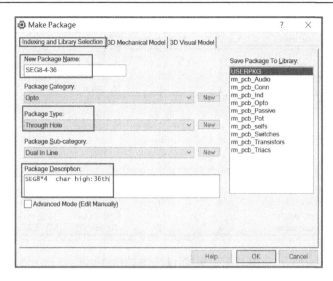

图 13-11　进行封装

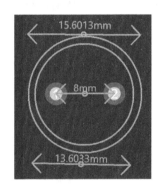

图 13-12　蜂鸣器的封装尺寸

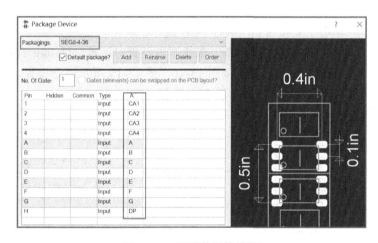

图 13-13　配置数码管的封装

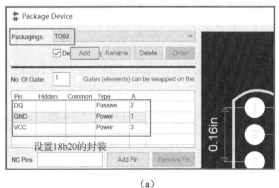

（a）

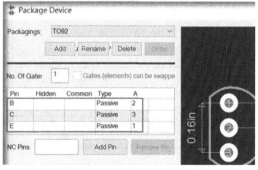

（b）

图 13-14　设置温度传感器 18b20 的封装、三极管的封装

单击工具按钮 ，通过设计浏览器检查所有的元器件是否都有封装，物料报表如图 13-15 所示，若有遗漏，参考此图完善。

A 分类 Category	B 数量 Quantity	C 编号 References	D 值 Value	E 封装 PCB Package
Capacitors	2	C1-C2	30p	CAP10
Capacitors	1	C3	10uF	ELEC-RAD10
Integrated Circuits	1	U1	74LS04	DIL14
Integrated Circuits	1	U2	DS18B20	TO92
Integrated Circuits	1	U3	AT89C51	DIL40
Resistors	2	R1, R6	10k	RES40
Resistors	12	R2-R5, R7-R14	300	RES40
Resistors	1	R15	2k	RES40
Transistors	1	Q1	PNP	TO92
Miscellaneous	1	BUZ1	BUZZER	MYBUZ
Miscellaneous	1	DIS-4		SEG8-4-36
Miscellaneous	2	INC, SET		BUT-TWOFOOT
Miscellaneous	1	X1	CRYSTAL	XTAL18
connector	1	J1	CONN-SIL4	CONN-SIL4
connector	1	J2	SIL-156-02	SIL-156-02

图 13-15 温度计控制板的物料报表

13.1.4 温度计控制板 PCB 设计规则设置

单击工具按钮▦，进行 PCB 设计。

单击工具按钮☒，弹出布线规则设置对话框，Design Rules 选项卡保持默认值，在布线类 Net Classes 选项卡按图 13-16～图 13-19 所示进行设置。信号线在顶层和底层，地线、电源分别布在内层 1、内层 2 上。

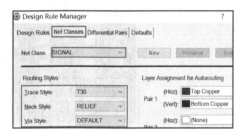

图 13-16 SIGNAL 类布线规则设置

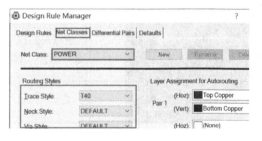

图 13-17 POWER 类布线规则设置

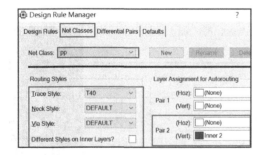

图 13-18 pp 类布线规则设置

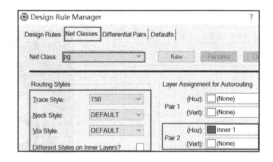

图 13-19 pg 类布线规则设置

13.1.5 温度计控制板的 PCB 布局

如图 13-20 所示，选择板界层▦Board Edge，用 2D 工具▦或工具╱绘制封闭的板框。为了方便初步布局，板框可画得大一点。

参考图 13-21 进行初步布局，再手工调整元器件方位、板框大小。

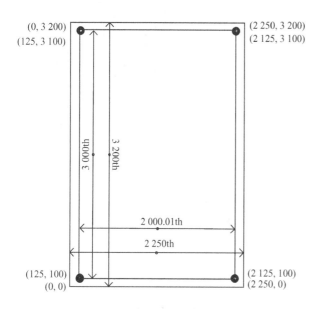

图 13-20　板框与安装孔的尺寸示意图　　　　图 13-21　初步布局

13.1.6　温度计控制板 PCB 布线、覆铜、3D 预览

1. 温度计控制板 PCB 布线

单击工具按钮，再单击自动布线器对话框右上角的 Begin Routing 按钮，进行自动布线，布线结果如图 13-22 所示。按照布线规则的设置，信号线在顶层和底层，pg 类，即地线在内层 1 上，而正电源 pp 类在内层 2 上，共 4 层布线层。

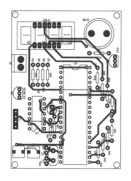 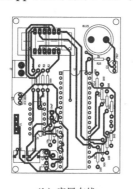 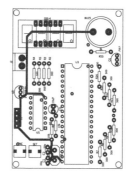 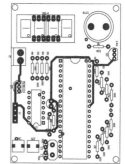

（a）顶层布线　　　　（b）底层布线　　　　（c）内层 1 布地线　　　　（d）内层 2 布正电源线

图 13-22　布线结果

2. 温度计控制板电源层覆铜

选择内层 1——Inner1，单击模式工具按钮，弹出 Edit Zone 编辑覆铜对话框，按图 13-23 所示进行设置。单击 OK 按钮，覆铜结果如图 13-24 所示。

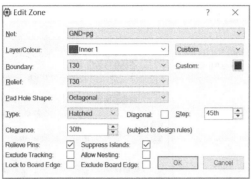
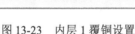

图 13-23　内层 1 覆铜设置

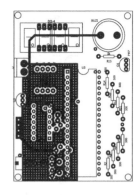

图 13-24　内层 1 地线覆铜

选择内层 2——Inner2，单击模式按钮，在 Edit Zone 对话框内设置 Net 为 VCC/VDD=PP、Layer/Colour 为 Inner2。单击 OK 按钮，覆铜结果如图 13-25 所示。

3．温度计板 PCB 的 3D 预览

执行菜单命令 Output→3D Visualization，进行 3D 预览，如图 13-26 所示。

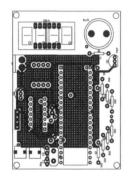

图 13-25　内层 2 正电源覆铜

图 13-26　温度计电路 3D 预览

13.2　SMT、通孔混合安装的 PCB 设计——RGB 转 MIPI 驱动板

随着智能终端的快速发展，很多智能终端都会有高清显示的需求，如智能快递柜、智能售卖机、智能洗车机。很多方案会采用高分辨率的高清 LCD 屏，如 2560×1600、1920×1200 等，而这些屏通常采用 2 对或者 4 对的 MIPI（Mobile Industry Processor Interface，移动产业处理器接口）。智能终端的 CPU 通常只有 RGB 接口，或者 2 对的 MIPI 接口，如 MTK6513、MTK6577、Tegra3 等。这中间，就需要采用一颗 RGB 转 MIPI 的桥接芯片。

设计一个 RGB 转 MIPI 驱动板，电路原理图如图 13-27 所示。

转换芯片采用 SSD2828QN4，SSD2828 是一款 RGB 转 MIPI 的桥接芯片，最高 4 通道 MIPI 4 Line 信号，可支持分辨率最高达 2560×1600（刷新频率 30Hz）、1920@1200（刷新频率 60Hz）的 RGB 24 位图像信号。

要求接插件为通孔封装，其他元器件为表贴封装，设计为 2 层印制电路板，有地屏蔽层；板框尺寸为 80mm×60mm，电源线宽为 30th，其他信号线宽为 6th。

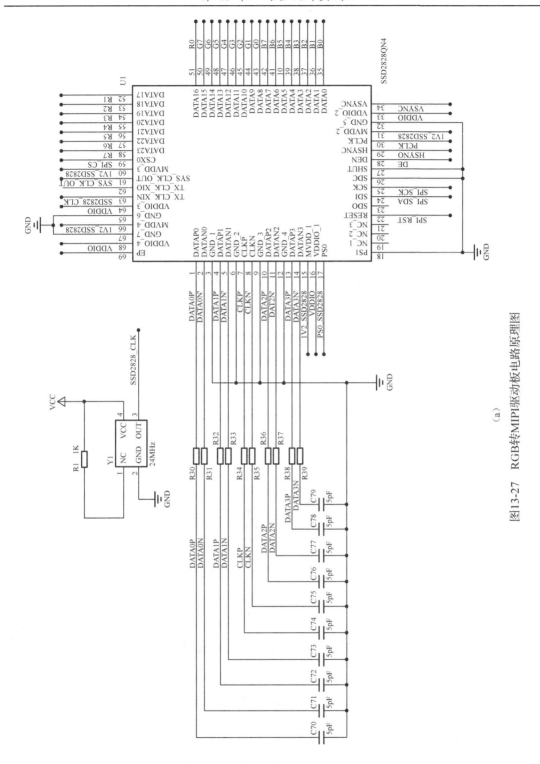

图13-27 RGB转MIPI驱动板电路原理图

(a)

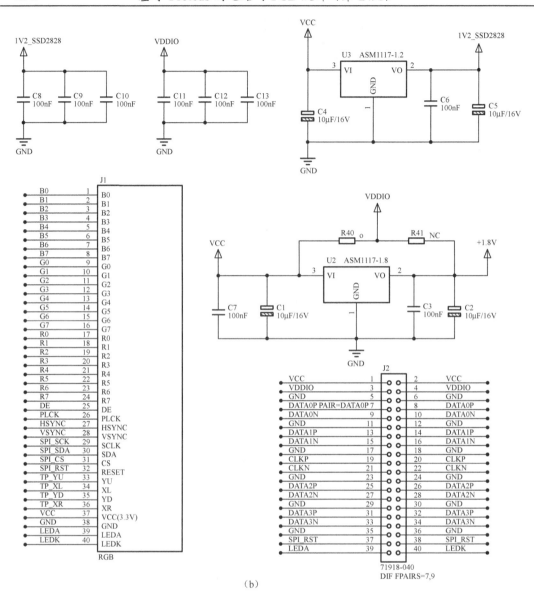

（b）

图 13-27　RGB 转 MIPI 驱动板电路原理图（续）

13.2.1　RGB 转 MIPI 驱动板电路设计和 PCB 设计准备

打开 Proteus，参考 1.2.2 节新建一个工程，包括原理图与 PCB 图，保存为 RGB_MIPI.
pdsprj。参考图 13-27 设计原理电路，所需元器件如图 13-28 所示。

其中，需要自己绘制 U1（SSD2828QN4）、J1（RGB）的原理图符号和封装。可参考
5.2.3 节在原理图设计窗口进行元器件模型设计。

1. 设计元器件的原理图模型 SSD2828QN4、RGB 接插件

参考图 13-27 绘制 U1（SSD2828QN4RGB）、J1（RGB）的原理图符号，注意管脚名称和
编号不要错漏、重复。SSD2828QN4 的封装选择 IPC7351N 库里面的 QFN40P800X800X90-69
封装，如图 13-29 所示。RGB 的封装选择 CONNECTORS 库里面的 CON40_2X20_DUB_

52610 封装，如图 13-30 所示。

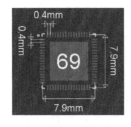

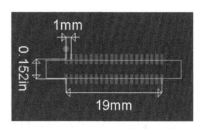

图 13-28 RGB 转
MIPI 元器件

图 13-29 QFN40P800X800X90-69

图 13-30 CON40_2X20_DUB_52610 的封装

2. 对要输出到 PCB 的元器件设置封装

如表 13-1 所示，对各元器件设置封装。

表 13-1 RGB 转 MIPI 驱动板上各元器件及其封装

元器件编号	封　　装	数 量	元器件编号	封　　装	数 量
R1	0805	1	U2～U3	SOT-223	2
R30～R41	0805	12	J1	CON40_2X20_DUB_52610	1
C1～C4	1206_CAP	4	J2	CON40_2X20_USZ_FCI	1
C5～C13,C70～C79	0805	19	Y1	CRYSTAL-SMT-4	1
U1	QFN40P800X800X90-69N-D	1			

13.2.2　RGB 转 MIPI 驱动板 PCB 设计规则设置

单击工具按钮 ，进入 PCB 设计窗口，同时也装载了网表。

单击工具按钮 ，弹出布线规则设置对话框。

1. 新建设计规则

参考图 13-31 新建名为 POWER 的规则，该规则应用到所有层、POWER 类、关联到 All Net Classes。新建名为 SIGNAL 的规则，该规则应用到所有层、SIGNAL 类、关联到 All Net Classes。安全间距按图 13-31 设置。

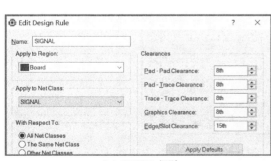

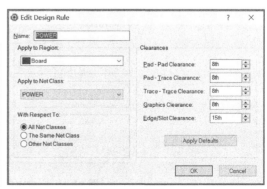

（a）POWER 规则　　　　　　　　　　　　（b）SIGNAL 规则

图 13-31　新建 PCB 设计规则及其设置

2．新建 Design Room，并为其设置布线规则

Proteus 不仅为某个面设置布线规则，还可对某一面上具体某一块区域设置特殊的设计规则。这个区域称为 DRC Room，以下简称 Room。为它设计的规则可称为 Room 规则，优先于其他某层、某类等规则。有关设计规则的优先详情请参阅 13.3 节。

Room 是一个非常有用的功能，在 PCB 特定区域的安全间距变化时很有帮助。如像小间距表贴式 SMT 设备上的焊盘-焊盘间距、BGA（Ball Grid Array，球栅阵列）的扇出区域、板边缘的边缘连接器等布线时，可划出一块 Room 区，设置很小的安全间距以配合密集的引脚。更多信息可查看软件帮助文档。

单击模式选择按钮 ，进入 Room Mode，围绕着主芯片 U1，绘制一个 20mm×20mm 的方框，弹出如图 13-32 所示的对话框，选择 ☑ DRC Room ，把这个 Room 命名为 DRCRooml|，选择有效范围为顶层（Top Copper），单击"确定"按钮。再次打开设计规则对话框，如图 13-33 所示，左边的 Region 区多了一个 DRCRoom1。单击 New 按钮，弹出如图 13-34 所示的 Edit Design Rule 对话框，可以为这个 DRCRoom1 新建设计规则。设计规则名称为"MCUDRC"，由于主控芯片是引脚紧密的 SMT 封装，焊盘间距比较小，因此需要将各间距都设置为 6th。

图 13-32　新建 DRCRoom1

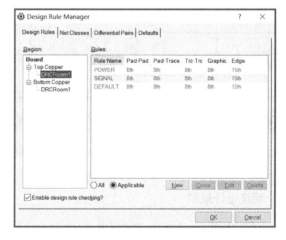

图 13-33　出现在设计规则框中的 DRCRoom1

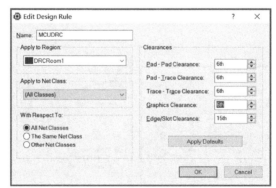

图 13-34　为 DRCRoom1 新建设计规则

3．设置网络类

如图 13-35 所示，设置电源、信号网络类布线属性。

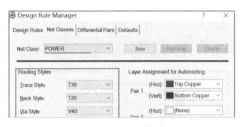
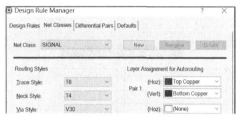

（a）POWER 网络类　　　　　　　　　　　（b）SIGANL 网络类

图 13-35　设置 POWER、SIGANL 网络类布线属性

13.2.3　RGB 转 MIPI 驱动板 PCB 布局、布线

1．布局

选择板界层□ Board Edge，用 2D 工具█绘制封闭的板框，长为 80mm，宽为 60mm。参考图 13-36 进行布局，并在 4 个角放置 C-200-M3 作为安装孔。

2．布线

单击工具按钮█，再单击自动布线器对话框的 Begin Routing 按钮，进行自动布线，结果如图 13-37 所示。

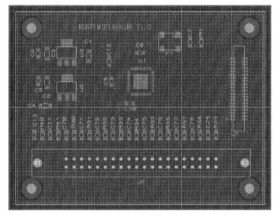
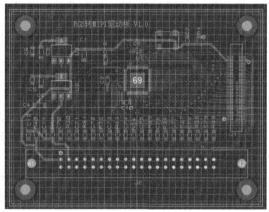

图 13-36　RGB 转 MIPI 驱动板的 PCB 布局　　　　图 13-37　RGB 转 MIPI 驱动板布线结果

13.2.4　RGB 转 MIPI 驱动板 PCB 覆铜、3D 预览

执行菜单命令 Tools→Power Plane Generator，弹出 Power Plane Generator（电源层生成）对话框，按图 13-38 所示设置各参数，单击 OK 按钮退出对话框。在覆铜模式下右击覆铜边沿，执行 Edit Properties 命令，弹出 Edit Zone（覆铜编辑）对话框，参考图 13-39 设置各项参数。单击 OK 按钮，结果如图 13-40 所示。

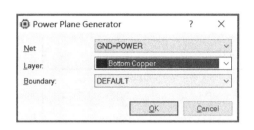

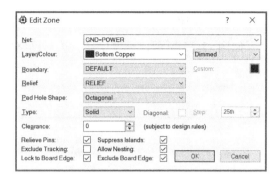

图 13-38　温度仪板电源层生成器设置　　　　图 13-39　温度仪板覆铜编辑

单击工具按钮 ◄◄，进行 3D 预览，如图 13-41 所示。

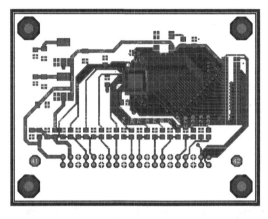

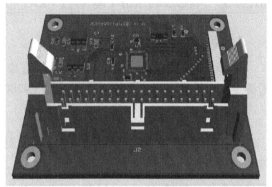

图 13-40　温度仪板覆铜结果　　　　图 13-41　温度仪板 3D 预览

13.3　PCB 设计规则的优先级

Proteus 的 PCB 默认设计规则，是对整个板所有对象都有效，即所有层、所有网络类都遵守统一的设计规则，主要是安全间距。当然也支持为某一布线层、某一网络类、甚至一小块区域 Room 专门设置不同的设计规则。它们之间存在潜在的交叠。Proteus 支持等级规则，以确保有序布线，高优先级的规则优先于低优先级的规则，同级的规则依据拥有最高定义的安全间距排序。例如，应用到某层的规则将优先于应用到所有层的规则，应用到某网络的规则将优先于应用到所有网络的规则。

布线规则优先级如图 13-42 所示。

Edit Design Rule（编辑设计规则）对话框如图 13-43 所示。

1 级（整板规则）：最低级，系统预定义的默认（DEFAULT）规则，应用于板上所有的层、所有的电气网络类，不可删除、改变。

2 级（层规则）：应用到某一层的所有网络类，高于默认规则但低于其他规则。例如，用于顶层铜箔或所有内层的规则。

3 级（类规则）：应用于所有层上某一指定的网络类的规则，如应用于电源网类的规则。

图 13-42　布线规则优先级

图 13-43　Edit Design Rule 对话框

4 级（类-层规则）：应用于某一层上某一网络类，例如，一个规则应用于顶层铜箔层电源网类别。

5 级（类-类规则）：应用于某一网络类，但关联到同一网络或其他网络类。例如，一个规则应用于电源网络类，且关联到同一网络。

6 级（类-类-层规则）：应用于某一层的某一网络类，但关联到同一网络或其他网络类。例如，一个规则应用于电源网络类关联到顶部铜层的同一网络。

7 级（Room 规则）：应用于由用户绘制并命名的 Room 区域。即使它可以在 z 方向上占据几个层，也可为其指定的最小物理范围。

8 级（类-Room 规则）：为 Room 范围内的某网络类设置不同的间距。

9 级（类-类-Room 规则）：最高优先级规则。它定义了一个网络类且关联到同一网络类上的其他对象或 Room 范围内的所有其他对象之间的间距。例如，应用于在名为 BGAFANOUT 的 Room 内的电源类且相对于其他所有类的规则。

参看图 13-43，设计规则中作用的范围如层、网络类等说明如下：

Apply to Region：如果要将当前选定的设计规则配置为仅应用于指定的区域，请选择所需的区域。区域可以是板上的一个层、一个层组或一个 DRC Room。

Apply to Net Class：将当前设计规则应用于所有类或是某一个网络类。

With Respect To：对当前的设计规则中选定的网络类进一步约束、筛选，以便该规则只能针对同一网络类上的对象或仅针对另一个网络类上的对象实施。

Graphics Clearance：图形间距，为当前设计规则指定丝印图形和其他对象之间的最小间距。如果当前的设计规则是针对特定网络类且关联到同一网络类或所有其他网络类，则禁用此规则。

Edge/Slot Clearance：边缘/槽间距，为当前设计规则指定边缘层图形和其他对象之间的最小间隙。若当前的设计规则是针对特定的网络类，且关联到同一网络类或所有其他网络类，则禁用此规则。若将 DRCRoom 规则中的此项设置为 0，则禁用此规则中的边缘/槽间距。这对焊盘或边缘连接器附近有槽时可能很有用。

Apply Defaults：将默认的设计规则应用到当前选择的设计规则。

13.4　装配变体应用——一图多品

装配变体有时也叫设计变体，如果我们设计一块 PCB，需要装配成不同功能的产品时，可以使用装配变体功能来实现。它可以方便地管理我们的设计与最终产品的关系；它可以在原理图中标示在某个装配变体中，哪些元器件需要安装，哪些元器件不需要安装；因此也就输出不同的物料清单（BOM）。

装配变体主要使用于以下两种场合：

（1）从完整功能或中间版本的产品中，去除某些功能而形成新的装配变体。

（2）一个设计原型中实现某个功能可能有多种方案，为了验证不同方案在功耗、噪声、效率等方面的差异，一般在原型设计中会把所有方案都设计在一块 PCB 上，通过不同装配变体来控制最终生产的原型产品。

需要注意的是，不同的装配变体对应的是同一个 PCB 设计，只是在焊接装配时使用不同的物料，生产出不同的产品。

底板设计（Base Design）是所有装配变体的统一载体，对应的是最终的 PCB 设计，因此，修改原理图时需要选择底板设计进行修改。

13.4.1　创建变体

打开第 13.1 节的 ex13-1-stc51-1820.pdsprj。

（1）打开设计浏览器：在原理图设计窗口，单出工具按钮 ，即可看到如图 13-44 所示的设计浏览器标签页。此时菜单栏发生变化，出现变体菜单 Variant，由此可对变体进行添加、删除、重命名等操作。

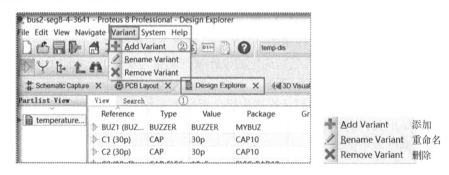

图 13-44　设计浏览器窗口下的变体菜单

（2）添加变体：执行菜单命令 Variant→Add Variant，弹出如图 13-45 所示的对话框，输入变体名称 temp-alarm。单击 OK 按钮。再次添加另一个名为 temp-dis 的变体，结果如图 13-46 所示，在设计浏览器中出现两列变体。在工具按钮栏出现 13-47 所示的变体下拉列表。

（3）对变体指定元器件：直接在图 13-48 所示的变体列单击，可在"√""×"之间切换，"√"表示该元器件在此变体中，"×"表示该元器件不在此变体中。

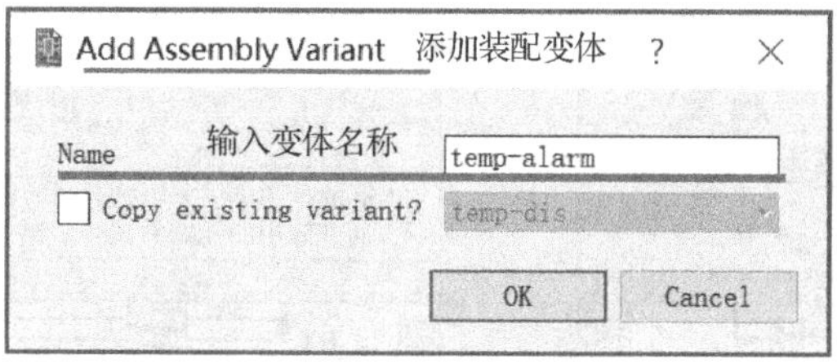

图 13-45　输入变体名称

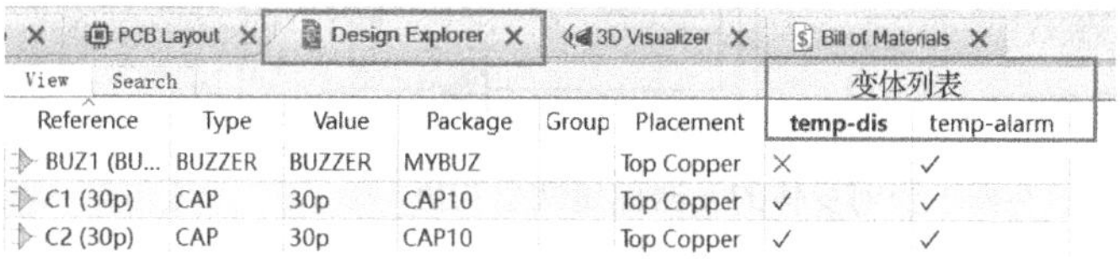

图 13-46　有变体的设计浏览器标签页

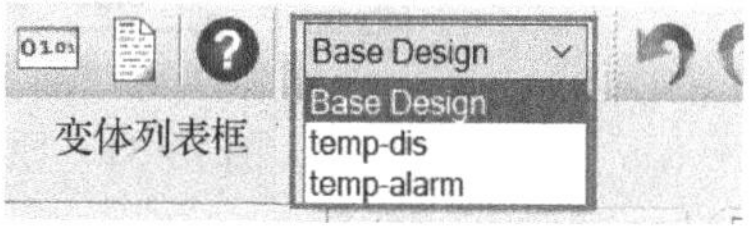

图 13-47　工具栏中的变体下拉列表

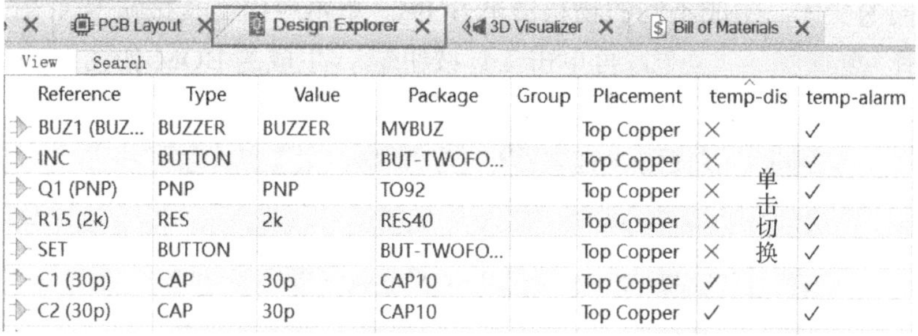

图 13-48　在对象选择器中设置变体所含元器件

（4）用查找功能批量找出元器件，配置变体元器件：如图 13-49 所示，在原理图中选中若干元器件，在设计浏览器中，打开 Search 页，（1）勾选选中☑ Tagged；（2）单击查找按钮 Search，将列出上一步选中的所有元器件。然后在相应的变体列相应元器件行打“√”或“×”，如图 13-50 所示。

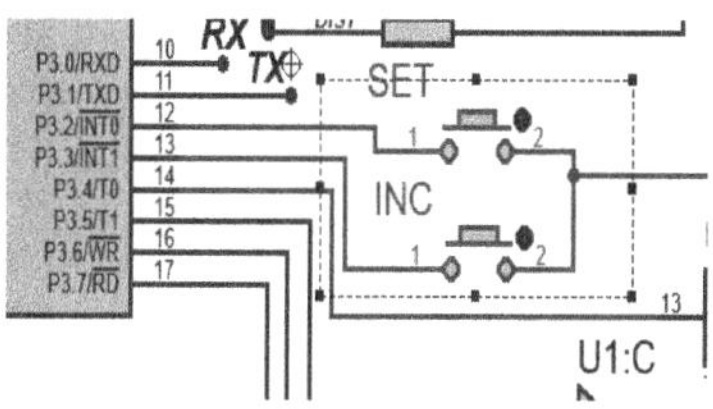

图 13-49　选中原理图中两个按键

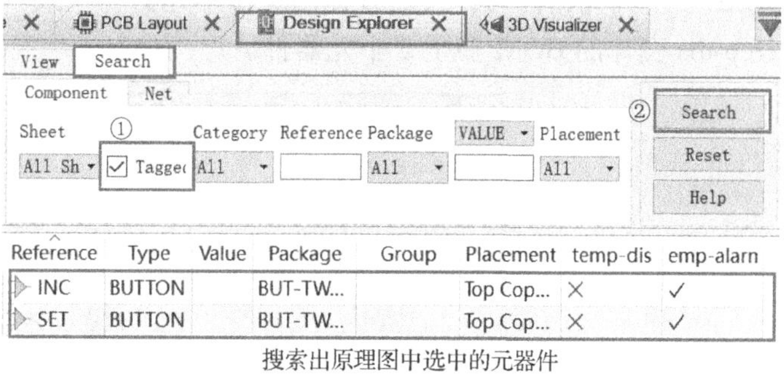

图 13-50　设计浏览器中的查找出原理图中选中的元器件

（5）原理图中变体元器件标示：如图 13-51，在工具按钮变体下拉框选择 temp-dis 可以看到不属于当前变体的元器件的属性都以灰色显示，如元器件编号、值等。

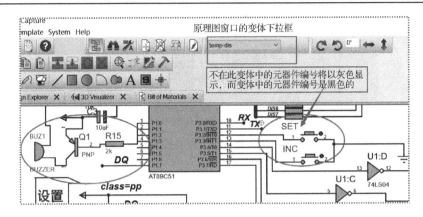

图 13-51　原理图中不属于当前变体的元器件属性呈灰色

13.4.2　对不同变体生成不同 BOM

选择不同的变体，生成不同的物料清单 BOM。单击应用工具按钮 $，在工具按钮变体下拉框选择 temp-dis，再单击工具按钮 csv，生成的 BOM 如图 13-52 所示。

	A	B	C	D	E
1	Category	Quantity	References	Value	PCB Package U
2	Capacitors	2	C1-C2	30p	CAP10
3	Capacitors	1	C3	10uF	ELEC-RAD10
4	Integrated Circuits	1	U1	74LS04	DIL14
5	Integrated Circuits	1	U2	DS18B20	T092
6	Integrated Circuits	1	U3	AT89C51	DIL40
7	Resistors	2	R1, R6	10k	RES40
8	Resistors	12	R2-R5, R7-R14	300	RES40
9	Miscellaneous	1	DIS-4		SEG8-4-36
10	Miscellaneous	1	X1	CRYSTAL	XTAL18
11	connector	1	J1	CONN-SIL4	CONN-SIL4
12	connector	1	J2	SIL-156-02	SIL-156-02
13			temp-dis变体的BOM		

图 13-52　temp-dis 变体的 BOM

若选择变体 temp-alarm，再单击工具按钮 csv，生成的 BOM 如图 13-53 所示。BOM 中所列元器件与各自的设计浏览器中元器件一致。在 temp-alarm 变体的 BOM 中比 temp-dis 变体的 BOM 多了 5 个元器件。

	A	B	C	D	E
1	Category	Quantity	References	Value	PCB Package U
2	Capacitors	2	C1-C2	30p	CAP10
3	Capacitors	1	C3	10uF	ELEC-RAD10
4	egrated Circu	1	U1	74LS04	DIL14
5	egrated Circu	1	U2	DS18B20	T092
6	egrated Circu	1	U3	AT89C51	DIL40
7	Resistors	2	R1, R6	10k	RES40
8	Resistors	12	R2-R5, R7-R14	300	RES40
9	Resistors	1	R15	2k	RES40
10	Transistors	1	Q1	PNP	T092
11	Miscellaneous	1	BUZ1	BUZZER	MYBUZ
12	Miscellaneous	1	DIS-4		SEG8-4-36
13	Miscellaneous	2	INC, SET		BUT-TWOFOOT
14	Miscellaneous	1	X1	CRYSTAL	XTAL18
15	connector	1	J1	CONN-SIL4	CONN-SIL4
16	connector	1	J2	SIL-156-02	SIL-156-02
17			temp-alarm变体的BOM		
18					

图 13-53　temp-alarm 变体的 BOM

参 考 文 献

[1] https://www.labcenter.com/

[2] http://proteusedu.com/

[3] 周灵彬，刘红兵，江伟等. 基于 Proteus 和 Keil 的 C51 程序设计项目教程（第 2 版）——理论、仿真、实践相融合[M]. 北京：电子工业出版社，2021.

[4] 张靖武，周灵彬，李百明. 智能电子产品设计与制作[M]. 北京：电子工业出版社，2020.

[5] 张靖武，周灵彬，刘兴来. 单片机原理、应用与 PROTEUS 仿真——汇编+C51 编程及其多模块、混合编程（本科版）[M]. 北京：电子工业出版社，2015.

[6] 叶建波，陈志栋，李翠凤. Altium Designer 15 电路设计与制板技术[M]. 北京：清华大学出版社出版时间，2016.

[7] 周润景. 实例讲解 Cadence 原理图与 PCB 设计[M]. 北京：电子工业出版社，2019.